国家"十二五"重点图书

健康养殖致富技术丛书

蛋鸡健康养殖技术

张大龙　王继英　主编

中国农业大学出版社

·北京·

内容提要

根据我国蛋鸡生产的现状和国外先进技术，总结和吸收有关蛋鸡健康养殖的成功经验，根据蛋鸡健康养殖过程中可能遇到的普遍性问题，编写了此书。全书共分七章：第一章蛋鸡健康养殖投资效益分析，第二章蛋鸡主要品种及生产性能，第三章蛋鸡的繁殖与孵化，第四章蛋鸡营养需要与饲料配合，第五章蛋鸡日常饲养管理技术，第六章鸡场卫生与主要疾病防治，第七章鸡场设备与环境控制。

图书在版编目(CIP)数据

蛋鸡健康养殖技术/张大龙，王继英主编. —北京：中国农业大学出版社，2013.6

ISBN 978-7-5655-0654-3

Ⅰ.①蛋… Ⅱ.①张… ②王… Ⅲ.①卵用鸡-饲料管理 Ⅳ.①S831.4

中国版本图书馆 CIP 数据核字(2012)第 317833 号

书　　名	蛋鸡健康养殖技术		
作　　者	张大龙　王继英　主编		
策划编辑	赵　中	**责任编辑**	李丽君
封面设计	郑　川	**责任校对**	王晓凤　陈　莹
出版发行	中国农业大学出版社		
社　　址	北京市海淀区圆明园西路 2 号	**邮政编码**	100193
电　　话	发行部 010-62818525,8625	读者服务部	010-62732336
	编辑部 010-62732617,2618	出　版　部	010-62733440
网　　址	http://www.cau.edu.cn/caup	**E-mail**	cbsszs @ cau.edu.cn
经　　销	新华书店		
印　　刷	北京时代华都印刷有限公司		
版　　次	2013 年 6 月第 1 版　　2013 年 6 月第 1 次印刷		
规　　格	880×1 230　32 开本　8.25 印张　230 千字		
印　　数	1～5 500		
定　　价	16.00 元		

《健康养殖致富技术丛书》
编 委 会

主　编　张大龙　王继英

参　编　王海霞　迟瑞宾　周　萌

发展健康养殖　造福城乡居民

近年来，我国养殖业得到了长足发展，同时也极大地丰富了人们的膳食结构。但从业者对养殖业可持续发展的意识不足，在发展的同时，也面临诸多问题，例如养殖生态环境恶化，病害、污染事故频繁发生，产品质量下降引发消费者健康问题等。这些问题已成为养殖业健康持续发展的巨大障碍，同时也给一切违背自然规律的生产活动敲响了警钟。那么，如何改变这一现状？健康养殖是养殖业的发展方向，发展健康养殖势在必行。作为新时代的养殖从业者，必须提高对健康养殖的认识，在养殖生产过程中选择优质种畜禽和优良鱼种，规范管理，不要滥用药物，保证产品质量，共同维护养殖业的健康发展！

健康养殖的概念最早是在20世纪90年代中后期我国海水养殖界提出的，以后陆续向淡水养殖、生猪养殖和家禽养殖领域渗透并完善。健康养殖概念的提出，目的是使养殖行为更加符合客观规律，使人与自然和谐发展。专家认为：健康养殖是根据养殖对象的生物学特性，运用生态学、营养学原理来指导生产，为养殖对象营造一个良好的、有利于快速生长的生态环境，提供充足的全价营养饲料，使其在生长发育期间，最大限度地减少疾病发生，使生产的食用商品无污染，个体健康，产品营养丰富、与天然鲜品相当；并对养殖环境无污染，实现养殖生态体系平衡，人与自然和谐发展。

健康养殖业是以安全、优质、高效、无公害为主要内涵的可持续发展的养殖业，是在以主要追求数量增长为主的传统养殖业的基础上实现数量、质量和生态效益并重发展的现代养殖业。推进动物健康养殖，实现养殖业安全、优质、高效、无公害健康生产，保障畜产品安全，是养殖业发展的必由之路。

健康养殖跟传统养殖有很大的区别，健康养殖业提出了生产的规模化、产业化、良种化和标准化。健康养殖要靠规模化转变养殖方式，靠产业化转变经营方式，靠良种化提高生产水平，靠标准化提高畜产品和水产品的质量安全。养殖方式要从散养户发展到养殖小区和养殖场；在生产过程中，要有档案记录和标识，抓好监督和监控，达到生态生产、清洁生产，实现资源再利用；产品要达到无公害标准等。

近年来，我国对健康养殖非常重视，陆续出台了一系列重要方针政策，健康养殖得到快速发展。例如，2004年提出"积极发展农区畜牧业"，2005年提出"加快发展畜牧业，增强农业综合生产能力必须培育发达的畜牧业"，2006年提出"大力发展畜牧业"，2007年又提出了"做大做强畜牧产业，发展健康养殖业"。同时，我国把发展养殖业作为农村经济结构调整的重要举措和建设现代农业的重要任务，采取了一系列促进养殖业发展的措施，实施健康养殖业推进行动，加快养殖业增长方式转变，优化产品区域布局，实施良种工程，加强饲料质量监管，提高畜牧业产业化水平，努力做好重大动物疫病防控工作，等等。

但是，我国健康养殖研究的广度与深度还十分有限，加上对健康养殖概念理解和认识上存在一定的片面性与分歧，许多具体的"健康养殖模式"尚处于尝试探索阶段。

这套丛书的专家们对健康养殖技术进行系统的分析与总结，从养殖场的选址、投资建设、环境控制以及饲养管理、疫病防控等环节，对健康养殖进行了详细的剖析，为我国健康养殖的快速发展提供理论参考和技术支持，以促进我国健康养殖快速、有序、健康的发展。

有感于专家们对畜禽水产养殖技术的精心设计与打造，是为序。

山东省畜牧协会会长 [signature]

2012年10月20日于泉城

前　言

我国是蛋鸡养殖的传统大国，但广大养殖户主要以较为粗放的经营方式进行生产，由于其生产过程中蛋鸡健康较难保证，使其产品可能存在质量安全问题。随着人们生活水平的不断提高，畜产品的消费也有了较快的增长，包括需求量的增长和对畜禽产品的质量要求的提高，食品的安全问题已引起了广大消费者的广泛关注。食品的质量安全问题既影响了养殖户的增收，又对本产业的健康发展产生不良影响。因此，广大蛋鸡养殖户应放弃粗放管理的陋习，树立健康养殖的理念。

蛋鸡健康养殖就是按照相关的行业标准、饲养管理准则，包括鸡场的环境控制技术，鸡场的综合防疫技术，鸡蛋质量控制综合技术，与无公害鸡蛋生产配套的饲料配制技术进行养鸡生产，保证蛋鸡个体的健康无疾病、产品质量安全及环境良好。然而，对于广大养殖户来说，蛋鸡的健康养殖需要哪些设备，如何选择饲养品种，对于饲料与营养有什么具体要求，有什么饲养新技术，如何进行疾病科学防控，如何控制产品质量，鸡场如何经营管理，都需要很好地了解和掌握。作者根据我国蛋鸡生产的现状和国外先进技术，总结和吸收有关蛋鸡健康养殖的成功经验，根据蛋鸡健康养殖过程中可能遇到的普遍性问题，编写了此书，供广大蛋鸡生产者学习参考。

由于作者水平有限，对一些技术问题的阐述难免有不妥之处，敬请读者批评指正。

编　者

2012 年 12 月

目　录

第一章

蛋鸡健康养殖投资效益分析

导　读　本章主要以中小型蛋鸡养殖场为例，分析养殖蛋鸡的经济效益。

养殖蛋鸡的生产的周期比较长，尤其是先期投入较大，从开始养仔鸡到鸡产蛋要6个月的时间，一个生产周期长达18个月，而且一旦养鸡，就必须不断地投入，一天都不能间断，直到鸡被淘汰。如何实现少投入，多产出，降低养鸡生产成本，提高养鸡经济效益，是蛋鸡养殖户普遍关心的一个突出问题。下面以中小型蛋鸡场为例，对蛋鸡养殖的成本构成、养殖收益进行分析，具体说明如何提高蛋鸡饲养经济效益。

一、蛋鸡养殖周期

（从刚孵出的仔鸡到最后被淘汰出售）一般为17个月，分为两个阶段：前一阶段为生长期，即从刚孵出的仔鸡到开始产蛋的时期，一般为0～5个月，共5个月时间；后一阶段为产蛋期，即从开始产蛋到最后被淘汰出售的时期，一般为5～17个月，共12个月时间。

二、蛋鸡养殖成本

蛋鸡的养殖成本，一般包含以下几个方面：

1. 仔鸡

2009 年仔鸡价格在 2～3 元/只。

2. 饲料

饲料成本＝饲料消耗量×饲料价格

(1)消耗量

生长期(0～5 个月)：平均每只鸡每天消耗饲料约 0.06 千克，由此推算，每只鸡每月消耗饲料约 0.06×30＝1.8(千克)，每只鸡生长期(5 个月)消耗饲料约 1.8×5＝9(千克)。

产蛋期(5～17 个月)：平均每只鸡每天消耗饲料约 0.11 千克，由此推算，每只鸡每月消耗饲料约 0.11×30＝3.3(千克)，每只鸡产蛋期(12 个月)消耗饲料约 3.3×12＝39.6(千克)。

生长期和产蛋期共消耗饲料约 9＋39.6＝48.6(千克)。

(2)饲料价格　通过调查了解到，目前饲料价格一般在 2.5 元/千克，由此推算：

饲料成本为 48.6×2.5＝121.5(元)。

3. 防疫费

生长期(0～5 个月)：调查中了解到，在没有大的疫情发生的情况下，生长期 5 个月每只鸡的防疫费用一般约 2 元。

产蛋期(5～17 个月)：在没有大的疫情发生的情况下，产蛋期 12 个月每只鸡的防疫费用一般约 1 元。

因此，一只鸡一个养殖周期防疫费用合计约 2＋1＝3(元)。

4. 水、电费

0.6 元左右。

5. 总成本合计(未计人工成本)

在不计人工成本的前提下，蛋鸡养殖总成本＝仔鸡＋饲料＋防疫

费＋水电费＝2.5＋121.5＋3＋0.6＝127.6(元)。

三、蛋鸡养殖收益

1. 鸡蛋收入(蛋价×产蛋量)

平均每只蛋鸡在一个养殖周期内(17 个月)产蛋 16～17 千克，平均蛋价为 8 元/千克。鸡蛋收入为 16×8＝128(元)。

2. 淘汰鸡收入

蛋鸡在 17 个月后，即产蛋 1 年后一般都要淘汰出售。淘汰鸡毛重价格在 7.6～8.4 元/千克，平均 8 元/千克，淘汰鸡平均毛重约为 2 千克，淘汰鸡平均售价为 2×8＝16(元)。

3. 鸡粪收入

近年来，由于化肥的大量施用，造成土地板结情况严重，不少农户转而使用农家肥，鸡粪价格也水涨船高，目前，经发酵处理的鸡粪每立方米的售价在 40～80 元，平均为 60 元。根据从养殖户了解到的数据推算，平均每 300 只鸡每个月产鸡粪 1 米^3，即每只鸡每月产粪量约 1/300 米^3，每只鸡一个养殖周期的鸡粪收入约为 3 元。

4. 总收益合计

总收益合计＝鸡蛋收入＋淘汰鸡收入＋鸡粪收入＝128＋16＋3＝147(元)。

一只蛋鸡收入＝总收益合计－总成本＝147－127.6＝19.4(元)。

盈亏平衡＝(总成本－淘汰鸡收入－鸡粪收入)÷产蛋量＝(127.6－16－3)÷17＝6.4(元/千克)。

因此，目前蛋鸡盈亏平衡价格为 6.4 元/千克，如果鸡蛋价格稳定在 8 元/千克，一只鸡盈利预期在 20 元左右。

思考题

影响蛋鸡养殖的经济效益的因素有哪些？

第二章

蛋鸡主要品种及生产性能

导　读　本章主要介绍常见蛋鸡的品种和生产性能。

第一节　蛋鸡常见品种与特点

一、鸡的品种与品系

所谓品种是指有着共同祖先来源，具有大体相似的体型外貌和相对一致的生产方向，并且能够将这些特点和性状较稳定地遗传给其后代的较大数量的家禽群体。鸡的品种很多，世界公认，按育种计划选育的家禽标准品种就有 340 多个，国内常见的鸡的标准品种，例如，白来航鸡（优良蛋用型鸡）、洛岛红鸡（兼用型鸡）、新汉县鸡（兼用型鸡）、芦花洛克鸡（兼用型鸡）、白洛克鸡（兼用型鸡），等等。

鸡的品系是指在一个鸡种或品种内，由于育种目的和方法的不同所形成的具有专门特征性状的不同群体。这样的一个品系实际上是指包括下列两个不同含义的群体：近交系和品群系，在实际应用中，也称之为纯系。

二、现代蛋鸡品种的分类

简单地说，按照生产方向和用途，鸡的品种类型可分为如下几种：

蛋用型，如褐壳蛋系的罗曼蛋鸡（德国）；

肉用型，如爱拔益加（AA）白羽肉鸡；

蛋肉兼用型，如洛岛红鸡（美国）；

药用型，如白毛乌骨鸡（浙江）、红毛乌骨鸡（江西省）；

观赏型，如日本长尾鸡。

三、现代蛋鸡品种的特点

为适应专业化养鸡业的发展，畜牧科技工作者对鸡的各品系进行了杂交组合，定向培育或在本品种（系）进行定向选育，已获得了较多较好的品种（系）。现代蛋鸡育种多采用四系配套法进行培育。凡是四系配套的鸡种，其曾祖代鸡组合的品系有所差异，而制种程序和原理是相同的。通常四系配套制种的曾祖代鸡，都有 8～9 个或更多的品系。曾祖代鸡所产的蛋孵出后的鸡为祖代，可分为父系 A（公）、B（母），母系 C（公）、D（母）。祖代鸡产出的蛋孵出的鸡为父母代鸡，一般分为单交种 AB（公）、单交种 CD（母）。父母代 AB 公鸡与 CD 母鸡交配后所产的蛋孵出的鸡为四系配套杂交 ABCD 商品代蛋鸡。商品代蛋鸡能充分发挥其优良的产蛋性能，是整个四系配套制种的目的。商品代蛋鸡不能继续作种用。

第二节 常见褐壳蛋鸡品种

近几年来，我国引进的蛋用型良种鸡品种较多，按照蛋壳的颜色可分为白壳蛋系和棕壳蛋系，还有浅棕壳蛋系。褐壳蛋鸡由于育种的进展，褐壳蛋鸡由肉蛋兼用型向蛋用型发展，近年来在世界上有增长的趋势。一方面是消费者对褐壳蛋的喜爱，另一方面是由于产蛋量有了长足的提高。褐壳蛋鸡还有下列优点：蛋重大，刚开产就比白壳蛋重；蛋的破损率较低，适于运输和保存；鸡的性情温顺，对应激因素的敏感性较低，好管理；体重较大，产肉量较高，商品代小公鸡生长较快，是肌肉的补充来源；耐寒性好，冬季产蛋率较平稳；啄癖少，因而死亡、淘汰率较低；杂交鸡可以羽色自别雌雄。但褐壳蛋鸡体重较大，采食量比白色鸡多 5～6 克/天，每只鸡所占面积比白色鸡多 15％左右，单位面积产蛋少 5％～7％；这种鸡有偏肥的倾向，饲养技术难度比白鸡大，特别是必须实行限制饲养，否则过肥影响产蛋性能；体型大，耐热性较差；蛋中血斑和肉斑率高，感观不太好。在我国推广、饲养比较普遍的褐壳蛋系蛋鸡品种有迪卡褐壳蛋鸡、罗曼褐壳蛋鸡、海兰褐壳蛋鸡、伊莎褐壳蛋鸡、罗斯褐壳蛋鸡、海赛克斯褐壳蛋鸡和星杂 579 等。

1.迪卡褐壳蛋鸡

迪卡褐壳蛋鸡是美国迪卡布公司育成的四系配套杂交鸡。父本两系均为褐羽，母本两系均为白羽。商品代雏鸡可用羽色自别雌雄：公雏白羽，母雏褐羽。据该公司的资料，商品代蛋鸡：20 周龄体重 1.65 千克；0～20 周龄育成率 97％～98％；24～25 周龄达 50％产蛋率；高峰产蛋率达 90％～95％，90％以上的产蛋率可维持 12 周，78 周龄产蛋量为 285～310 个，蛋重 63.5～64.5 克，总蛋重 18～19.9 千克，每千克蛋耗料 2.58 千克；产蛋期存活率 90％～95％。据欧洲家禽测定站的平均资料：72 周龄产蛋量 273 个，平均蛋重 62.9 克，总蛋重 17.2 千克，每

千克蛋耗料 2.56 千克；产蛋期死亡率 5.9％。迪卡褐壳蛋鸡主要生产性能表现如下：

	父母代	商品代
育雏期(0～42 日龄)成活率	96％～98％	97％～98％
育成期(43～135 日龄)成活率	98％以上	98％以上
产蛋期(136～504 日龄)存活率	90％～95％	95％以上
8 周龄体重/胫长(母鸡)	600 克/78 毫米	655 克/80 毫米
18 周龄体重/胫长(母鸡)	1 480 克/105 毫米	1 540 克/105 毫米
72 周龄体重/胫长(母鸡)	2 175 克/106 毫米	2 185 克/105 毫米
72 周龄产蛋数/个	258	292
72 周龄孵化蛋数/个	218	—
产蛋高峰期产蛋率	94.9％或更高	98％

2. 罗曼褐壳蛋鸡

罗曼褐壳蛋鸡是德国罗曼公司育成的四系配套、产褐壳蛋的高产蛋鸡。父本两系均为褐色，母本两系均为白色。商品代雏可用羽色自别雌雄：公雏白羽，母雏褐羽。据该公司的资料，罗曼褐商品鸡 0～20 周龄育成率 97％～98％，152～158 日龄达 50％产蛋率；0～20 周龄总耗料 7.4～7.8 千克，20 周龄体重 1.5～1.6 千克；高峰期产蛋率为 90％～93％，72 周龄入舍鸡产蛋量 285～295 个，12 月龄平均蛋重 63.5～64.5 克，入舍鸡总蛋重 18.2～18.8 千克，每千克蛋耗料 2.3～2.4 千克；产蛋期末体重 2.2～2.4 千克；产蛋期母鸡存活率 94％～96％。据欧洲家禽测定站测定：72 周龄产蛋量 280 个，平均蛋重 62.8 克，总蛋重 17.6 千克，每千克蛋耗料 2.49 千克；产蛋期死亡率 4.8％。罗曼褐壳蛋鸡生产性能表现如下：

	父母代	商品代
育雏育成成活率	96％～98％	97％～98％
产蛋期存活率	94％～96％	94％～96％
开产时间	21 周龄	150 日龄

产蛋高峰期周龄	28～32	26～34
至72周龄入舍母鸡产蛋数/个	275	295
至72周龄正品雏鸡/只	90～100	—
平均孵化率	81%～83%	—

3.海兰褐壳蛋鸡

海兰褐壳蛋鸡是美国海兰国际公司育成的四系配套杂交鸡。父本红褐色，母本白色。商品雏鸡可用羽色自别雌雄：公雏白色，母雏褐色。商品代生产性能：1～18周龄成活率为96%～98%，体重1 550克，每只鸡耗料量5.7～6.7千克。产蛋期(至80周)高峰产蛋率94%～96%，入舍母鸡产蛋数至60周龄时为246枚，至74周龄时为317枚，至80周龄时为344枚，商品代140日龄达50%产蛋率。19～80周龄每只鸡日平均耗料114克，21～74周龄每千克蛋耗料2.11千克，72周龄体重为2 250克。海兰褐壳蛋鸡在全国很多地区都可饲养，适宜集约化养鸡场、规模鸡场、专业户和农户饲养。海兰褐壳蛋鸡的主要生产性能表现如下：

	父母代	商品代
母鸡1～18周龄成活率	95%	96%～98%
18～70周龄成活率	91%	94%～98%
公鸡1～18周龄成活率	94%	97%
18～70周龄成活率	91%	93%
达50%产蛋率日龄	161	140
高峰期产蛋率	91%～95%	93%～96%
18～70周龄时的产蛋数/个	257	302(72周)
25～70周龄时的入孵种蛋数/个	211	—
25～70周龄生产母雏数/只	86	—

4.伊莎褐壳蛋鸡

伊莎褐壳蛋鸡是法国依莎公司育成的四系配套杂交鸡，是目前国际上最优秀的高产褐壳蛋鸡之一。伊莎褐父本两系为红褐色，母本两系均为白色，商品代雏可用羽色自别雌雄：公雏白色，母雏褐色，据伊莎

公司的资料，商品代鸡：0～20 周龄育成率 97%～98%；20 周龄体重 1.6 千克；23 周龄达 50%产蛋率，25 周龄母鸡进入产蛋高峰期，高峰产蛋率 93%，76 周龄入舍鸡产蛋量 292 个，饲养日产蛋量 302 个，平均蛋重 62.5 克，总蛋重 18.2 千克，每千克蛋耗料 2.4～2.5 千克；产蛋期末母鸡体重 2.25 千克；存活率 93%。据 1986—1987 年中、法双方进行伊莎褐 5 000 只鸡测定结果：0～18 周龄育成率 99%；72 周龄入舍鸡产蛋量 284.9 个；平均蛋重 60.4 可，总蛋重 17.3 千克，每千克蛋耗料 2.73 千克；产蛋期存活率 81.23%。创造了国内引进鸡种产蛋最高纪录。因此近年来伊莎褐在国内饲养数量剧增。伊莎褐壳蛋鸡的主要生产性能表现如下：

	父母代	商品代
育雏期(0～7 周龄)成活率	97%以上	98%以上
育成期(8～20 周龄)成活率	95%以上	97%以上
产蛋期(21～72 周龄)存活率	93%	93%
20 周龄时母鸡体重/千克	1.5～1.6	1.7
72 周龄时的母鸡体重/千克	2.1～2.15	2.25
72 周龄的产蛋数/个	274.8	284.9
高峰期产蛋率	93%以上	96%以上

5. 罗斯褐壳蛋鸡

罗斯褐壳蛋鸡是英国罗斯公司育成的四系配套杂交鸡。父本两系褐羽，母本两系白羽，商品代雏鸡可根据羽色自别雌雄。据罗斯公司的资料，罗斯褐商品代鸡：0～18 周龄总耗料 7 千克，19～76 周龄总耗料 45.7 千克；18 周龄体重 1.38 千克，76 周龄体重 2.2 千克；25～27 周龄进入产蛋高峰，72 周龄入舍鸡产蛋量 280 个，76 周龄产蛋量 298 个，平均蛋重 61.7 克，每千克蛋耗料 2.35 千克。北京市进行的蛋鸡攻关生产性能统一测定中，罗斯褐商品鸡 72 周龄产蛋量 271.4 个，平均蛋重 63.6 克，总蛋重 17.25 千克，每千克蛋耗料 2.46 千克；0～20 周龄育成率 99.1%，产蛋期死亡淘汰率 10.4%。罗斯褐壳蛋鸡的主要生产性能表现如下：

	父母代	商品代
开产周龄	20～22	18～20
入舍母鸡平均产蛋数/个	198(62周龄)	275(72周龄) 292(76周龄)
产蛋高峰周龄	28～30	25～27
每只母鸡饲料消耗量/千克		
0～20周龄	8.2～8.3	7(0～18周龄)
21～62周龄	36	42(19～72周龄)
平均每只鸡日耗料量/克		113
体重(20周龄)/千克	1.4	1.38(18周龄)
体重(62周龄)/千克	1.8～2.0	2.0(72周龄)

6.海赛克斯褐壳蛋鸡

海赛克斯褐壳蛋鸡是荷兰尤利布里德公司育成的四系配套杂交鸡。在世界分布也较广，是目前国际上产蛋性能最好的褐壳蛋鸡之一。父本两系均为红褐色，母本两系均为白色，商品代雏可用羽色自别雌雄：公雏为白色，母雏为褐色。据该公司介绍，海赛克斯褐的产蛋遗传潜力为年产295个，公司保证产蛋水平为275个。商品代鸡0～20周龄育成率97％；20周龄体重1.63千克；78周龄产蛋量302个，平均蛋重63.6克，总蛋重19.2千克；产蛋期存活率95％。目前全国各地均有饲养，普遍反映该鸡种不仅产蛋性能好，而且适应性和抗病力强。海赛克斯褐壳蛋鸡的主要生产性能表现如下：

	父母代	商品代
(0～20周龄)育成率	97％	97％
20周龄体重/千克	1.5～1.7	1.63
入舍母鸡平均产蛋量/个	200(62周龄)	275(72周龄) 302(78周龄)
平均蛋重/克	60～62	63.6
78周龄总产蛋量/千克	18.0～18.3	19.2
产蛋期料蛋比	(2.4～2.6)∶1	2.38∶1
产蛋期存活率(可达)	93％	95％
78周龄时体重/千克	2.05～2.3	2.22

第三节　常见白壳蛋鸡品种

白壳蛋鸡品种主要是以来航品种为基础育成的，是蛋用型鸡的典型代表。目前国内外均以白壳蛋鸡的饲养数量最多，分布地区也最广，因为这种鸡开产早，产蛋量高；无就巢性；体积小，耗料少，产蛋的饲料报酬高；单位面积的饲养密度高，相对来讲，单位面积所得的总产蛋数多；适应性强，各种气候条件下均可饲养；蛋中血斑和肉斑率很低。这种鸡最适于集约化笼养管理。它的不足之处是蛋重小，神经质，胆小怕人，抗应激性较差；好动爱飞，平养条件下需设置较高的围栏；啄癖多，特别是开产初期啄肛造成的伤亡率较高。我国白壳蛋比褐壳蛋价格稍低，与褐壳蛋相比，白壳蛋不太受欢迎。常见的白壳蛋系蛋鸡品种主要有京白 904 系蛋鸡、巴布考克 B-300 蛋鸡、迪卡白壳蛋鸡、海兰白壳蛋鸡、京白 823 蛋鸡和星杂 288 蛋鸡等。

1. 京白 904 系蛋鸡

京白 904 为三系配套，是北京市种禽公司育成的北京白鸡系列中目前产蛋性能最佳的配套杂交鸡。父本为单系，母本两个系。这种杂交鸡的突出特点是早熟、高产、蛋大、生活力强、饲料报酬高。在“七五”国家蛋鸡攻关生产性能随机抽样测定中，京白 904 的产蛋成绩名列前茅，甚至超过引进的巴布考克 B-300 的生产性能，是目前国内最好的鸡种。京白 904 系蛋鸡的主要生产性能表现如下：

	父母代	商品代
出壳体重/克	36	34～36
6 周龄体重/克	420	440～450
20 周龄体重/克	1 350～1 400	1 425～1 490
72 周龄体重/克	1 600～1 650	1 700～2 000

50%产蛋开产日龄	154	161
到达产蛋高峰周龄	27	26
72周产蛋数/个	256～265	291
全程平均蛋重/克	59.01	59～60
全程总产蛋重/千克	14.8～15.4	17.02～17.29

2.巴布考克B-300蛋鸡

美国巴布考克公司育成的四系配套杂交鸡。世界上有70多个国家和地区饲养，其分布范围仅次于星杂288。巴布考克公司已被法国伊莎公司兼并，该鸡现称“伊莎巴布考克B-300”。该鸡的特点是产蛋量高，蛋重适中，饲料报酬高。据公司的资料，商品鸡：0～20周龄育成率97%，产蛋期存活率90%～94%，72周龄入舍鸡产蛋量275个，饲养日产蛋量283个，平均蛋重61克，总蛋重16.79千克，每千克蛋耗料2.5～2.6千克，产蛋期末体重1.6～1.7千克。巴布考克B-300参加“七五”蛋鸡攻关生产性能主要指标随机抽样测定的结果为：0～20周龄育成率88.7%；20周龄体重1.46千克；72周龄产蛋量285个，平均蛋重58.96克，总蛋重16.8千克，每千克蛋耗料2.29千克，产蛋期末体重1.96千克。产蛋期存活率85.1%，充分显示巴布考克B-300的高产性能。巴布考克B-300蛋鸡的主要生产性能表现如下：

	父母代	商品代
0～20周龄成活率	94%～98%	97%
21～72周龄成活率	90%～95%	90%～94%
72周龄入舍鸡平均产蛋数/个	264	275
72周龄饲养日平均产蛋数/个	269.5	283
全程平均蛋重/克	58～60	61.0
72周龄入舍鸡产蛋总重/千克	16.5～16.7	16.79
采食量(产蛋期平均)/(克/天)	105	105～110
料蛋比	(2.4～2.6)：1	(2.5～2.6)：1
最佳体重/千克	1.5～1.7	1.6～1.7

3.迪卡白壳蛋鸡

美国迪卡布公司育成的配套杂交鸡。据德国 1988—1989 年抽样测定资料:500 日龄产蛋 299.5 个,平均蛋重 61.1 克,总蛋重 18.26 千克,每千克蛋耗料 2.4 千克;产蛋期存活率 97.9%。迪卡白壳蛋鸡的主要生产性能表现如下:

	父母代	商品代
育雏、育成存活率	96%以上	96%以上
产蛋期存活率	92%以上	92%以上
达 50%产蛋率日龄	—	146
72 周龄入舍鸡产蛋数/个	281.16	293
78 周龄入舍鸡产蛋数/个	320	—
72 周龄入舍鸡产合格种蛋数/个	246.80	—
72 周龄入舍鸡产合格母雏数/只	101.25	—
全期平均蛋重/克	61.5	61.7

4.星杂 288 蛋鸡

加拿大雪佛公司育成的。星杂 288 早先为三系配套,目前为四系配套。该品种过去是誉满全球的白壳蛋鸡,世界上有 90 多个国家和地区饲养。该品种的产蛋遗传潜力为 300 个,雪佛公司保证入舍鸡产蛋量 260～285 个,20 周龄体重 1.25～1.35 千克,产蛋期末体重 1.75～1.95 千克,0～20 周龄育成率 95%～98%,产蛋期存活率 91%～94%。据比利时、法国、德国、瑞典和英国的测定,平均资料为:72 周龄产蛋量 270.6 个,平均蛋重 60.4 克,每千克蛋耗料 2.5 千克,产蛋期存活率 92%。星杂 288 杂交鸡为北京白鸡的选育提供了素材。目前星杂 288 曾祖代鸡已引入我国哈尔滨市某原种鸡场繁育。原先引进的星杂 288 不能自别雌雄,近年来,山东省在茌平县种禽场已引进可羽速自别雌雄的新型星杂 288 祖代鸡。据广告资料:商品鸡 156 日龄达 50%产蛋率,80%以上产蛋率可维持 30 周之久,入舍鸡年产蛋量 270～290 个,平均蛋重 63 克,料蛋比(2.2～2.4):1,成年鸡体重 1.67～1.80 千克。

星杂 288 蛋鸡的主要生产性能表现如下：

	父母代	商品代
0～20 周龄育成率	95％以上	95％～98％
72 周龄存活率	91％～94％	91％～94％
18 周龄体重/千克	1.205～1.275	1.27～1.37(20 周龄)
72 周龄产蛋量/个	225～275	270～290
平均蛋重/克	60～63	60.5～62.5
72 周龄孵蛋量/个	195～215	—
每只母鸡可提供 1 日龄母鸡数/只	83～92	—
料蛋比	—	(2.2～2.4)：1

在世界集约化养禽业中，过去一直以白壳蛋鸡占主要地位，而从褐壳蛋鸡的产蛋性能有了明显提高后，褐壳蛋鸡的比重大大上升。目前，美国、德国、加拿大、日本等国以白壳蛋鸡为主，而意大利、法国、英国等国以褐壳蛋鸡为多，比利时、荷兰等国两者数量基本持平。在我国，江南各省偏爱褐壳蛋，而北方对白壳蛋就不太挑剔，但也有喜爱褐壳蛋的趋势。

白壳蛋鸡体型小，吃料少，产蛋量高，适应能力强。因此最适于集约化、工厂化笼养，单位面积所得产蛋量高。不足之处是白壳蛋鸡神经质，对各种应激的反应敏感，蛋重较小，啄癖较严重，死亡淘汰率较高，在我国蛋价一般比褐壳蛋略低，淘汰时残质低。

褐壳蛋鸡体型较大，单位面积的饲养量比白鸡约少 1/4，耗料较高，性情温顺，应激反应不太敏感，蛋价较高，淘汰时好销且残质较高。褐壳蛋鸡能通过羽色自别雌雄，可省去雏鸡鉴别的费用。产蛋量虽比白鸡略低，但蛋重大且褐壳蛋较受欢迎。笼养、平养都能适应，有较稳定的性能表现。这种鸡白痢感染率较高，在饲养环境较差时比白鸡难养一些。

第四节 常见粉壳蛋鸡品种

粉壳蛋鸡是由洛岛红品种与白来航品种间正交或反交所产生的杂种鸡，其蛋壳颜色介于褐壳蛋与白壳蛋之间，呈浅褐色，严格地说属于褐壳蛋，国内群众都称其为粉壳蛋，也就约定成俗了。其羽色以白色为背景，有黄、黑、灰等杂色羽斑，与褐壳蛋鸡又不相同。因此，就将其分成粉壳蛋鸡一类。

1. 星杂 444

加拿大雪佛公司育成的三系配套杂交鸡。据雪佛公司的资料，其72 周龄产蛋量 265～280 个，平均蛋重 61～63 克，每千克蛋耗料2.45～2.7 千克。据 1988—1989 年德国随机抽样测定结果，其生产性能为：500 日龄入舍鸡产蛋量 276～279 个，平均蛋重 63.2～64.6 克，总蛋重 17.66～17.8 千克，每千克蛋耗料 2.52～2.53 千克；产蛋期存活率 91.3%～92.7%。

2. 农昌 2 号

北京农业大学育成的两系配套杂交鸡，父系为白来航品系，母系为红褐羽的合成系。商品雏可通过羽速自别雌雄。生产性能主要指标随机抽样测定结果为：0～20 周龄育成率 90.2%；开产体重 1.49 千克；161 日龄达 50%产蛋率，72 周龄产蛋量 255.1 个，平均蛋重 59.8 克，总蛋重 15.25 千克，每千克蛋耗料 2.55 千克；产蛋期末体重 2.07 千克；产蛋期存活率 87.8%。在 4 051 只鸡中试测定结果为：72 周龄产蛋量 250.9 个。平均蛋重 58.2 克，总蛋重 14.6 千克，每千克蛋耗料 2.7 千克。

3. B-4 鸡

由中国农科院畜牧研究所以星杂 444 为素材育成的两系配套杂交鸡。父系为洛岛红品种，母系为白来航品种。该杂交鸡羽色灰白带有褐色或黑色羽斑，其生产性能随机抽样测定结果为：0～20周龄育成率93.4%；开产体重1.78千克；165日龄达50%产蛋率，72周龄产蛋254.3个，平均蛋重59.6克，总蛋重15.16千克，料蛋比2.75∶1；产蛋期末存活率82.9%。据5 541只B-4鸡中间试验测定结果：165日龄达50%产蛋量内，80%以上产蛋高峰期157天，72周龄产蛋265.1个，平均蛋重59.4克，总蛋重15.73千克，料蛋比2.53∶1；产蛋期末体重1.86千克。几年来的实践证明，B-4鸡以抗病力强、适应性好、高产等表现而著称，饲养数量不断增加，覆盖面越来越大。羽速自别雌雄的B-4杂交鸡已于1995年问世，使该品种更突出其特点。

4.自别雌雄新型B-4鸡

中国农科院畜牧研究所在原B-4鸡的基础上经过几年选育，于1993年建立起纯快羽和纯慢羽的配套品系，实现了商品鸡自别雌雄的目标，既可羽速自别雌雄，也可部分羽色自别雌雄，这是新型B-4鸡的突出特点，自别雌雄准确率达98%以上。据测定结果，商品鸡0～20周龄育成率96%，155天达50%产蛋率，25周龄进入80%以上产蛋高峰期，其最高产蛋率96.3%，72周龄饲养日产蛋276.7个，平均产蛋率76%，平均蛋重60.7克，总蛋重16.8千克，蛋料比1∶2.51，产蛋期末体重1.72千克，存活率87.7%。新型B-4鸡已取代了原来的B-4鸡。

5.京白939

北京市种禽公司的科研人员从1993—1994年间进行选育的粉壳蛋鸡配套系。父本为褐壳蛋鸡，母本为白壳蛋接。杂交商品鸡可羽速自别雌雄。生产性能测定结果为：20周龄育成率95%，产蛋期存活率92%，20周龄体重1.51千克，21～72周龄饲养日产蛋量302个，平均蛋重62克，总蛋重18.7千克。目前京白939已得到广泛的推广应用。

6.奥赛克(冀育自别)蛋鸡

张家口高等农业专科学校与河北省秦皇岛市种鸡场合作选育出的新鸡种，1993年6月通过技术鉴定。该鸡种分产白壳蛋的冀育1号和产粉壳蛋的冀育2号。近年成立秦皇岛奥赛克家禽研究中心以后，就

改名为奥赛克白和奥赛克粉蛋鸡。这两种商品蛋鸡可羽速自别雌雄，适应性强，产蛋性能高，饲料转化率高，已成为河北省的重要蛋鸡良种。据1995年秦皇岛市种鸡场的测试报告，冀育1号20周龄育成率90.2%，产蛋期存活率90.9%，开产日龄166天，开产体重1.43千克，43周平均蛋重57.8克，最高产蛋率93.3%，72周龄总产蛋量17.1千克。冀育2号20周龄育成率97.2%，产蛋期存活率92.4%，开产日龄168天，开产体重1.69千克，43周龄平均蛋重61.7克，最高峰产蛋率90.8%，72周龄总蛋重16.8千克。

第五节　优质蛋用地方鸡品种

1.仙居鸡

仙居鸡又称梅林鸡，是浙江省优良的小型蛋用地方鸡种。主要产区在浙江省仙居县及邻近临海、天台、黄岩等县，分布于省内东南部。

由于仙居鸡历来饲养粗放，主要靠放养，在野外觅食，致使在雏鸡培育阶段就得不到足够的营养，生长受到影响。但长期在丘陵地区放牧，追捕昆虫野食，运动量大，锻炼了机体，也促使仙居鸡的体质健壮结实，并具有适应性强的特点。同时，当地农民以养鸡为主要副业之一，习惯选留体型小、产蛋多、补料较少的鸡作种。

仙居鸡全身羽毛紧密贴体，外形结构紧凑，体态匀称，头昂胸挺，尾羽高翘，背平直，骨骼纤细，反应敏捷，易受惊吓，善飞跃，具有蛋用鸡的体型和神经类型的特点。

雏鸡绒羽黄色，但有深浅不同，间有浅褐色。喙、胫、趾呈黄色或青色。成年鸡头部适中，颜面清秀。单冠，冠齿5～7个。耳叶椭圆形。肉垂薄、中等大小、均鲜红色。眼睑薄，虹彩多呈橘黄色，也有金黄、褐、灰黑等色。羽片贴体躯，皮肤白色或浅黄色，胫趾有黄、青两色，但以黄色为选育对象，仅少数胫部有小羽。公鸡冠直立，高3～4厘米。羽毛主要呈黄红色，梳羽、蓑羽色较浅有光泽，主翼羽红夹黑色，镰羽和尾羽均黑色。母鸡冠矮，高约2厘米。羽色较杂，但以黄色为主，颈羽颜色较深，主翼羽羽片半黄半黑，尾羽黑色。现经多年选育，黄羽毛色已较一致，产区尚有少数白羽、黑羽鸡保留在饲养场中，作为保种观察之用。

仙居鸡生长速度中等，但个体小，又属早熟品种，故180日龄时，公鸡体重为1 256克，母鸡体重为953克，接近成年鸡的体重。

一般农家饲养的母鸡开产日龄约180天，但在饲养场及农家饲养条件较好的情况下，约150日龄开产，甚至有更早者。因此，仙居鸡是较早熟的地方鸡种，但过早开产往往蛋重较轻。在一般饲养管理条件下，年产蛋量为160～180个，高者可达200个以上。仙居鸡平均蛋重为42克左右。壳色以浅褐色为主。蛋形指数为1.36。蛋的组成，蛋白占55.11%，蛋黄占33.7%，蛋壳占11.19%。蛋的营养成分，含水分为72.93%，粗蛋白质为14.24%，粗脂肪为11.78%，灰分为1.05%，每百克全蛋的总热量为196.86焦耳。

仙居鸡因体小而灵活，配种能力较强，可按公母1：(16～20)配种。据对入孵17 180个种蛋的测定，受精率为94.3%，受精蛋孵化率为83.5%。育雏率较高，1月龄育雏成活率为96.5%。

2. 白耳黄鸡

白耳黄鸡又称白银耳鸡、上饶地区白耳鸡、江山白耳鸡，以其全身披黄色羽毛、耳叶白色而故名。它是我国稀有的白耳鸡种。该鸡主要产区在江西省上饶地区广丰、上饶、玉山三县和浙江省江山县。

白耳黄鸡体型矮小，体重较轻，羽毛紧密，但后躯宽大，属蛋用型鸡种体型。产区群众以“三黄一白”为选择外貌的标准，即黄羽、黄喙、黄脚呈“三黄”，白耳呈“一白”。耳叶要求大、呈银白色、似白桃花瓣。成年公鸡体呈船形。单冠直立，冠齿一般为4～6个。肉垂软、薄而长，冠和肉垂均呈鲜红色、虹彩金黄色。喙略弯、呈黄色或灰黄色，有时上喙端部呈褐色。头部羽毛短、呈橘红色，梳羽深红色，大镰羽不发达，黑色呈绿色光泽，小镰羽橘红色，其他羽毛呈浅黄色。母鸡体呈三角形，结构紧凑。单冠直立，冠齿为6～7个，少数母鸡性成熟后冠倒伏。肉垂

较短，与冠同呈红色。耳叶白色。眼大有神，虹彩橘红色。喙黄色，有时喙端褐色。全身羽毛呈黄色。皮肤和胫部呈黄色，无胫羽。初生雏绒羽以黄色为主。白耳黄鸡，公鸡体重为1.45千克，母鸡体重为1.19千克。

母鸡开产日龄平均为151.75天，年产蛋平均为180个。蛋重平均为54.23克。蛋壳深褐色。蛋壳厚达0.34～0.38毫米。蛋形指数为1.35～1.38。哈氏单位为88.31±7.82。

在公母配种比例为1∶(2～15)的情况下，种禽场的种蛋受精率为92.12%，受精蛋孵化率为94.29%，入孵蛋孵化率为80.34%。公鸡110～130日龄开啼。母鸡就巢性弱，在鸡群中仅15.4%的母鸡表现有就巢性，且就巢时间短，长的20天、短的7～8天。雏鸡成活率，30日龄为96.4%，60日龄为95.24%，90日龄为94.04%。

白耳黄鸡蛋大，蛋壳质量良好，平均年产蛋180个以上，是我国优良的蛋鸡育种素材。本品种分布较广，经当地建场选育，产蛋量和体重均有所提高。今后应重点选择蛋大、产蛋多的留种，培育优良品系。

3. 济宁百日鸡

济宁百日鸡体小、玲珑，以蛋用为主，早熟个体能在100日龄左右开产，由此而得名。该品种原产于济宁市郊区，分布于邻近的嘉祥、金乡、兖州等县市。该鸡形成历史较早，是当地群众传统饲养的鸡种，20世纪80年代以前，济宁鸡在产区分布非常普遍，饲养数量较多，近10年来外来鸡种推广后，济宁鸡的饲养量逐年减少，主要存在于农户庭院少量散放饲养。长期的民间选择，对形成济宁百日鸡体型较小、觅食力强，开产早的优良特性起到了重要作用。

济宁百日鸡体型小而紧凑，头大小适中，体躯略长，头尾上举，背部呈U字形。公鸡体重略大，颈、腿较长；母鸡羽毛紧贴，外形清秀，背腰平直，似蛋用鸡体型。母鸡毛色有麻、黄、花等羽色，以麻鸡为多。麻鸡头颈羽麻花色，其羽面边缘为金黄色，中间为灰或黑色条斑，肩部和翼羽多为深浅不同的麻色，主、复翼羽末端及尾羽多见淡黑或黑色。据对294只成年鸡进行统计，在麻鸡中，黄麻较多，约占56%，黑麻次之。公鸡的羽毛颜色较为单纯，红羽公鸡约占80%以上，次之为黄羽公鸡，杂色公鸡甚少。红公鸡羽毛鲜艳,尾羽黑色且闪有绿色光泽。头型多为平头,风头(头顶中间有一簇纵起的羽毛覆盖)仅占10%左右;喙黑灰色占50%以上,其尖端为浅白色,次之为白色和黑色,栗色喙占20%左右,虹彩主要有橘黄和浅黄两种;单冠,公鸡冠高直立,为3~4厘米,冠、脸、肉垂鲜红色。脚主要有铁青和灰色两种。长有胫趾羽的鸡不到1%。皮肤颜色多为白色。

成年济宁百日鸡,公鸡体重为1.32千克,母鸡体重为1.16千克,部分早熟的母鸡体重较轻,腿略高些。

在较粗放饲养条件下,该鸡年产蛋量为130~150个,部分高产鸡年产蛋200个以上。蛋壳颜色为粉红色,色泽深浅略有差异。蛋重较小,初产蛋重为28.5克,平均蛋重42克。蛋形较整齐,蛋形指数测定为1.31。据测定,在蛋的可食部分中,蛋黄的比例大,占蛋重的36.9%。

一般在150~200天开产。其中,据对调查到的济宁百日鸡统计,开产最早的为80天,100~120天开产的较普遍。该鸡在农户产蛋利用期为2~3年。

自然配种鸡群公母比例为1∶15,种蛋受精率90%以上,受精蛋孵化率90%左右。一般农村散养因公鸡较少,蛋的受精率为80%左右。成年鸡的换羽时间,集中在8~11月份进行,高产鸡仅需要30~40天即能换完羽毛。

该鸡适合农户散养,饲养管理较为粗放,每天补喂一些由糠麸、玉米、饼粕、青绿料等简单混合的饲料,因每天获得的营养较少,蛋重小,产蛋潜力也未能发挥出来。可改用小群舍养,做好日常饲养管理,参照我国地方鸡的饲养标准配合饲料,以满足其营养需要,提高其产蛋量,增加蛋重。有条件的地方也可利用荒山荒坡、果园放牧饲养,降低生产成本。留种鸡群做好公母鸡选择,提高繁育后代的质量。对性成熟早的种鸡实行单独分群饲养,并将同一性能的公母鸡组成配种群,巩固其早熟的优良特性。

济宁百日鸡体重轻、耗料少,是一个以蛋用为主的小型地方品种。其体质健壮,抗病力较强,特别是罕见的早熟性状,为培育高产、早熟、

抗病蛋用型鸡的宝贵素材。但因该鸡种未经过系统的选育，蛋重小，羽色较杂，羽毛生长较慢，个体间性成熟时间和产蛋性能悬殊较大，鸡种纯度较差。为此，应重视现有鸡群的保护，防止群体退化和品种混，坚持蛋用选育目标，分别建立早熟系和高产系。另外，利用适宜的引进蛋鸡品系与济宁百日鸡杂交，提高其产蛋性能，培育出既产蛋较多，又适合当地一般农户饲养需要的杂交鸡种。

4. 汶上芦花鸡

汶上芦花鸡体表羽毛呈黑白相间的横斑羽，群众俗称“芦花鸡”，因产地在汶上县境内，被命名为“汶上芦花鸡”。

该鸡种原产于汶上县的汶河两岸及蜀山湖、南旺湖、马踏湖一带，以该县西北部的军屯、杨店、郭仓、郭楼、城关、寅寺六乡镇饲养量最多，分布于汶上相邻的一些县市。在过去传统饲养条件下，由于该鸡耐粗抗病，产蛋较多，肉质好，深受当地群众喜爱，加上产区孵坊众多，饲养量较大。

该鸡种体型一致，特点是颈部挺立，稍显高昂，前躯稍窄，背长而平直，后躯宽而丰满，腿较长，尾羽高翘，体形呈“元宝”。横斑羽是该鸡种外貌的基本特征，全身大部分羽毛呈黑白相间、宽窄一致的斑纹状，母鸡头部和颈羽边缘镶嵌橘红色或土黄色，羽毛紧密，清秀美观；公鸡颈羽和鞍羽多呈红色，尾羽呈黑色带有绿色光泽。据对 35 只公鸡和 123 只母鸡外貌特征统计，头型多为平头的占 93%，凤头仅占 7%左右。冠型以单冠最多，占 92.8%，其他冠形有双重冠、玫瑰冠、豌豆冠和草莓冠，占 7.2%。喙基部为黑色，边缘及尖端呈白色。虹彩以橘红色为最多，土黄色次之。胫色以白色为主，约占 63.4%，花色次之，黄色和青色极少。爪部颜色以白色最多，约占 90%，杂色次之。皮肤颜色均为白色。

成年汶上芦花鸡，公鸡体重为 1.40 千克，母鸡体重为 1.26 千克。雏鸡的生长发育受饲养条件、育雏季节不同有一定差异，生长至 4 月龄，公鸡平均体重为 1 180 克，母鸡体重为 920 克，分别为成年体重的 73%和 84%。羽毛生长较慢，4 月龄主翼羽和尾羽尚未长齐，一般在 6

月龄全部换为成年羽。

根据产区调查统计，在农村一般饲养管理条件下，年产蛋130～150个。在较好的饲养管理条件下，年产蛋可达180～200个，还有少数个体，年产蛋量在250个以上。该鸡蛋重35～51.9克，平均蛋重45克。蛋壳颜色多为粉红色，少数为白色。蛋形指数为1.32。

芦花鸡的性成熟期一般在150～180天。公母鸡的配种比例为1∶(12～15)，种蛋受精率达90%以上。农户散养一户或几户有1只公鸡，也能维持85%左右的受精率。成年鸡换羽时间一般在每年的9月份以后，换羽持续时间不等，高产个体在换羽期仍可产蛋。

该鸡要求饲养条件不高，适合一般农户散养，利用农村现有的农副产品作饲料，这种方式鸡获得的营养较少，降低了其生产性能。可改用小群舍养，结合地方鸡的饲养标准配合饲料，满足产蛋期的营养需要，可以提高产蛋量与蛋重，并在饲料中加入一定比例的糠麸和青饲料，以便降低饲养成本。抓好育雏和生长鸡只的培育工作是该鸡饲养管理的关键环节，同时要做好种鸡选种工作，巩固优良的遗传性能，提高繁育后代的质量。

第六节　蛋鸡主要生产性能指标

所谓蛋鸡生产性能，主要指蛋鸡生产性状及与之表现有关的经济特性，例如，生产力、存活力、繁殖力等，影响其性能发挥的因素主要来源于种鸡遗传特性、营养、环境状况、饲养条件、生产管理、技术水平、健康因素(如禽病传染)、劳动熟练程度，事业心和负责感等。了解蛋鸡生产性能和指标，有利于生产经营者及时掌握蛋鸡生产性能和指标，有利于生产经营者及时掌握蛋鸡生产表现、性能发挥、鸡群健康状况和品种来源情况，以便为科学引种，施行高产、高效技术措施，提高生产经营管理水平，提高经济效益提供有效的指导。

一、蛋鸡的生活力

蛋鸡生存、健康发育、生长并能按照饲养目的进行顺利生产的能力，是养鸡经营者最关心的问题。因为它是发展生产的前提。尤其在目前蛋鸡品种较多，禽病复杂的情况下，分析了解蛋鸡的生活力，一方面更好地为鸡创造一个良好的生活环境，其中包括加强蛋鸡饲养管理条件，优化营养结构，施行严格的消毒和防疫措施，净化鸡舍环境等。另一方面根据蛋鸡的内在生理素质和当地疫情，制定科学的免疫防疫程序和防疫制度。借助较先进的医疗卫生条件系统地进行疫病防治管理。对于有效地提高蛋鸡的生活力，保证鸡只健康生长，为未来发挥蛋鸡的遗传潜力是非常重要的。

尽管构成和衡量蛋鸡生活力高低的因素是多方面的，但我们在生产经营活动中最关心是下面 8 个指标：育雏成活率、育雏死淘率、育成成活率、产蛋鸡存活率、产蛋期蛋鸡死淘率、性成熟期、蛋鸡生长发育和抗逆性。

1. 育雏成活率

育雏成活率是指鸡从孵出饲养至 6 周龄（0～42 天）时的存活比率，它是在健康生理条件下，度量蛋鸡生活性能的重要指标之一。大量的蛋雏鸡养育实践表明，地方品种比新培育品种，褐壳蛋鸡系比白壳蛋鸡系的生活力强。

2. 育雏死淘率

育雏死淘率是与成活率相对的一个指标，它是整个育雏期因种种原因，死亡或淘汰的雏鸡比率。

3. 育成成活率

一般认为，雏鸡在 6 周龄育雏结束后，到发育成熟（20 周龄），将进入产蛋期的这一段时间（育成期）内的鸡只存活比率称为育成成活率。如迪卡褐蛋鸡育成成活率为 98％以上。该成活率的高低直接影响着蛋鸡产蛋量的大小。

4. 产蛋鸡存活率

蛋鸡在140日龄育成结束后转群至产蛋鸡舍，开始了蛋鸡生产的过程，一般在饲养1个产蛋年(即总504日龄)后淘汰鸡群。入舍蛋鸡在该时间内的存活比率，即为产蛋期的蛋鸡存活率，正常产蛋期的存活率一般为88%～92%。

5. 产蛋期蛋鸡死淘率

产蛋期蛋鸡死淘率，是指在整个产蛋期(140～504日龄)入舍母鸡的死亡或淘汰比率。在生产实践中，产蛋期入舍母鸡的死淘率一般为8%～12%。

蛋鸡的产蛋期蛋鸡月死淘率指1个月中死亡和挑出淘汰的鸡只数占存活鸡数的百分率，它是考核蛋鸡生产性能的重要指标之一。一个管理好的鸡群，月死淘率仅为0.4%～0.8%，迪卡产蛋鸡的月死淘率为0.5%～0.7%，如果超过1%或者更高，表现在生产管理上有问题或鸡群健康状况不佳，需要及时发现，仔细检查，找出原因，加以解决。

6. 性成熟期

性成熟期即蛋鸡的开产日龄，是指全群入舍蛋鸡产蛋率达50%的生长日龄，在正常的生产管理情况下，蛋鸡的开产日龄为140～175天，如罗曼(褐)父母代、商品代蛋鸡的开产日龄为144～150天。

7. 蛋鸡的生长发育

蛋鸡生长发育和其他动物一样，也可用累积生长、绝对生产、相对生长、分化生长和体态结构指数等进行计算与分析，但在育种实践中，较常用的为绝对生长和相对生长。

绝对生长是指蛋鸡在一定时间内的增重(或增长)，是蛋鸡绝对生长发育速度的衡量尺度，可用在一定时间内蛋鸡的平均生长速度G来表示。

蛋鸡的相对生长是指在测定的时间内，蛋鸡增重(或增长)占始、末平均体重(或体尺)的百分比率，可用R代表。相对生长是反映蛋鸡生长强度的关键指标，若把各时期相对生长值作成相对生长曲线，由于蛋鸡与其他家畜一样，在幼年时的新陈代谢较旺盛，生长发育较强烈，到成年后，生长强度趋于稳定，甚至接近于零，终使相对生长随着年龄的

生长而下降。

8.蛋鸡的抗逆性

简单地说，蛋鸡抗逆性就是蛋鸡在生长发育和生产过程中，抵抗外界环境不良因素的特性。例如，抗热、抗冷冻、抗惊群、抗病原菌的感染等。一般地，地方蛋鸡品种均具有较强抗逆性，而当代新培育的褐壳蛋鸡品系如迪卡褐蛋鸡、海兰褐蛋鸡等，其抗逆性均较强，成活率和产蛋期的存活率较高。

了解和掌握这些有关蛋鸡生活力的正常指标，对于考察、引进种鸡、鸡苗，对于预测蛋鸡生产的效果和制订可行的合理的生产计划，有效地促进生产，提高生产水平，对于及时发现和掌握鸡群的健康状况，做到早发现、早诊断、早防治，避免重大疫情的发生具有重大的现实意义和指导作用。

二、蛋鸡的生产力

蛋鸡生产是蛋鸡在生产过程中主要经济性状的表现能力，它是养鸡经营者和育种工作者最为关心的性状之一，统计和分析生产力对生产经营、提高经济效益和育种场实施有效的选择手段可提供有益地指导，其主要包括产蛋力和蛋品质两个方面的内容，通常用来衡量产蛋力的指标有产蛋量、产蛋率、饲料转化率和蛋重。

1.产蛋量

产蛋量是入舍母鸡在一定（条件）的统计时间内的产蛋枚数和产蛋总重量。

2.产蛋率

产蛋率是指统计期内的产蛋总枚数与存栏母鸡数比率，在日常生产中常用的是日产蛋率和平均产蛋率。

我们通常将日产蛋率达50％时的产蛋日龄称为蛋鸡开产日龄。在生产实践中，产蛋率的高低直接反映了蛋鸡生产管理水平的高低，掌握产蛋率的变化规律有利于养鸡生产经营者，根据相应的变化情况及时调节日粮水平，降低生产成本，此外，还有利于及时发现鸡群健康状况和应激反应情况，加强防疫治疗措施，净化、控制鸡舍环境，为产蛋鸡群创造一个理想的生活条件。

3. 饲料转化率

饲料转化率也称饲料转换率、饲料利用率，也有称之为饲料报酬的，它是指蛋鸡利用饲料转化为产蛋总重或活重的效率。在蛋鸡生产中则常用料蛋比表示，为蛋鸡在某一年龄段饲料消耗与产蛋总重的比率，若以产 1 千克鸡蛋消耗的饲料千克数(X)表达，则料蛋比为 $X:1$。蛋鸡饲养实践表明，一般轻型白壳蛋鸡（如巴布考克 B-300、京白 904 等）的饲料转化率一般高于中型褐壳蛋鸡（如迪卡褐、罗曼褐等）。

4. 蛋重

蛋重是蛋鸡的重要经济性状之一，它直接决定着母鸡总产量的高低，蛋重的大小主要是受遗传因素控制的，蛋重的遗传力为 0.31～0.81，当然也受母鸡年龄、体重、营养水平、光照、温度和健康等因素的影响，一般认为，蛋鸡的正常蛋重的变化范围为 50～65 克。因蛋重的大小与种蛋的合格率和孵化率等有关。因此，在种鸡场特别受到重视。

三、衡量鸡蛋品质的主要指标

衡量鸡蛋品质的指标主要有蛋形、蛋壳颜色、蛋壳厚度、蛋壳强度、蛋密度、哈氏单位和血斑与肉斑率。

1. 蛋形

蛋形就是指蛋的形状，它是在母鸡输卵管峡部形成的。蛋形对孵化、包装运输、减少破损具有十分重要的意义。它是用蛋形指数（蛋的横径与纵径的比率）来表示的。最佳蛋形指数为 0.72～0.74。该指数小于 0.70 的蛋形较长，大于 0.75 的蛋形较圆，这部分蛋称为畸形蛋，其破损率高，孵化率低。蛋形遗传力为 0.10～0.25。

2. 蛋壳颜色

主要分为褐色（深褐色）、浅褐色（或粉色）和白色 3 种，当然也有

少数珍稀鸡的蛋为绿色、蓝色和花（纹）斑壳蛋壳。蛋壳颜色是蛋壳形成时在子宫中产生的色素沉积造成的，其色泽随蛋鸡日龄增大而逐渐变浅。此属正常表现，但当产蛋鸡群突然暴发疫病，如新城疫、传染性支气管炎和产蛋下降综合征等时，病患初的蛋壳颜色也变浅，因此，日常生产中注意观察蛋壳颜色的异常变化与否，有利于及时发现诊治疫病。

3. 蛋壳厚度

蛋壳厚度是度量鸡蛋品质的重要指标之一。其厚度一般应在 0.35 毫米以上，其平均遗传力为 0.31，但因饲料质量差，蛋鸡年龄大，夏季高温及疫病感染等因素的影响，常导致蛋壳厚度变薄，破蛋率升高。

壳厚一般用蛋壳厚度测定仪测定。测定时从鸡蛋的横周径以三等分取三点，然后计算其平均测量值。有关资料介绍，蛋壳的表现厚度（不去壳膜时）平均为 0.37 毫米，蛋壳实际厚度（去壳膜）平均为 0.30 毫米。

Nordstron 等于 1982 年就提出了用蛋比重与蛋重换算蛋壳厚度的公式：

蛋壳厚度（毫米×100）＝－11.056＋0.434 9×[（蛋比重－1.0）×10^3]＋0.211 2×蛋重（克）

4. 蛋密度

蛋密度（蛋比重）也是影响蛋壳强度的重要因素之一，尤其在蛋鸡选种、选育上具有非常大的价值，它与产蛋量呈负相关（－0.31）。蛋密度可用漂浮法测定，其分 9 个不同的比重等级，从高到低如表 2-1 所示。

表 2-1　漂浮液配比表

等级	0	1	2	3	4	5	6	7	8
漂浮液比重	1.060	1.065	1.070	1.075	1.080	1.085	1.090	1.095	1.100
3 千克水中加盐量/克	27.6	29.8	32.0	34.2	36.5	39.0	41.4	43.8	46.2

将新鲜鸡蛋(一般取产后3天以内的鸡蛋)按上述由低到高依次放入比重液中,据鸡蛋的沉浮情况,即可确定其比重值。

5.哈氏单位

哈氏单位是用于描述鸡蛋新鲜程度和鸡蛋品质的重要指标之一,鸡蛋越新鲜,蛋白越浓稠,蛋白厚度越高,哈氏单位越大,一般新鲜鸡蛋哈氏单位的正常变化范围75～85,有的也可达90,而陈蛋的哈氏单位可降至30以下,其计算公式为:

$$哈氏单位=100\log(H-1.7W^{0.37}+7.6)$$

式中:H为蛋白高度(厚度),毫米;W为蛋重,克。

蛋白高度的测定:将已称重的鸡蛋打破后,倾注于水平放置的平板玻璃上,用蛋白高度测定仪测量蛋黄周围浓蛋白层中部,取其平均值为蛋白高度。在测得了蛋重和蛋白高度后,可直接由"哈氏单位速查表"查得。

6.血斑与肉斑率

在鸡蛋的形成过程中,由于机械的或病理的原因造成的输卵管少量出血,或输卵管黏膜损伤等因素而导致蛋白(少量蛋黄)内带有血斑、肉斑。含血斑和肉斑的总蛋数占所测定总蛋数的百分率,称为蛋的血斑和肉斑率。

血斑和肉斑率的高低因蛋鸡品种或年龄等因素而异,一般白壳蛋的血、肉斑率较低,褐壳蛋血、肉斑率较高。血、肉斑率的高低接影响着种蛋的质量,对种蛋的孵化率具有不良影响。

四、衡量蛋鸡繁殖力高低的指标

蛋种鸡的繁殖力是指种鸡配种后,受精、孵化、出雏等繁衍后代的潜能,其主要指标包括受精率、孵化率和健雏率等。受精孵化率与入孵蛋孵化率(或出雏率)统称为孵化率。在正常的孵化过程中,健雏率应在95%以上。

五、蛋鸡体尺测量(活体)的指标

体尺测量指标主要包括：

体斜长，在翅膀外用软尺测量锁骨前上关节至坐骨结节间的距离。

胸骨长，用软尺测量胸骨突前端至胸骨末端之距离。

胸宽，用卡尺测量锁骨上关节之间距离。

胸角，用胸角器测量胸骨突最前端处的角度。

跖长，用卡尺测量踝关节骨缝到第三与第四趾间的垂直距离。

跖围，用线测量跖骨中部周围长度。

六、蛋鸡的遗传力

所谓蛋鸡的遗传力，简单地说，就是指蛋鸡某数量性状遗传给其后代的能力。根据有关资料，仅将蛋鸡某些重要经济性状的遗传力参数列于表 2-2。

表 2-2　蛋鸡主要经济性状遗传力

主要性状	遗传力平均值	遗传力变化范围
产蛋量	0.25	0.15～0.45
产蛋强度	0.20	0.19～0.22
性成熟	0.25	0.12～0.52
蛋重	0.57	0.36～0.80
受精率	0.12	0.03～0.20
育成率	0.10	0.05～0.16
体重	0.43	0.35～0.53

思考题

1. 什么是鸡的品种和品系？

2. 现代蛋鸡品种的特点是什么？

3. 常见的褐壳蛋鸡品种有哪些？
4. 常见白壳蛋鸡品种有哪些？
5. 常见白壳蛋鸡品种有哪些？
6. 白壳蛋鸡与褐壳蛋鸡的差异是什么？
7. 优质蛋用地方级品种有哪些？
8. 衡量产蛋力的指标有哪些？
9. 衡量鸡蛋品质的主要指标有哪些？
10. 衡量蛋鸡繁殖力高低的指标有哪些？

第三章

蛋鸡的繁殖与孵化

导　　读　本章主要介绍蛋鸡的繁殖和孵化技术。

第一节　蛋鸡繁殖技术

一、繁殖方式

(一)鸡的自然交配繁殖

鸡生长快,繁殖力高,一只母鸡一年可繁殖上百只幼雏,而且成熟快,春孵的幼雏当年又可产蛋。在人工饲养条件,鸡没有严格的配种季节,任何时间都可以交配、排卵、产蛋,从而完成一个完整的繁殖过程。

1. 公母比例

在一个鸡群中,常常是一只公鸡与数只母鸡交配,偏爱成双的不多。在鸡群中要想获得理想受精率，要特别注意防止群居序位占优势的公鸡增多，因为它们攻击性强，阻碍其他公鸡的交配活动，则造成其他鸡的“生理阉割”状态，久之引起死亡。因此，自然交配的鸡群，饲养密度不宜过高，公母比例要适宜。

配种鸡群中，公鸡过多，还往往因争先交配，发生斗架，踩伤母鸡，干扰交配，降低受精率；反之公鸡过少，每只公鸡负担配种任务过大，影响精液品质，受精率也不高。适宜的公母比例是：轻型鸡 1∶(10～15)；中型鸡 1∶(10～12)；重型鸡 1∶(8～10)。

在一天之中，公鸡交配活动最频繁的时间是当天大部分母鸡产蛋后，即在 16～18 点。母鸡子宫内有硬壳蛋时，通常不接受交配。由于公鸡交配活动过于集中，适宜的公母比例就更为重要。

配种季节开始时，公鸡放入母鸡群的第二天(当天不算在内)便可获受精蛋，而全群获得高受精率则在 5～7 天，所以，应提前 7～10 天把公鸡放入母鸡群中。

2. 种用年始与年限

公鸡和母鸡的年龄对繁殖力都有影响，只有当公、母鸡处于同样的性活动状态，才能有较高水平的受精率，如果母鸡产蛋率很低，则受精率也不会高。一般来说鸡于 18 月龄之前受精率最高。母鸡的产蛋量随年龄的增长而下降，第一年产蛋最高，第二年比第一年下降 15%～25%，第三年下降 25%～35%。种用年限一般 1～2 年，育种场的优秀母鸡可使用 2～3 年。

3. 自然交配的繁殖方法

公鸡和母鸡均应按生产性能、体质、外貌、发育情况、遗传生能、品种特征选择。如有条件，对公鸡应预先精选，即检查性活动机能、精液品质，选留优秀者配种。

(1)大群配种　鸡群较大，在母鸡群中放入一定比例的公鸡，使每一只公鸡随机与母鸡交配，这种方法的受精率较高，但不能准确知道雏鸡的亲代，因此，只适于繁殖。配种鸡群的大小，根据具体情况可取 100～1 000 只。一般是当年公鸡性机能旺盛，可多配一些。老公鸡性

活动差，竞争能力低，不适于大群配种。

(2)小群配种　又称单间配种，在一小群母鸡中放入一只公鸡，这种方法适用于育种场。小群配种，要有单独的鸡舍，自闭产蛋箱，公鸡和母鸡均需佩带脚号。群的大小根据品种的差异，蛋用鸡 10～15 只，肉用鸡 8～10 只。小群配种受精率低于大群，所以许多育种场已不采用，改为人工授精。

(3)辅助配种　将公鸡饲养在单独的鸡舍或 1 米^3 左右的笼内，母鸡是群养，配种时将 3 或 4 只母鸡放入公鸡笼或鸡舍内，任其交配。待交配后，取出母鸡放回原鸡群，再换另一批母鸡与公鸡交配。为保证良好的受精率，每只母鸡在一周之内至少与公鸡交配 1 次。这种方法适用于下面 3 种情况：笼养母鸡而又没有人工授精技术；设有自闭产蛋箱的群养母鸡；没有单间育种鸡舍的育种场。辅助配种可以充分利用优秀公鸡，但花费较大劳力。

(4)轮换配种　育种工作中的家系育种为了充分利用配种间，多获配种组合和便于对配种的公鸡进行后裔测定和组配家系，通常采用轮换配种方法。这种方法主要是利用母禽输卵管中精子老化，新精子替换老精子，以及持续受精等生理过程而设计的。这方法可以在一个配种单间内放入 12～15 只母鸡，于一个配种季节内收集 2～3 只公鸡的后代。笼养鸡人工授精轮换公鸡，更可缩短收集种蛋间断时间。

(5)小群笼养　配种笼宽 1 米，长 2 米，前高 70 厘米，后高 60 厘米。笼子放于铁架上，排成单列或双列。每笼放入母鸡 20～24 只，公鸡 2～3 只。其优点是节省建筑单间费用，又比笼养母鸡人工授精方便。小群笼养适于繁殖场。

(二)鸡的人工授精繁殖

1. 人工授精的优越性

(1)人工授精可以少养公鸡，即可以扩大公母鸡配种比例。自然交配配种，一只公鸡只能配 10～20 只母鸡；人工授精一只公鸡可配 30～50 只母鸡。如一只公鸡一次采精获得 0.5 毫升精液，精液品质好、浓度大。用0.025毫升精液给母鸡输精,便可输20只母鸡。公鸡一周采精3次,可输60只母鸡,若用1∶2稀释,一周便可输120只母鸡,这样便可大大减少公鸡饲养量,节约饲料、鸡舍,降低成本。

(2)可以克服公母禽体重相差悬殊,以及不同品种间家禽杂交造成的困难,从而提高受精率。

(3)对腿部受伤或其他外伤的优秀公鸡,无法进行自然交配时,人工授精便可继续发挥该公鸡作用。

(4)如能使用冷冻保存的精液,则不受公鸡年龄、时间、地区以及国界的限制。扩大"基因库",即使某优秀公鸡死后,仍可继续利用它的精液繁殖后代。

2.采精

(1)采精方法　采精方法有按摩法、隔截法、台禽法和电刺激法。其中以按摩法最适宜于生产中使用,是目前国内外采精的基本方法。除电刺激法和台禽法仍用于水禽和特种禽类,或作特殊科学试验外,其他方法很少使用。

按摩采精简便、安全、可靠,采出的精液干净,技术熟练者只需数秒钟,使可采到精液。按摩采精分腹部按摩、背部按摩、腹背结合按摩3种。

腹背按摩通常由两人操作,一人保定公鸡,一人按摩与收集精液。

①保定公鸡常用的是保定员用双手各握住公鸡一只腿,自然分开,拇指扣其翅,使公鸡头部向后,类似自然交配姿势;第二种是用特制的采精台保定,台面垫泡沫塑料再覆盖胶布,易于清洁。保定员将公鸡置于台上,用右手握住双腿,左手握住两翅基部;再一种方法是保定员将公鸡从笼内拖出,固定两腿并将公鸡胸部贴于笼门外,前两种方法有利于公鸡性反射,无损于公鸡胸部。后一种方法虽速度快,但长期采用有害于公鸡健康,影响性反射。

②按摩与收集精液操作者右手的中指与无名指间夹着采精杯,杯口朝外。左手掌向下,贴于公鸡背部,从翼根轻轻推至尾羽区,按摩数次,引起公鸡性反射后,左手迅速将尾羽拨向背部,并使拇指与食指分

开，跨捏于泄殖腔上缘两侧，与此同时，有手呈虎口状紧贴于泄殖腔下缘腹部两侧，轻轻抖动触摸，当公鸡露出交配器时，左手拇指与食指作适当压挤，精液即流出，右手便可将采精杯承接精液。

按摩采精也可一人操作，即采精员坐在凳上，将公鸡保定于两腿间，公鸡头朝左下侧，此时便可空出两手，照上述按摩方法收集精液，此法简便、速度快，可节省劳动力。

③注意事项：不粗暴对待公鸡，环境要安静。不污染精液。采精按摩时间不宜过久，捏挤动作不应用力过大，否则引起公鸡排粪、尿，透明液增多，或损伤黏膜而出血，从而污染精液，降低精子的密度和活力（肉用型鸡比蛋用型鸡的透明液更多，采精时尤应注意）。采到的精液应立刻置于25～30℃水温的保温瓶内，并于采精后30分钟内使用完毕。

（2）采精前的准备

①公鸡的选择公鸡经育成期多次选择之后，还应在配种前2～3周内，进行最后一次选择，此时应特别注意选留健康，体重达标，发育良好，腹部柔软，按摩时有肛门外翻、交配器勃起等性反射的公鸡，并结合训练采精，对精液品质检查。

②隔离与训练公鸡在使用前3～4周内，转入单笼饲养，便于熟悉环境和管理人员。

在配种前2～3周内，开始训练公鸡采精，每天一次，或隔天一次，一旦训练成功，则应坚持隔天采精。公鸡经3～4次训练，大部分公鸡都能采到精液，有些发育良好的公鸡，在采精技术熟练情况下，开始训练当天便可采到精液。但也有些公鸡虽经多次训练仍不能建立条件反射，这样的公鸡如果属于没达到性成熟则应继续训练，加强饲养管理，反之应淘汰，此类公鸡在正常情况下淘汰3%～5%。

③预防污染精液。公鸡开始训练之前，将泄殖腔外周的1厘米左右的羽毛剪除。采精当天，公鸡须于采精前3～4小时绝食，以防排粪、尿。所有人工授精用具，应清洗、消毒、烘干。如无烘干设备，清洗干净后，用蒸馏水煮沸消毒，再用生理盐水冲洗2～3次方可使用。

(3)采精次数　鸡的精液量和精子密度，随射精次数增多而减少，公鸡经连续射精3～4次之后，精液中几乎找不到精子。据试验，肉鸡采精次数是一天1次、一天2次和一周3次，结果是一周采精3次的精液量和精子密度最高；来航公鸡采精次数是一周1次，一周3次和一周5次，结果是一周采精3次，精液量较高，精子密度比一周采精5次的高，但与一周采精1次的相等。公鸡经过48小时的性休息之后，精液量和精子密度都能恢复到最好水平；休息6天后，其精液量与每天采精一次的相等。

为确保获得优质的精液以及完满地完成整个繁殖期的配种任务；建议采用隔日采精制度。若配种任务大，也可以在一周之内连续采精3～5天，休息2天，但应注意公鸡的营养状况及体重变化。使用连续采精最好在公鸡30周龄以后。

3. 输精

(1)输精操作　输精母鸡必须先进行白痢检疫，凡阳性者一律淘汰，同时还须选择无泄殖腔炎症，中等营养体况的母鸡，产蛋率达70%时，开始输精，更为理想。

输精时两人操作，助手用左手握母鸡的双翅，提起，令母鸡头朝上，肛门朝下，右手掌置于母鸡耻骨下，在腹部柔软处施以一定压力，泄殖腔内的输卵管开口便翻出。输精员便可将输精器，向输精管口正中轻轻插入输精。

笼养母鸡人工授精，不必从笼中取出母鸡，只需助手的左手握住母鸡双腿，稍稍提起，将母鸡胸部靠在笼门口处，右手在腹部施以压力，输卵管开口外露，输精员便可注入精液。

输精时应注意：

①当给母鸡腹部施以压力时，一定要着力于腹部左侧，因输卵管开口在泄殖腔左侧上方，右侧为直肠开口，如着力相反，便引起母鸡排粪。

②无论使用何种输精器，均须对准输卵管开口中央，轻轻插入，切忌将输精器斜插入输卵管，否则不但不能输进精液，而且容易损伤输卵管壁。

③助手与输精员密切配合，当输精器插入的一瞬间，助手应立刻解除对母鸡腹部的压力，输精员便有效地将精液全部输入。

④注意不要输入空气或气泡。

⑤为防止相互感染，应使一次性的输精器，切实做到一只母鸡换一套输精器，如使用滴管类的输精器，必须每输一只母鸡用消毒棉花擦拭输精器一次。

(2)输精部位和深度　不同部位或不同深度输精，对受精率均有影响。原因是输精部位不同，精子到达受精部位的数量与时间有差异。如阴道输精(特别是当子宫有硬壳蛋或输卵管内有蛋)，精子则先进入子宫阴道的贮精腺内。子宫或膨大部输精，全部精子(包括死、弱精子)可到达受精部位，而且只需 15 分钟，因此，刚输入的精子可与产蛋后所排出的卵及时结合。

子宫、膨大部输精，多用于研究或冷冻精液。这两个部位输精后，都有较长的持续受精时间，但胚胎早期死亡较多。

膨大部输精需要外科手术，子宫输精则要通过长达 8～10 厘米的阴道"V"形弯曲，而且又是强的括约肌，所以，从阴道插到子宫输精的技术较难掌握，同时这种方法对输卵管有很大的刺激，容易引起在子宫内的蛋早产，使卵巢和输卵管的机能受到干扰，停产若干时间。

阴道输精，输精器插入 1～2 厘米为阴道始端输精(浅输精)，4～5 厘米为中阴道输精，6～8 厘米为深阴道输精。长期实行深阴道输精，由于生殖道的生物学机能遭到破坏，使受精率、孵化率下降，甚至产蛋中断。根据公鸡生殖器官解剖分析，在自然交配中，退化交配器官突入阴道，在 1～2 厘米的始端。所以在生产中应采用浅阴道输精，更符合自然状态，而且输精速度快，受精率高。由于品种、体型的差异，推荐浅输精，轻型蛋鸡以 1～2 厘米，中型蛋鸡以 2～3 厘米为宜。但在母鸡产蛋率下降、精液品质较差的情况下，可用中阴道输精。

(3)输精量与输精次数　输精量与输精次数取决于精液品质和持续受精时间的长短。根据精子在输卵管存活时间，及母鸡受精规律的观察，母鸡须在一周之内输入一定数量的优质精液，才可获得理想受精率。但由于品种、个体、年龄、季节之间的差异，不能长期以固定剂量、固定间隔时间输精，否则不能持续获得高的受精率。所以，应按上述因素调整输精量。

精液中的透明液因品种、个体有很大的差异，所以精子密度变化范围也很大。一般肉用型鸡精液中透明液量大于蛋用型鸡，因此输精量就应有所不同。

由于母鸡年龄增长繁殖生理发生变化（如蛋重增加、蛋壳质量变差），使输卵管内环境改变，精子在改变了的环境中，其存活也发生一定影响；若以相同剂量的精液给青年母鸡和产蛋末期母鸡输精，一般是前者持续受精的天数比后者长。因此，对老龄母鸡输入的精子数要比青年母鸡多，而且输精的间隔时间也要缩短。

公鸡的繁殖力下降，常常是在母鸡繁殖力下降同时发生。精液品质差（精子活力低，畸形率高），受精率、孵化率均不理想，因此，必须以较高的绝对精子数来补偿。鸡的精液在 2～5℃保存 6～24 小时，需要输入 2 亿精子，才能获得高受精率。冷冻精液需输入 0.1 毫升解冻精液，才能相当于 0.03 毫升新鲜精液的效果。

输精量和输入精子数也不是越多越好，因为贮精腺对精子的容量是有限的。输入过多的精子不能进入贮精腺内，而滞留在输卵管腔，输卵管腔对于长期滞留的精子则是一个不利的环境。所以，除输入一定量的精液外，还应正确确定两次输精的最佳时距，才能维持高受精率。

在大规模人工授精中的良好经济效益，是以一定的输精量，既可延长输精间隔时间，而又保持高受精率。根据我们的实践，建议每次给母鸡输入 70×10^6～100×10^6 个优质精子；蛋用型母鸡盛产期，每次输入原精液 0.025 毫升，每 5～7 天输一次；产蛋中、末期以 0.05 毫升原精液，每 4～5 天输一次；肉用型母鸡每次输入 0.03 毫升原精液，每 4～5 天输一次，中、末期以 0.05～0.06 毫升，每周输两次，或 4 天输一次。

如用稀释或保存精液输精，应根据稀释倍数和保存结果调整输精量。母鸡首次输精应输入 2 倍的输精量，或每只母鸡连输两天，以确保

受精所需精子数，提高受精率。

(4)输精时间　一天之内，用同样剂量精液在不同时间输精，受精率有明显差异，主要是子宫内有硬壳蛋，以及产蛋使输卵管内环境出现暂时异常，从而影响精子在输卵管中存活与运行。在一天之内，于光照开始4～5小时母鸡产蛋与排卵最为集中，此时输精受精率一般低于下午输精，而且容易引起母鸡内产卵而造成腹腔炎。

建议输精时间选择在一天内大部分母鸡产蛋后，或母鸡产蛋前4小时，产蛋后3小时以后输精。具体时间安排应按当时光照制度而定。通常在16～17点输精。

4.精液品质评定

有关精液评定近年有许多新技术，如精子活力的各种染色剂，用以鉴别死活精子数。密度评定除用分光光度计外，使用离心法测定，速度快而准确。

精液常规检查项目如下：

(1)外观检查正常精液为乳白色，不透明液体。混入血液为粉红色；被粪便污染为黄褐色；尿酸盐混入时，呈粉白色棉絮状块；过量的透明液混入，则见水渍状；凡受污染的精液，品质均急剧下降，受精率不高。

(2)精液量的检查可用具有刻度的吸管、结核菌素注射器或其他度量器，将精液吸入，然后读数。

(3)活力检查于采精后20～30分钟内进行，取精液及生理盐水各1滴，置于载玻片一端，混匀，放上盖玻片，精液不宜过多，以布满载玻片、盖玻片的空隙，而又不溢出为宜。在37℃条件，用200～400倍显微镜检查。按下面3种活动方式估计评定：直线前进运动，有受精能力，占其中比例多少评为0.1～0.9级。圆周运动、摆动两种方式均无受精能力，活力高，密度大的精液，在显微镜下可见精子呈旋涡翻滚状态。

(4)密度检查

①血细胞计数法：用血细胞计数板来计算精子数较为准确。先用红细胞吸管，吸取精液至0.5处，再吸入3％的氯化钠溶液至101处，

即为稀释 200 倍。摇匀，排出吸管前的空气，然后将吸管尖端放在计数板与盖玻片间的边缘。使吸管的精液流入计算室内。在显微镜下计数精子，计 5 个方格的精子总数。5 个方格应选位于一条对角线上或四个角各取一方格，再加中央一方格。计算时只数精子头部 3/4 或全部在方格中的精子。最后按公式算出每毫升精液的精子数。例如，5 个方格中共计 350 个精子，即 350÷100＝3.5×10 亿/毫升。计算结果 1 毫升精液精子数为 35 亿。

②精子密度估测法：

密度大的，显微镜下可见整个视野布满精子，精子间几乎无空隙。鸡每毫升精液约有精子 40 亿以上。

中等密度的，在一个视野中精子之间距离明显。鸡每毫升精液有 20 亿～40 亿精子。

稀的精子间有很大空隙。鸡每毫升精液有精子 20 亿以下。

(5)pH 值检查。使用精密试纸或酸度计，便可测出。

(6)畸形率检查。取精液 1 滴于玻片上，抹片，自然干燥后，用 95%酒精固定 1～2 分后冲洗，再用 0.5%甲紫(或红、蓝墨水)染 3 分钟，冲洗，干后即在显微镜下检查，数 300～500 个精子中有多少个畸形精子。

5. 精液稀释

(1)精液稀释的目的

①鸡精液量少，密度大，稀释后可增加输精母鸡数，提高公鸡的利用率。

②精液经稀释可使精子均匀分布，保证每个输精剂量有足够精子数。

③便于输精操作。

④稀释液主要是给精子提供能量，保障精细胞的渗透平衡和离子平衡，提供缓冲剂，防止 pH 变化，延长精子寿命有利于保存。

(2)稀释液的配制　配制稀释液应严格按操作规程：

①化学药剂应为化学纯或分析纯。使用新鲜的 pH 呈中性的蒸馏

水或离子水。

②一切用具均应彻底洗涤干净、消毒，烘干。

③准确称量各种药物，充分溶解后，过滤、密封消毒（隔水煮沸或蒸气消毒 30 分钟）加热须缓慢，防止容器破裂及水分丢失。

④按要求调整 pH 值和渗透压。

⑤短期保存的稀释液中所用糖类、奶类和鸡蛋，除作为营养剂外，还是有防止精子发生"冷休克"作用。所以应取鲜奶煮沸，去奶皮；取鲜蛋，消毒蛋壳，抽取纯净卵黄。上两种物质应待稀释液冷却后加入。

⑥加入抗生素等生物制剂，亦应在稀释液冷却后加入。

（3）稀释方法与稀释比例　采精后应尽快稀释，将精液和稀释液分别装于试管中，并同时放入 30℃保温瓶或恒温箱内，使精液和稀释液的温度相等或接近，避免两者温差过大，造成突然降温，影响精子活力。稀释时稀释液应沿装有精液的试管壁缓慢加入，轻轻转动，使均匀混合。作高倍稀释应分次进行，防止突然过激改变精子所处的环境。

精液稀释的比例，根据精液品质和稀释液的质量而定。精液经过适当稀释有利于体外保存，如果室温（18～22℃）保存不超过 1 小时，稀释比例以 1∶（1～2）为宜。在 0～5℃保存 24～48 小时，稀释比例宜为 1∶（3～4）。冷冻精液，稀释比例常在 1∶（4～5）或更高。但太高稀释比例，难以保证输入精子数，尤其作阴道输精，输精量若超过 0.4 毫升，输入的精液就可能倒流于泄殖腔内。

（4）稀释液配方介绍　稀释液成分为果糖 0.8 克，谷氨酸钠 1.92 克，无水醋酸钾 0.5 克，聚乙烯吡咯烷酮 0.3 克，鱼精蛋白 0.032 克，蒸馏水 100 毫升。防冻剂用 0.08 毫升二甲基酰胺或用 8%的二甲亚砜。

6. 精液保存

（1）常温保存　新鲜精液常用隔水降温，在 18～20℃范围内，保存不超 1 小时用于输精，可使用简单的无缓冲的稀释液，如 A 液。目前我国常用的是生理盐水（0.9%氯化钠）或复方生理盐水用者更接近于血浆的电解质成分，稀释效果更好些。稀释比例为 1∶1。

（2）低温保存　新鲜无污染精液经稀释后，在 0～5℃条件下短期保存，使精子处于休眠状态，降低代谢率，从而达到保存精子活力和受精能力。

低温保存方法是在适宜的稀释液稀释之后，降温的速度要缓慢。可以将30℃的稀释精液，先置于30℃水浴中，再放入调到2～5℃的电冰箱中。如无电冰箱，可将装有稀释精液的试管，包以1厘米厚的棉花，再放入塑料袋内或烧杯内，然后直接放入装有冰块的广口保温瓶中，这样便可达到逐渐降温的目的。

精液若在0～5℃保存5～24小时，则应使用缓冲溶液来稀释，稀释比例可按1∶(1～2)，甚至1∶(4～6)。稀释液的pH值最宜在6.8～7.1。

二、种公鸡选育与管理

种公鸡的好坏直接影响到鸡场的经济效益，关系到商品蛋鸡生产性能的高低。只有抓好种公鸡的选育和管理才可能生产更多的合格种蛋，并保证有较高的种蛋受精率、孵化率和健雏率。

1.选育

选育认真挑选种公鸡，对鸡的人工授精十分重要。利用期间种公鸡的数量较少，相对来说每只公鸡对整群的受精率影响就大了，因此对种公鸡各方面要求都高，应认真选择和培育。

对种公鸡要按其体质、体重、外貌、品种特征、生产性能等进行严格的选择。第一次选择在孵化后，选留生殖突起发达、结构典型、活泼健康的小公雏。这种小公雏将来女儿的产蛋量要比一般的高5.2%以上。第二次选择在公鸡35～45日龄，根据选择体重较大、鸡冠发育明显、鲜红的小公鸡。鸡冠发育早的小公鸡，性成熟相对早一些，且种用性能好。第三次选择在公鸡17～18周龄。这时选留体重中等、冠鲜红较大、雄性特征明显，按摩采精性反射相对敏感、尾羽翘起的留下。对那些经几次按摩采精无性反射、胸骨弯曲、胸部有囊肿、腿部有缺陷的公鸡都应淘汰。在20周龄时，对种公鸡进行采精

训练，训练2～3周后，再从公鸡精液量、精子浓度、畸形、活力、颜色等方面进行最后选择。

公鸡的选留比例也很重要，公鸡多、母鸡少是一种浪费。公鸡少、母鸡多就必须增加公鸡的使用次数，这样就不能保证精液质量。一般最后选留比例为1∶(25～30)为宜。

2. 管理

管理种公鸡的基本饲养管理技术与商品鸡有许多共同点，但也有其特殊之处。

一般种鸡场的种公鸡都与母鸡一样采用一个周期的全进全出制。种鸡群必要时实行人工强制换羽，但公鸡不能做强制换羽，否则会影响受精率。笼养人工授精的种公鸡，最好单笼饲养，因为根据群序的道理，两只以上的公鸡养在一个笼内，多半只有一只公鸡生产性能较好，其他公鸡生产性能均上不来。

在人工授精条件下强制利用的种公鸡，营养跟不上会影响射精量、精子密度和活力等。因此，要增加蛋白质、维生素A、维生素E等以便改善精液质量，提高受精率、孵化率。种公鸡的饲料中采用下列蛋白质、钙、磷和维生素水平能获得较好的繁殖性能。

日粮中蛋白质水平为14%，钙为1.5%，磷为0.8%，维生素A为2 000万国际单位/吨，维生素E为30克/吨，维生素B_1为4克/吨，维生素B_2为8克/吨，维生素C为150克/吨。

冬季在种公鸡日粮中增加以上量的15%～30%的维生素，有利于提高种蛋受精率和孵化率。另外人工授精的公鸡，最好增喂鸡蛋，每3只公鸡每天喂1个鸡蛋，也能起到很好的效果。

三、夏季受精率低的原因及对策

1. 种蛋受精率低的原因

(1)遗传因素　不同品种种鸡的耐热性及对热应激的反应和受精率的高低不尽相同。比如：肉种鸡比蛋种鸡耐热性差，其受精率就低；

同样是蛋种鸡，褐色蛋种鸡（或体重大）比白壳蛋种鸡（或体重小）耐热性差，其受精率下降的幅度就大；同品种鸡中，周龄大的鸡比周龄小的鸡种蛋受精率下降幅度大。

(2)环境因素　高温对公鸡的精液品质影响很大，致使受精率降低。环境温度在 20℃时能促进睾丸发育与精子的生成，在 30℃时对精子无不良影响，但温度达到 38℃时就对精子有暂时性的抑制作用。同时，精液（应保持在 10～25℃，20 分钟输完）若处在高温环境中，品质逐渐下降，精子的死亡加快、受精率降低。

(3)应激因素　由于夏季气温长期在 35℃以上，使种鸡长期处在热应激状态下，这就严重影响了鸡的饲料摄入量、饲料转化率、增重、产蛋以及精液质量；还会引起各种疾病。从而导致鸡体的生理机能发生变化、代谢紊乱，这样就大大降低了受精率。

(4)疾病因素　夏季的高温高湿使细菌繁殖快，而应激反应促使疾病发生，进而影响受精率。最常见大肠杆菌病对受精率的影响严重；同时，磺胺类药、某些抗球虫药（如莫能霉素）等对受精率都有一定影响。

(5)营养因素　由于高温引起鸡的饲料摄入量不足、转化率降低，致使不能满足鸡的生产需要；同时，饲料中的维生素及其他营养成分在高温环境中流失很快，导致鸡的营养不良；高温使鸡的饮水量增加、排泄加快，导致某些矿物质的流失等。因此，鸡群的体质、精液品质随之下降，从而使受精率降低。

(6)管理因素　由于天气炎热，人员对工作不够负责，鸡的饲养管理不善，人工授精的受精率不高等，都会使受精率降低。

2. 解决对策

(1)降温，如安装水帘、冷却系统或喷水降温。

(2)植树或改变鸡舍构造，减少阳光直射，降低舍内温度。

(3)增加通风，降低饲养密度以改善舍内环境。

(4)增加饲料营养浓度，满足种鸡的营养需要（特别是公鸡），尤其是维生素、矿物质和蛋白质的添加。

(5)在饲料中加入某些物质提高种蛋受精率。如在饲料中加维生素C及抗热应激添加剂(中草药)等,缓解应激反应;在饲料中加$NaHCO_3$,调节并使体液酸碱平衡,帮助消化;在精液中加抗生素(青霉素)来提高精液质量。

(6)选用年青力壮的公鸡替换周龄大的公鸡可提高受精率。

(7)加强饲养管理,提高受精人员的责任心。

第二节　孵化场建筑要求及设备

一、场址选择

孵化场是最容易被污染又最怕污染的地方。孵化场一经建立就很难更动,尤其是大型孵化场,所以选址需要慎重,以免造成不必要的经济损失。孵化场应是一个独立的隔离场所,须远离交通干线(500米以上)、居民点(不少于1千米)、鸡场(1千米以上)和粉尘较大的工矿区。应在鸡场的下风向设场。有的孵化场与种鸡场仅一墙之隔,有的甚至建在鸡场生产区的中心。虽然种蛋和雏鸡运输方便,但易造成疫病传播,后患无穷。

二、孵化场的布局及工艺流程

孵化场的工艺流程,必须严格遵循“种蛋—种蛋处置室(分级、码盘)—种蛋消毒室(贮存前)—种蛋贮存室—种蛋消毒室(入孵前)—孵化室—移盘室—出雏室—雏鸡处置室(分级、鉴别、预防接种等)—雏鸡存放室—雏鸡”的单向流程不得逆转或交叉的原则。目前有的场孵化室与出雏室仅一门之隔,门又不密封,出雏室空气污染孵化室,尤其出雏时将出雏车、出雏盘堆在孵化室,造成严重污染。上述“种蛋——雏鸡”的长条形流程布局仅适合小型孵化场,大型孵化场则应以孵化室和出雏室为中心。根据流程要求及服务项目来确定孵化场的布局,安排其他各室的位置和面积,以减少运输距离和人员在各室的往来;有利防疫和提高建筑物的利用率。当然这给通风换气的合理安排带来一定困难。

三、孵化场的建筑要求及通风换气系统

孵化场房的设计包括孵化房平面建筑布局与空气调节系统的设计。这两个方面并非截然分开、毫无关联的。在设计的过程中必须统筹兼顾,也就是要把这两方面作为一个整体来考虑。

1. 孵化场的建筑要求

首先,应根据您要求的孵化量,来确定预购置孵化设备的类型和数量。如果规模大,蛋源稳定充足,采用大型孵化设备当是最佳之选。反之,采用中、小型孵化机。机型与数量的确定,同时意味着孵化室各功能间的结构形式、面积大小的确定(当然也应考虑到生产规模的扩大,留有一定的扩展空间)。因为过小,会造成空间狭窄,给以后生产流程带来不便,影响生产效率;过大,则必将造成前期投资不必要的浪费及日后运行费用过高。

孵化房中应包含以下功能间:更衣室、淋浴间、蛋库、熏蒸间、值班室、配电室、孵化间、出雏间、冲洗间、存发雏间等。各功能间应以种蛋的入库—消毒—存放—入孵—出雏—冲洗—发雏的顺序排列,以利于工作流程的顺畅和卫生防疫工作的进行。

孵化房应特别注意脏区与净区之间的隔离。如设置隔离带,各通道之间应设置消毒池。淋浴室的设置是非常必要的,这一点往往被许多厂家所忽视。蛋库的面积与种蛋数量应成一定的比例。孵化房的天花板上应加装吊扇,以利于房内温度的均匀。消毒间应加装一定风量的排气扇,确保消毒后的余气迅速排出。

对于箱体机孵化室，如果机器数量较少，可以考虑建房跨度为6米，这样可以用旧厂房改造，但只能放一排机器；如果机器数量较多，可以考虑建房跨度为9米，这样比较经济，能放两排机器；如果机器数量非常多，建议建房跨度仍为9米，但要建多个孵化室，中间用墙板隔开，我们不推荐同一个厅放两排以上机器，因为这样对于通风和在夏季控温都不利。

（1）孵化场的规模　根据孵化场的服务对象及范围，确定孵化场规模。建孵化场前应认真做好社会调查（如种蛋来源及数量，雏鸡需求量等），弄清雏鸡销售量，以此来确定孵化批次、孵化间隔、每批孵化量。在此基础上确定孵化室、出雏室及其他各室的面积。孵化室和出雏室面积，还应根据孵化器类型、尺寸、台数和留有足够的操作面积来确定。

（2）孵化场的土建要求　孵化场的墙壁、地面和天花板应选用防火、防潮和便于冲洗、消毒的材料；孵化场各室（尤其是孵化室和出雏室）最好为无柱结构，若有柱则应考虑孵化器安装位置，以不影响好孵化器布局及操作管理为原则。门高2.4米左右、宽1.2～1.5米，以利种蛋等的输送；而且门要密封，以推拉门为宜。地面至天花板高3.4～3.8米。孵化室与出雏室之间应设缓冲间，既便于孵化操作（作移盘室），又利于卫生防疫。地面平整光滑，以利于种蛋输送和冲洗；设下水道（如用明沟需加盖板或用双面带釉陶土管暗管加地漏）并保证畅通。屋顶应铺保温材料，这样天花板不致出现凝水现象。

2.孵化场的通风换气系统

孵化房的通风设计是个不可忽略的因素，其设计的合理与否对于孵化率的好坏有很大的影响。无论对孵化间还是出雏间，其废气必须排出室外，同时必须有外界的新鲜空气进入室内加以补充。如果机器数量比较多，孵化机出来的废气可以排到天花板上，然后由风机集体排出，但出雏机出来的废气必须由排气管道直接排出室外，不得排到天花板上；如果机器数量较少，孵化机出来的废气就可以由排风管道直接排出去。

在设计孵化房通风系统时，要考虑到由孵化间和出雏间排出的废气是不能又被吸入孵化室内的，尤其是由出雏室排出的废气，更不得再被吸入到孵化室内。外界的新鲜空气进入可以通过风机抽入，部分空气也可由地窗进入。夏天可以考虑安装降温设备，以降低由外界抽入的高温空气的温度，但无论如何北方地区冬天室内必须安装暖气设施，以保证室内温度。

孵化场通风换气的目的是供给氧气、排除废气（主要是二氧化碳）和驱散余热，通风换气系统不仅需考虑进气问题，还应重视废气排出和调节温度等问题。最好各室单独通风，将废气排出室外，至少应以孵化室与出雏室为界，前后两单元各有一套单独通风系统。有条件的单位，可采用正压过滤通风系统。出雏室的废气，应先通过加有消毒剂的水箱过滤后再排出室外，否则带有绒毛的污浊空气还会进入孵化场，污染空气；采用过滤措施可大大降低空气中的细菌数量（可滤去99%的微生物），提高孵化率和雏鸡质量。如采用负压通风，最好用管道式，这样空气均匀。为了使通风良好，天花板需距离孵化器顶部1.2～1.5米。孵化场各室的温、湿度及通风换气等技术参数，如表3-1所示。移盘室介于孵化室和出雏室交界处，应采用正压通风，其他走道也以采用正压通风为好，而洗涤室则以负压通风为宜。

表3-1　孵化场各室空气的技术参数

室　别	温度/℃	相对湿度/%	通　风
孵化室、出雏室	24～26	70～75	最好用机械排风
雏鸡处置室	22～25	60	有机械通风设备
种蛋处置兼预热室	18～24	50～65	人感到舒适
种蛋储存室	7.5～18	70～80	无特殊要求
种蛋消毒室	24～26	75～80	有强力排风扇
雌雄鉴别室	22～25	55～60	人感到舒适

以上介绍的是大、中型孵化场的建设参考。如果是孵化量在几万枚以下小型孵化场，则应利用现有的民房改装即可使用。

四、孵化设备

由于孵化场的规模、孵化器类型及服务项目各异，设备的种类和数量也不尽相同，下面主要介绍一些常用设备。

1.孵化器

孵化器类型繁多，规格各异，自动化程度也不同。孵化器质量要求是温差小，孵化效果好，安全可靠，便于操作管理；故障少，且容易排除；价格便宜，美观实用。为了提高孵化器的利用率和保障安全可靠地运转，还应注意两个问题：一是根据孵化场的规模及发展，决定孵化器类型和数量以及孵化、出雏的配套比例（即入孵器和出雏器的数量）；二是根据本单位技术力量（尤其是电工素质），选择孵化器类型。

孵化器的类型：大致可分为平面孵化器、立体孵化器。

平面孵化器有单层和多层之分。一般孵化出雏在同一地方，也有上部孵化，下部出雏的。此类型孵化器孵化量少（几十枚至几百枚），主要用于孵化珍禽和教学科研。

立体孵化器主要分为箱式和巷道式两种。容量为几千至1万多枚的箱式立体孵化器。按活动蛋盘架分为八角式和跷板式；按出雏方式分为下出雏、旁出雏、孵化出雏两用和单出雏等类型。前两种孵化器可同机分批孵化出雏，适用于孵化量少的孵化场。孵化出雏两用机，可同机分批或整入整出。单出雏类型指孵化和出雏两机分开，分别放置在孵化室和出雏室。

巷道式孵化器专为孵化量大而设计。尤其适于孵化商品肉鸡雏。入孵器容量达8万～16万枚，出雏器容量达1.3万～2.7万枚。采用分批入孵、分批出雏。入孵器和出雏器两机分开，分别置于孵化室和出雏室。

2.水处理设备

孵化场用水量较多，而且有些设备对水的质量要求较高，必须对水质进行处理。经常间断性停电或水中杂质(主要是泥沙)较多的地区,应有滤水装置。在北方很多地区,水中含无机盐较多,如果使用有自动喷湿和自动冷却系统的孵化器必须配备水软化设备以免湿喷嘴堵塞或冷排管道堵塞或供水阀门关闭不严而漏水。目前国内尚无孵化场专用的水软化设备,可选民用或工矿企业用的产品代替。

3. 运输设备

孵肠场应配备一些平板四轮或两轮手推车,运送蛋箱、雏盒、蛋箱及种蛋。还可用滚轴式或皮带轮式的输送机,用于卸下种蛋和雏鸡装车。雏鸡出场时可用带有空调的运雏车(温度保持 18℃左右)给用户送去。

4. 冲洗消毒设备

一般采用高压水枪清洗地面、墙壁及设备。目前有多种型号的国产冲洗设备,如喷射式清洗机很适于孵化场的冲洗作业。它可转换成 3 种不同压力的水柱:“硬雾”用于冲洗地面、墙壁、出雏盘和架车式蛋盘车、出雏车及其他车辆;“中雾”用于冲洗孵化器外壳、出雏盘和孵化蛋盘;“软雾”冲洗入孵器和出雏器内部。孵化场的消毒可选用 EIMX-J25 型灭菌消毒系统。该系统采用现代电子技术,集次氯酸钠消毒原液的生产、稀释和喷洒(雾)等多功能于一体。可用于孵化场、鸡场的消毒。它是由次氯酸钠发生装置、稀释桶喷洒(雾)装置、增压泵、管道系统和小推车等部分组成次氯酸钠消毒液用食盐和水作原料,现配现用,操作简便,成本低廉。最大喷洒射程达 6 米。外形长为 890 毫米,宽为 700 毫米,高为 674 毫米。

5. 发电设备

孵化场还需自备发电设备,以备停电时启用。

6. 其他设备

除孵化器外,孵化场还需要很多配套设备,如水处理设备、运输设备、冲洗设备、发电设备、雌雄鉴别设备等。

孵化场为完成从种蛋运入、处置、孵化至出雏(分级、鉴别、预防接

种）等项工作，需要各种配套设备。

（1）孵化蛋盘架　用于运送码盘后的种蛋入孵、移盘时装有胚蛋的孵化盘至出雏室。它用圆铁管做架，其两侧焊有若干角铁滑道，四脚安有活络轮。其优点是占地面积小，劳动效率高。仅适合固定式转蛋架的入孵器使用。

（2）照蛋灯　用于孵化时照蛋。采用镀锌铁皮制罩，尾部安灯泡，前面有反光罩（用手电筒的反光罩），前为照蛋孔，孔边缘套塑料管，还可缩小尺寸，并配上12～36伏的电源变压器，使用更方便、安全。

（3）连续注射器　用于1日龄接种鸡马立克氏病疫苗。

（4）雏鸡盒　用瓦楞纸板打孔（直径1.5厘米）做成上小下大的梯形，分4格，每格可放蛋鸡雏25～26只，规格为（53～60）厘米×（38～45）厘米×16.3厘米。4个角各伸出一个高2.7厘米的3.5厘米×3.5厘米的三角垫叠放时在上下盒之间保持的2.7厘米的间隙，以便通气和散热。

第三节　种蛋管理

一、种蛋的选择

种蛋应来自生产性能高、无垂直传播疾病、受精率高、饲喂营养全面的饲料、管理良好的种鸡群。

1.外观

种蛋外观应清洁，一般蛋用鸡种蛋要求蛋重为50～65克，肉用鸡种蛋为52～68克，蛋形为卵圆形，蛋形指数为0.72～0.75，以0.74为最好；壳厚在0.22～0.34毫米最好，比重在1.080为宜，蛋壳颜色应符合本品种的要求。

2.照蛋透视

目的是挑出裂纹蛋和气室破裂、气室不正、气室过大的陈蛋以及大血斑蛋。方法是用照蛋灯或专门的照蛋设备，在灯光下观察。蛋黄上浮，多系运输过程中受震引起系带断裂或种蛋保存时间过长；蛋黄沉散，多系运输中受剧烈震动或细菌侵入，引起蛋黄膜破裂；裂纹蛋可见树枝状亮纹；砂皮蛋，可见很多亮点；血斑、肉斑蛋，可见白点或黑点，转动蛋时随之移动；钢皮蛋，可见蛋壳透明度低，蛋色暗。

3.剖视抽查

将蛋打开倒在衬有黑纸（或黑绒）的玻璃板上，观察新鲜程度及有无血斑、肉斑。新鲜蛋，蛋白浓厚，蛋黄高突；陈蛋，蛋白稀薄成水样，蛋黄扁平甚至散黄，一般只用肉眼观察即可。对育种蛋则需要用蛋白高度测定仪等专用仪器测量。

二、种蛋的保存

种蛋贮存室应该隔热性能好（防冻、防热），清洁卫生，防尘沙，杜绝蚊蝇和老鼠，避免阳光直射和穿堂风直接吹到种蛋上。

1.种蛋保存的适宜温度

种蛋保存的适宜温度为13～18℃，保存的时间短，采用温度上限，时间长时，则采用下限。当环境温度偏高，但不是胚胎发育的适宜温度时，就会造成胚胎发育的不完全和不稳定，容易引起胚胎早期死亡。当环境温度长时间偏低时，如0℃，虽然胚胎发育处于静止状态，但是胚胎活力严重下降，甚至死亡。

2.种蛋保存的湿度

一般相对湿度保持在75％～80％，这样既能明显降低蛋内水分的蒸发，又可防止霉菌滋生。

3.保存时间

一般种蛋保存以5～7天为宜，不要超过两周。如果没有适宜的保

存条件，应缩短保存时间。温度在25℃以上时，种蛋保存最多不超过5天。温度超过30℃时，种蛋应在3天内入孵。

4.保存期间的转蛋

转蛋的目的是防止胚胎与壳膜粘连，以免胚胎早期死亡。一般认为，种蛋保存1周以内不必转蛋，超过1周，每天转蛋1～2次。超过2周以上，更要注意转蛋。种蛋保存，一般大头向上存放。后经实验发现，种蛋小头向上存放能提高孵化率。所以种蛋保存超过1周，可以采用种蛋小头向上不转蛋的存放方法。

三、种蛋的运输

种蛋的运输包含长途运输与短距离运输。长途应注意：使用的专用装蛋箱要坚固不变形，防潮防晒，轻装轻卸。车内温度，国外的要求是18.3℃，国内是10～15℃。夏天防热，冬天防寒，一定不能低于0℃，否则种蛋凝固，也不能高于25℃，否则种蛋开始发育。种蛋的保存温度10～15℃，湿度80%左右，干燥时地面可洒水；大头要朝上，7天内温度保持在15℃，不用翻蛋。超过7天时温度保持在10℃，需翻蛋，小头朝上。

四、种蛋的消毒

虽然种蛋有胶质层、蛋壳和内外壳膜等几道自然屏障，但它们都不具备抗菌性能，所以细菌仍可进入蛋内，降低孵化率和影响雏鸡质量。因此，必须对种蛋进行认真消毒。

1.消毒时间

从理论上讲，最好在蛋产出后立刻消毒，但这在生产中难以做到。比较可行的办法是每次捡蛋完毕，立刻进行消毒。种蛋入孵后，在入孵器里进行第二次消毒。

2. 消毒方法

种蛋消毒方法很多，但以甲醛熏蒸法和过氧乙酸熏蒸法较为普遍。

甲醛熏蒸消毒法：甲醛（用40%的甲醛水溶液，俗称“福尔马林”）熏蒸消毒法消毒效果好，操作简便。对清洁度较差或外购的种蛋，每立方米用42毫升福尔马林加21克高锰酸钾，在温度20～26℃，相对湿度60%～70%的条件下，密闭熏蒸20分钟，可杀死蛋壳上95%～98.5%的病原体。在入孵器里进行第二次消毒时，每立方米用福尔马林28毫升、高锰酸钾14克，熏蒸20分钟。

过氧乙酸熏蒸消毒法：过氧乙酸是一种高效、快速、广谱消毒剂。消毒种蛋时，采用含16%的过氧乙酸溶液40～60毫升，加高锰酸钾4～6克，熏蒸15分钟。

3. 消毒场所

在鸡舍内或进种蛋贮存室前，在消毒柜或消毒室中进行第一次消毒；入孵后在入孵器中，进行第二次消毒；移盘后在出雏器中，进行第三次消毒。

除了以上两种消毒方法以外，还有新洁尔灭浸泡消毒法、碘液浸泡消毒法、季胺或二氧化氯喷雾消毒法等。使用时应注意，溶液浸泡消毒法只能用于入孵前消毒。

消毒时须注意：

(1)种蛋在孵化器里用福尔马林消毒时，应避开24～96小时胚龄的时间。

(2)福尔马林与高锰酸钾的化学反应很剧烈，所以先加少量温水，再加高锰酸钾，最后加福尔马林，注意不要伤及皮肤和眼睛。

(3)种蛋从贮存室取出后，在蛋壳上会凝有水珠，应让水珠蒸发后再消毒，否则对胚胎不利。

(4)福尔马林溶液挥发性很强，要随用随取。

第四节　孵化条件与管理

一、鸡的胚胎发育

1.种蛋形成中发育

成熟的卵细胞在输卵管漏斗部受精至产出体外，约需 25 小时。受精后的卵细胞经 3～5 小时在输卵管峡部进行发育。鸡蛋排出体外时，胚胎发育到具有内外胚层的原肠期。由于外界温度低于胚胎发育临界温度，胚胎暂停发育。

2.孵化过程中发育

受精蛋在遇到适宜环境条件时，胚胎将继续发育，很快形成中胚层。以后就由内、中、外 3 个胚层逐渐发育成新个体所有的组织和器官。

内胚层形成呼吸系统上皮、消化器官、内分泌器官。

中胚层形成肌肉、骨骼、生殖系统、血液循环系统、消化系统的外层、结缔组织。

外胚层形成羽毛、皮肤、喙、趾、感觉器官、神经系统。

鸡胚发育时间平均约 21 天，但是不同类型鸡种之间有差异，蛋用鸡种比肉用鸡种短；蛋用鸡种中，白壳蛋鸡种比褐壳蛋鸡种短。

鸡胚发育大致可分为成 4 个阶段：1～4 天为内部器官发育阶段；5～14 天为外部器官形成阶段；15～19 天为胚胎生长阶段；20～21 天为出壳阶段。孵化过程中胚胎发育表现出固有的特征，可以根据这些特征了解胚胎发育状况：

1 日胚龄　头突清楚可见，血岛出现，胚盘显著扩大，参与代谢过程。

2 日胚龄　羊膜覆盖头部，入孵 30 小时可见心脏形成，开始跳动，出现血管。

3 日胚龄　入孵 72 小时后，眼的色素沉着，并且翅、足的芽体清晰可见。

4 日胚龄　胚胎与蛋黄分离，尿囊明显可见。

7 日胚龄　出现口腔。

8～9 日胚龄　羽毛幼芽在一定区域出现，背部出现绒毛。

9～10 日胚龄　胚胎外形十分像鸟，喙有白垩质的沉淀。

10 日胚龄　尿囊发育至蛋的小头，几乎包围整个胚胎，俗称“合拢”。

13～14 日胚龄　绒毛布满全身。

14 日胚龄　胚胎自行调节在蛋内的位置，其胚胎位置与蛋的纵轴平行。

15 日胚龄　眼睑闭合。

17 日胚龄　羊膜内液体开始减少，蛋白全部输入羊膜腔，蛋小头暗不透明，俗称“封门”。

19 日胚龄　颈部压迫气室，气室呈波浪状，俗称“闪毛”。雏鸡用喙刺破壳膜进入气室。

19 天 18 小时胚龄　剩余蛋黄与卵黄囊全部进入腹腔，雏鸡大批啄壳，开始破壳而出。

20 天 12 小时胚龄　开始大批出雏。

21 日胚龄　正常雏出雏完毕。

二、孵化的条件

鸡胚胎母体外的发育，主要依靠外界条件，即温度、湿度、通风、转蛋等。

(一)温度

温度是孵化最重要的条件，保证胚胎正常发育所需的适宜温度，才

能获得高孵化率和优质雏鸡。

1. 胚胎发育的适温范围和孵化最适温度

鸡胚胎发育对环境温度有一定的适应能力，温度在35～40.5℃，都有一些种蛋能出雏。但若使用电力孵化器孵化，上述温度不是胚胎发育最适温度。在环境温度得到控制的前提下，就立体孵化器而言，最适孵化温度是37.8℃。出雏期间为37～37.5℃。

2. 高温、低温对胚胎发育的影响

高温影响：高温下胚胎发育迅速，孵化期缩短，胚胎死亡率增加。雏鸡质量下降。死亡率的高低，随温度增加的幅度及持续时间的长短而异。孵化温度超过42℃，胚胎2～3小时死亡。孵化5天胚蛋孵化温度达47℃时，2小时内全部死亡。孵化16天的在40.6℃（104°F）温度下经24小时，孵化率稍有下降；43.3℃经9小时，孵化率严重下降；在46.1℃经3小时或48.9℃经1小时，则所有胚胎全死亡。

低温影响：低温下胚胎发育迟缓，孵化期延长，死亡率增加。孵化温度为35.6℃（96°F）时，胚胎大多数死于壳内。较小偏离最适温度的高低限，对孵化10天后的胚胎发育的抑制作用要小些，因为此时胚蛋自温可起适当调节作用。

3. 变温孵化与恒温孵化制度

目前在我国关于鸡孵化给温有两种主张：一种提倡变温孵化，另一种则采用恒温孵化。这两种孵化给温制度，都可获得很高的孵化率。

变温孵化法（阶段降温法）：主张根据不同的孵化器、不同的环境温度（主要是孵化室温度）和鸡的不同胚龄，给予不同孵化温度。其理由是自然孵化（抱窝鸡孵化）和我国传统孵化法孵化率都很高，而它们都是变温孵化；不同胚龄的胚胎，需要不同的发育温度。

恒温孵化法：将鸡的21天孵化期的孵化温度分为：1～19天，37.8℃；19～21天，37～37.5℃（或根据孵化器制造厂推荐的孵化温度）。在一般情况下，两个阶段均采用恒温孵化，必须将孵化室温度保持在22～26℃。低于此温度，应当用废气、热风或火炉等供暖；如果无条件提高室温，则应提高孵化温度0.5～0.7℃；高于此温度则开窗或机械排风(乃至采用人工送入冷风的办法)降温,如果降温效果不理想,考虑适当降低孵化温度(降0.2～0.6℃)。

(二)相对湿度

1.胚胎发育的相对湿度范围和孵化的最适湿度

一定要防止同时高温高湿。适当的湿度使孵化初期胚胎受热良好,孵化后期有益于胚胎散热。适当的湿度也有利于破壳出雏。出雏时湿度与空气中的二氧化碳作用,使蛋壳的碳酸钙变成碳酸氢钙,壳变脆。所以,在雏啄壳以前提高湿度是很重要的。鸡胚胎发育对环境相对湿度的适应范围比温度要宽些,一般为40%～70%。立体孵化器最适湿度是:入孵器50%～60%,出雏器65%～75%。孵化室、出雏室相对湿度为75%。

2.高湿、低湿对胚胎发育的影响

湿度过低,蛋内水分蒸发过多,容易引起胚胎和壳膜粘连,引起雏禽脱水。湿度过高,影响蛋内水分正常蒸发,雏腹大,脐部愈合不良。两者都会影响胚胎发育中的正常代谢,均对孵化率、雏的健壮有不利的影响。

3.不加水孵化

无论自然孵化还是我国传统的人工孵化,不需加水,而且近年来国外对孵化时的供湿也提出各种不同的主张,这些都说明胚蛋对湿度的适应范围是很大的,这是长期自然选择的结果。提出不加水孵化,孵化温度稍为降低些以及防止“自温超温”和提高加大通风量等技术要点。不加水孵化的优越性是显而易见的,它既可节省能源,省去加湿设备,又可延长孵化器的使用年限。

(三)通风换气

1.通风与胚胎的气体交换

胚胎在发育过程中除最初几天外,都必须不断地与外界进行气体交换,而且随着胚龄增加而加强。尤其是孵化19天以后,胚胎开始用

肺呼吸，其耗氧量更多。有人测定每一个胚蛋的耗氧，孵化初期为0.51毫升/小时，第17天达17.34毫升/小时，第20～21天达到0.1～0.15升/天。整个孵化期总耗氧4.0～4.5升，排出二氧化碳3～5升。

2.孵化器中氧气和二氧化碳含量对孵化率的影响

氧气含量为21%时，孵化率最高，每减少1%，孵化率下降5%。氧气含量过高孵化率也降低，在30%～50%范围内，每增加1%，孵化率下降1%左右。不过大气的含氧量一般为21%。孵化过程中，胚胎耗氧，排出二氧化碳，不会产生氧气过剩问题，倒是容易产生氧气不足。新鲜空气含氧气21%、二氧化碳0.03%～0.04%，这对于孵化是合适的。一般要求氧气含量不低于20%，二氧化碳含量0.4%～0.5%，不能超过1%。二氧化碳超过0.5%，孵化率下降，超过1.5%～2.0%，孵化率大幅度下降。只要孵化器通风系统设计合理，运转、操作正常，孵化室空气新鲜，一般二氧化碳不会过高，应注意不要通风过度。

3.通风与温度、湿度的关系

通风换气、温度、湿度三者之间有密切的关系。通风良好，温度低，湿度就小；通风不良，空气不流畅，湿度就大；通风过度，则温度和湿度都难以保证。

4.通风换气与胚胎散热的关系

孵化过程中，胚胎不断与外界进行热能交换。胚胎产热随胚龄的递增成正比例增加。尤其是孵化后期，胚胎代谢更加旺盛，产热更多。如果热量散不出去，温度过高，将严重阻碍胚胎的正常发育，甚至“烧死”。所以，孵化器的通风换气，不仅可提供胚胎发育所需的氧气、排出二氧化碳，而且还有一个重要的作用，即可使孵化器内温度均匀，驱散余热。此外，孵化室的通风换气也是一个不可忽视的问题。除了保持孵化器与天花板有适当距离外，还应备有排风设备，以保证室内空气新鲜。

(四)转蛋

1.转蛋的作用

有人观察，抱窝鸡24小时用爪、喙翻动胚蛋达96次之多，这是生物本能。从生理上讲,蛋黄含脂肪多,比重较轻,胚胎浮于上面,如果长时间不翻蛋,胚胎容易粘连。转蛋的主要目的在于改变胚胎方位,防止粘连,促进羊膜运动。孵化器中的转蛋装置是模仿抱窝鸡翻蛋而设计的。但转蛋次数比抱窝鸡大大减少,因抱窝鸡的转蛋目的还在于调节内外胚蛋的温度。

2. 转蛋次数及停止转蛋的时间

一般每天转蛋 6～8 次即可。实践中常结合记录温湿度,每 2 小时转蛋一次。也有人主张每天不少于 10 次,24 次更好。相对而言,第 1～2 周转蛋更为重要,尤其是第 1 周。有人试验的结果:孵化期间(1～18 天)不转蛋,孵化率仅 29%;第 1～7 天转蛋,孵化率为 78%;第 1～14 天转蛋,孵化率 95%;第 1～18 天转蛋,孵化率为 92%。在孵化第 16 天停止转蛋并移盘是可行的。这是因为孵化第 12 天以后,鸡胚自温调节能力已很强,同时孵化第 14 天以后,胚胎全身已覆盖绒毛,不转蛋也不至于引起胚胎贴壳粘连。提前停止转蛋移盘,可以节省电力和减少孵化机具的磨损,还可充分利用孵化器。

3. 转蛋角度

鸡蛋转蛋角度以水平位置前俯后仰各 45℃为宜。转蛋时动作要轻、稳、慢,特别是扳闸式转蛋(滚筒式孵化器)。

三、孵化前的准备

1. 制订孵化计划

在孵化前,根据孵化与出雏能力、种蛋数量以及雏鸡销售等具体情况,订出计划。

2. 准备孵化用品

孵前 1 周一切用品应准备齐全,包括照蛋灯、温度计、消毒药品、防疫注射器材、记录表格和易损电器元件、电动机等。

3. 孵化室和孵化机的检修、试温和消毒

无论土法孵化还是机器孵化都要有一个保温严密、通风换气良好,

利于消毒、操作方便的孵化室。孵化前应检修，符合要求后，将墙壁刷上石灰并和地面用消毒药消毒。

孵化机是胚胎发育的外界环境，使用前应详细检查孵化机的严密程度，各控制部件的灵敏度和准确性，热源的可靠性，经修理、校正后方可使用。

孵化机和所有用具均应经过碱水清洗，有条件的须清洗消毒后再连同孵化室一起用福尔马林熏蒸消毒。其方法是按每立方米空间用福尔马林 30 毫升，高锰酸钾 15 克，一定要先将高锰酸钾盛于搪瓷容器内，不能用金属器来盛消毒剂。然后注入福尔马林(加药的顺序不能反过来)，立即关闭门窗，经 30 分钟后打开门窗，排除剩余气味，为了提高消毒效果，消毒时温度应升到 25～27℃。

4.种蛋的预温、消毒

入孵前应将种蛋置于 25～27℃室温下预热 6～8 小时，这样可使种蛋较快升温，胚胎发育，破壳和出雏比较整齐。

消毒大体分为两种：一是洗涤消毒法，由于它简单、方便、安全、故采用较多；二是甲醛熏蒸消毒法。采用洗涤消毒应注意，水温一般在 43.3～48.8℃，若低于这个温度消毒效果降低。在上述水温条件下，种蛋洗涤时间不能超过 3 分钟，超过对胚胎有损害。方法是：将高锰酸钾配制成 0.01%～0.05%水溶液，水温 43℃左右，浸泡 3 分钟，洗去蛋壳上的污物。

四、孵化的管理

1.温度的调节

孵化器控温系统，在入孵前已经校正、检验并试机运转正常，一般不要随意更动。刚入孵时，开门入蛋引起热量散失以及种蛋和孵化盘吸热，因此孵化器里温度暂时降低，是正常的现象。待蛋温、盘温与孵化器里的温度相同时，孵化器温度就会恢复正常。这个过程大约历时数小时(少则 3～4 小时，多则 6～8 小时)。即使暂时性停电或修理，引起机温下降，一般也不必调整孵化给温。只有在正常情况下，机温偏低或偏高 0.5～1℃时，才予以调整，并密切注视温度化情况。

2. 湿度的调节

内挂有干湿温度计，每 2 小时观察记录一次，并换算出机内的相对湿度。要注意棉纱的清洁和水盂及时加蒸馏水。相对湿度的调节，是通过放置水盘多少、控制水温和水位高低来实现的。

3. 转蛋

1～2 小时转蛋一次。手动转蛋要稳、轻、慢，自动转蛋应先按动转蛋开关的按钮，待转到一侧 45 度自动停止后，再将转蛋开关扳至"自动"位置，以后每小时自动转蛋一次。但遇切断电源时，要重复上述操作，这样自动转蛋才能起作用。

4. 照蛋

照蛋要稳、准、快，尽量缩短时间，有条件时可提高室温。照完一盘，用外侧蛋填满空隙，这样不易漏照。照蛋时发现胚蛋小头朝上应倒过来。拍放盘时，有意识地对角倒盘(即左上角与右下角孵化盘对调，右上角与左下角孵化盘对调)。放盘时，孵化盘要固定牢，照蛋完毕后再全部检查一遍，以免转蛋时滑出。最后统计无精蛋、死胚蛋及破蛋数，登记入表，计算受精率。

5. 移盘

鸡胚孵至 18～19 天后，将胚蛋从入孵器的孵化盘移到出雏器的出雏盘，称移盘或落盘。我们认为鸡蛋孵满 19 天再移盘较为合适。具体掌握在约 10%鸡胚"打嘴"时移盘。孵化 18～19 天，正是鸡胚从尿囊绒毛膜呼吸转换为肺呼吸的生理变化最剧烈时期。此时，鸡胚气体代谢旺盛，是死亡高峰期。推迟移盘，鸡胚在入孵器的孵化盘中比在出雏器的出雏盘中，能得到较多的新鲜空气，且散热较好，有利于鸡胚度过危险期，提高孵化效果。移盘时，如有条件应提高室温。动作要轻、稳、快，尽量减少碰破胚蛋。出雏期间，用纸遮住观察窗，使出雏器里保持黑暗，这样出壳的雏鸡安静，不致因骚动踩破未出壳的胚蛋，而影响出雏效果。

6. 雏鸡消毒

雏鸡一般不必消毒，只有出壳期间发生脐炎才消毒。消毒方法：

(1)在移盘后，胚蛋有10%“打嘴”时，每立方米用福尔马林28毫升和高锰酸钾14克，熏蒸20分钟，但有20%以上“打嘴”时不宜采用。

(2)或在第20～21天，每立方米用福尔马林20～30毫升加温水40毫升，置于出雏器底部，使其自然挥发。

7. 捡雏

在成批出雏后，每4小时左右捡雏一次。可在出雏30%～40%时捡第一次，60%～70%时捡第二次(叠层式出雏盘出雏法，在出雏75%～85%时，捡第一次)，最后再捡一次并“扫盘”。捡雏时动作要轻、快尽量避免碰破胚蛋。前后开门的出雏器，不要同时打开，以免温度大幅度下降而推延出雏。捡出绒毛已干的雏的同时，捡出壳以防蛋壳套在其他胚蛋上闷死雏鸡。大部分出雏后(第二次捡雏后)，将已“打嘴”的胚蛋并盘集中，放在上层，以促进弱胚出雏。

8. 初生雏的选择和技术处置

在出雏期间必须对初生雏进行认真的选择并根据防疫及用户要求，进行必要的技术处置(包括注射疫苗、带翅号、剪冠和切爪、马立克氏疫苗等)。

(1)出雏　按家系出雏，每个家系放一个雏盒。取出“系谱孵化出雏卡”迅速登记健雏、弱雏、残死雏、死胎数。然后将该卡放入出雏盒中，进入下一项工作。

(2)鉴别　如果是翻肛鉴别，则每个家系鉴别完毕后，登记公母雏数于“出雏卡”中，清理鉴别盒中雏鸡，再鉴别另一家系。

(3)带翅号　翅号上打有家系号和母鸡号。如“05～532”即第五家系，532号母鸡。将翅号带在雏鸡翅膀的翼膜处。

(4)剪冠　主要是区分快慢羽。如快羽剪冠、慢羽不剪冠(相反也可以)，以便建立快慢羽品系，这样父母代雏鸡可通过羽速鉴别雌雄。

(5)预防接种　接种马立克氏疫苗，最后送育雏舍。

9.清扫消毒

出雏完毕(一般在第22天的上午),首先捡出死胎("毛蛋")和残雏、死雏,并分别登记入表。然后对出雏器、出雏室、雏鸡处置室和洗涤室彻底清扫消毒。

10.停电时的措施

应备有发电机,以应停电的急需。遇到停电首先拉电闸。室温提高至27~30℃,不低于25℃。每半小时转蛋一次。一般在孵化前期要注意保温,在孵化后期要注意散热。孵化前、中期,停电4~6小时,问题不大。由于停电,风扇停转,致使孵化器中温差较大,此时门表温度不能代表孵化器里的温度。在孵化中后期停电,必须重视用手感或眼皮测温(或用温度计测不同点温度),特别是最上面几层胚蛋的温度。必要时,还可采用对角线倒盘以至开门散热等措施,使胚胎受热均匀,发育整齐。

五、孵化效果

通过照蛋、出雏观察和死胎的病理解剖,并结合种蛋品质以及孵化条件等综合分析,查明原因,作出客观判断,并以此作为改善种鸡的饲养管理、种蛋管理和调整孵化条件的依据。这项工作是提高孵化率的重要措施之一。

(一)照蛋(验蛋)

用照蛋灯透视胚胎发育情况,方法简单,效果好,一般整个孵化期进行1~3次。

1.照蛋的目的和合适时间

除上述3次照蛋之外,还可在孵化3、4、17、18胚龄进行抽验。这对不熟悉孵化器性能或孵化成绩不稳定的孵化场,更有必要。对孵化率高又稳定的孵化场,一般在整个孵化期中,仅在第7天照一次蛋即可,孵化褐壳种蛋,可在第10~11天进行照蛋。

照蛋的主要目的是观察胚胎发育情况，并以此作为调整孵化条件的依据，结合观察，挑出无精蛋、死精蛋或死胎蛋。头照挑出无精蛋和死精蛋，特别是观察胚胎发育是否正常。抽验仅抽查孵化器中不同点的胚蛋发育情况。二照在移盘时进行，挑出死胎蛋。一般头照和抽验作为调整孵化条件的参考，二照作为掌握移盘时间和控制出雏环境的参考。

2.发育正常的胚蛋与各种异常胚蛋的辨别

(1)发育正常的活胚蛋　剖视新鲜的受精蛋，肉眼可看到蛋黄上有一中心部位透明、周围浅暗的圆形胚盘(有明显的明暗之分)。头照可明显看到黑色眼点，血管成放射状，蛋色暗红。抽验时，尿囊绒毛膜"合拢"，整个蛋除气室外布满血管。二照时，气室向一侧倾斜，有黑影闪动，胚蛋暗黑。

(2)弱胚蛋　头照胚体小，黑眼点不明显，血管纤细，或者看不到胚体和黑眼点，仅仅看到气室下缘有一定数量的纤细血管。胚蛋色浅红。抽验时，胚蛋小头淡白(尿囊未合拢)。二照时，气室比发育正常的胚蛋小，且边缘不整齐，可看到红色血管。因胚蛋小头仍有少量蛋白，所以照蛋时，胚蛋小头浅白发亮。

(3)无精蛋(俗称"白蛋")　剖视新鲜蛋时，仅见一圆形透明度一致的胚珠，照蛋时，蛋色浅黄、发亮，看不到血管或胚胎。蛋黄影子隐约可见。头照多不散黄，而后黄散。

(4)死精蛋(俗称"血蛋")和死胎蛋(俗称"毛蛋")　头照只见黑色的血环(或血点、血线、血弧)紧贴壳上，有时可见到死胚的暗点贴壳静止不动，蛋色浅白，蛋黄沉散。抽验时，看到很小的胚胎与蛋黄分离，固定在蛋的一侧，蛋的小头发亮。二照时，气室小而不倾斜，其边缘模糊，色粉红、淡灰或黑暗。胚胎不动，见不到闪毛。

(5)破蛋　照蛋时可见裂纹(呈树枝状亮痕)或破孔，有时气室跑到一侧。

(6)腐败蛋　整个蛋色褐紫，有异臭味，有的蛋壳破裂，表面有很多黄黑色渗出物。

(二)蛋在孵化期间的失重

在孵化过程中,由于蛋内水分蒸发,胚蛋逐渐减轻,其失重多少,随孵化器中的相对湿度、蛋重、蛋壳质量(蛋壳水汽通透性)及胚胎发育阶段而异。

孵化期间胚蛋的失重不是均匀的。孵化初期失重较小,第 2 周失重较大,而第 17～19 天(鸡)失重很多。第 1～19 天,鸡蛋失重为12%～14%。蛋在孵化期间的失重过多或过少均对孵化率和雏鸡质量不利。我们可以根据失重情况,间接了解胚胎发育和孵化的温、湿度。

蛋失重测定方法:先称一个孵化盘重量;将种蛋码在该孵化盘内称其重量,减去孵化盘重量,得出总蛋重;以后定期称重,求减重的百分率。此法较繁琐,一般有经验的孵化人员,可以根据种蛋气室的大小以及后期的气室形状,来了解孵化湿度和胚胎发育是否正常。但有时在相同湿度下,蛋的失重可能相差很大,而且无精蛋和受精蛋的失重并无明显差别。所以不能用失重多少作为胚胎发育是否正常或影响孵化率的唯一标准,仅作参考指标。

(三)出雏期间的观察

1.出雏的持续时间

孵化正常时,出雏时间较一致,有明显出雏高峰,俗称出得"脆",一般 21 天全部出齐;孵化不正常时,无明显的出雏高峰,出雏持续时间长,至第 22 天仍有不少未破壳的胚蛋。

2.观察初生雏

主要观察绒毛、脐部愈合、精神状态和体形等。

(1)健雏　绒毛洁净有光,蛋黄吸收良好,腹部平坦。脐带部愈合良好、干燥,而且被腹部绒毛覆盖。雏站立稳健有力,叫声洪亮,对光和声音反应灵敏。体形匀称,不干瘪或臃肿,显得"水灵",而且全群整齐。

(2)弱雏　绒毛污乱,脐带部潮湿带血污、愈合不良,蛋黄吸收不良,腹大拖地。雏站立不稳,常两腿或一腿叉开,两眼时开时闭,精神不

振，显得疲乏不堪，叫声无力或尖叫呈痛苦状。对光、声反应迟钝，体形臃肿或干瘪，个体大小不一。

(3)残雏、畸形雏 弯喙或交叉喙。脐部开口并流血，蛋黄外露甚至拖地。脚和头部麻痹，瞎眼扭脖。雏体干瘪，绒毛稀短焦黄(俗称"火烧毛")等。

(四)死雏、死胎

外表观察及病理解剖种蛋品质差或孵化条件不良时，死雏或死胎一般表现出病理变化。如维生素 E 缺乏时，出现脑膜水肿；缺维生素 D_3 时，出现皮肤浮肿；孵化温度短期强烈过热或孵化后半期长时间过热时，则出现充血、溢血现象等。因此，应定期抽查死雏和死胎。检查时，首先从外表观察，尤其要注意蛋黄吸收情况、脐部愈合状况。死胎要观察啄壳情况(是啄壳后死亡，还是未啄壳，啄壳洞口有无黏液，啄壳部位等)，然后打开胚蛋，判断死亡时的胚龄。观察皮肤、绒毛、内脏及胸腔、腹腔、卵黄囊、尿囊等有何病理变化，如充血、出血、水肿、畸形、雏体大小、绒毛生长情况等，初步判断死亡时间及其原因。对于啄壳前后死亡或不能出雏的活胎，还要观察胎位是否正常(正常胎位是头颈部埋在右翅下)。

(五)死雏和死胎的微生物检查

定期抽验死雏、死胎及胎粪、绒毛等，做微生物学检查。当种鸡群有疫情或种蛋来源较混杂或孵化效果较差时尤应取样化验，以便确定疾病的性质及特点。

(六)衡量孵化效果的指标

$$受精率=\left(\frac{受精蛋数}{入孵蛋数}\right)\times100\%$$

受精蛋数包括死精蛋和活胚蛋，受精率一般应达 92%以上。

$$早期死胚率=\left(\frac{死胚数}{受精蛋数}\right)\times 100\%$$

通常统计头照(5 胚龄)时的死胚数,正常水平为1%~2.5%。

$$受精蛋孵化率=\left(\frac{出壳的全部雏鸡数}{受精蛋数}\right)\times 100\%$$

出壳雏鸡数包括健雏、弱、残和死雏。高水平达92%以上。此项是衡量孵化效果的主要指标。

$$入孵蛋孵化率=\left(\frac{出壳的全部雏鸡数}{入孵蛋数}\right)\times 100\%$$

高水平达到87%以上,该项反映种鸡繁殖场及孵化场的综合水平。

$$健雏率=\left(\frac{健雏数}{出壳的全部雏数}\right)\times 100\%$$

高水平应98%以上,孵化场多以售出雏鸡视为健雏。

$$死胎率=\left(\frac{死胎蛋数}{受精蛋数}\right)\times 100\%$$

死胎蛋一般指出雏结束后扫盘时的未出壳的种蛋。

除上述几项指标外,还可以统计受精蛋健雏孵化率、入孵蛋健雏孵化率。

六、孵化场的卫生管理

1. 工作人员的卫生要求

孵化场工作人员进场前,必须经过淋浴更衣,每人一个更衣柜,并定期消毒。国外有些孵化场还以孵化室和出雏室为界,前为“净区”,后为“污区”,并穿不同颜色的工作服,以便管理人员监督。另外,运种蛋和接雏人员不得进入孵化场,更不许进入孵化室。孵化场仅设内部办

公室供本场工作人员使用，对外办公室和供销部门，应设在隔离区之外。

2. 两批出雏间隔期间的消毒

孵化场易成为疾病的传播场所，所以应进行彻底消毒，特别是两批出雏间隔期间的消毒。洗涤室和出雏室是孵化场受污染最严重的地方，清洗消毒丝毫不能马虎。在每批孵化结束之后，立刻对设备、用具和房间进行冲洗消毒。注意消毒不能代替冲洗，只有彻底冲洗后，消毒才有效。用绒毛收集器可以减少空气过滤器的压力，降低出雏室、出雏器污染程度。

(1)孵化器及孵化室的清洁消毒步骤　取出孵化盘及增湿水盘，先用水冲洗，再用新洁尔灭擦洗孵化器内外表面(机顶的清洁)，用高压水冲刷孵化室地面，然后用熏蒸法消毒孵化器，每立方米用福尔马林 42 毫升、高锰酸钾 21 克，在温度 24℃、湿度 75%以上的条件下，密闭熏蒸 1 小时，然后开鸡门和进出气孔通风 1 小时左右，驱除甲醛蒸气。孵化室用福尔马林 14 毫升、高锰酸钾 7 克，密封熏蒸 1 小时，或两者用量增加 1 倍熏蒸 30 分钟。

(2)出雏器及出雏室的清洁步骤　取出出雏盘，将死胚蛋(毛蛋)、死弱雏及蛋壳装入塑料袋中，将出雏盘送洗涤室浸在消毒液中或送至蛋雏盘清洗机中冲洗消毒；清除出雏室地面、墙壁、天花板上的废物，冲刷出雏器内外表面后，用新洁尔灭水擦洗，然后每立方米用 42 毫升福尔马林和 21 克高锰酸钾，熏蒸消毒出雏器和出雏盘；用浓度为 0.3% 的过氧乙酸(每立方米用量 30 毫升)喷洒出雏室的地面、墙壁和天花板。

(3)洗涤室和雏鸡存放室的清洁　消毒洗涤室是最大的污染源，应特别注意清洗消毒。将废弃物(绒毛、蛋壳等)装入塑料袋；冲刷地面、墙壁和天花板；洗涤室每立方米用 42 毫升福尔马林和 21 克高锰酸钾熏蒸消毒 30 分钟。雏鸡存放室也经冲洗后用过氧乙酸喷洒消毒(或甲醛熏蒸消毒)。

3.定期作微生物学检查

定期对残雏、死雏等进行微生物检查，以此指导种鸡场防疫工作。在每批出雏完毕后，从绒毛、残雏、死雏和死胎中取样，作微生物学检查，以确定致病微生物是否存在及其种类。在冲洗消毒后，还应取空气及附着物进行微生物学检查，以了解冲洗消毒效果。

4.废弃物处理

收集的废弃物装入密封的容器内才可以通过各室，并按“种蛋—雏鸡”流程不可逆转原则运送，然后及时经洗涤室（或雏鸡处置室）的“废弃物出口”用卡车送至远离孵化场的垃圾场。孵化场附近不设垃圾场。国外处理废弃物采用焚烧或脱水制粉方法，但因耗能多不适于我国。另外，孵化废弃物中含有蛋白质22%～32%、钙17%～24%和脂肪10%～18%，需高温消毒才适合做饲料。最好不要做鸡饲料，以防消毒不彻底，导致传播疾病。

七、初生雏鸡的雌雄鉴别

因为生产的需要，对初生雏鸡进行雌雄鉴别有非常重要的经济意义。首先可以节省饲料，其次可以节省鸡舍、设备、劳动力和各种饲养费用，同时可以提高母雏的成活率、均匀度。初生雏鸡雌雄鉴别的方法主要有肛门鉴别法、器械鉴别法、伴性遗传鉴别法。

1.初生雏鸡肛门鉴别法

肛门鉴别法是根据初生雏鸡有无生殖突起，以及生殖隆起组织学上的差异来辨别公母的。其准确率达96%～100%，熟练工每小时可鉴别1 000～1 200只雏鸡。

（1）鸡的泄殖腔　将泄殖腔背壁纵向切开，由内向外可以看到3个主要皱襞：第一皱襞作为直肠末端和泄殖腔的交界线而存在。第二皱襞位于泄殖腔的中央，至腹壁逐渐变细而终止于第三皱襞，第三皱襞是形成泄殖腔开口的皱襞。

雄性泄殖腔在第二、三皱襞相合处有一芝麻粒大的白色球状突起

（初生雏鸡比小米粒还小），两侧围以规则的八字状皱襞，故称“八字状襞”，白色球状突起称为“生殖突起”。生殖突起和八字状襞称为“生殖隆起”。生殖突起及八字状襞呈白色而稍有光泽、有弹性，在加压和摩擦时不易变形，有韧性感。

雌鸡泄殖腔的3个皱襞部位与雄鸡完全相同，在雄鸡有生殖隆起的地方，雌鸡不但没有隆起，反而呈凹陷状。

（2）初生雏鸡生殖器官的解剖构造　雌雄鉴别的准确程度，只有通过解剖以后观察睾丸和卵巢才能准确判断。

（3）初生雏鸡生殖隆起的形态和分类

雄雏生殖隆起类型：

①正常形：生殖突起最发达，长0.5毫米以上，形状规则，充实似球形，富有弹性，外表有光泽，轮廓鲜明，位置端正，在肛门浅处；八字状襞发达，但少有对称者。

②小突起型：生殖突起特别小，长径在0.5毫米以下，八字状襞不明显，且稍不规则。

③扁平型：生殖突起为扁平横生，如舌状；八字状襞均不规则，但很发达。

④肥厚型：生殖突起与八字状襞相连，界限不明显，八字状襞特别发达，将生殖突起和八字状襞一起观看即为肥厚型。

⑤纵型：生殖突起位置纵长，多呈纺锤形；八字状襞既不发达，又不规则。

⑥分裂型：在生殖突起中央有一纵沟，将生殖突起分离，此型罕见。

雌雏生殖隆起类型：

①正常型：生殖突起几乎完全退化，仅残存皱襞，且多为凹陷。

②小突起型：生殖突起长0.5毫米以下，其形态为球形或近于球形；八字状襞明显退化。

③大突起型：生殖突起的长径在0.5毫米以上；八字状襞也发达，与雄雏的生殖突起正常型相似。

(4)初生雏鸡雌雄生殖突起的组织形态差异

①组织特征。初生雏鸡生殖突起的黏膜上皮组织,雌雄雏鸡没有明显差异,但黏膜下结缔组织却有显著不同。雌雏生殖隆起黏膜下组织的细胞不充实,排列稀疏,其深部组织已退化萎缩,并与淋巴空隙相连而成空洞,深部有少数血管。相反雄雏此部的细胞充实,排列致密,深部有很多血管,表层也有血管。

②形态特征。

外观感觉:雌雏生殖突起轮廓不明显、萎缩,周围组织衬托无力,有孤立感;雄雏的生殖突起轮廓明显、充实,基础极稳固。

光泽:雌雏生殖突起柔软透明;雄雏生殖突起表面紧张,有光泽。

弹性:雌雏生殖突起的弹性差,压迫或伸展易变形;雄雏生殖突起富有弹性,压迫、伸展不易变形。

充血程度:雌雏生殖突起血管不发达,且不及表层,刺激不易充血;雄雏生殖突起血管发达,表层亦有细血管,刺激易充血。

突起前端的形态:雌雏生殖突起前端尖;雄雏生殖突起的前端圆。

(5)鉴别的手法

抓雏、握雏手法:一种是夹握法,即右手朝着雏鸡运动的方向,掌心贴雏背将雏抓起,然后雏鸡头部向左侧迅速移至左手,雏背贴掌心,肛门向上,雏颈轻夹在中指与无名指之间,双翅夹在食指与中指之间,无名指与小指弯曲,将两脚夹在掌面。另一种是团握法,即左手直接抓握法。此法是左手朝雏运动的方向,掌心贴雏背将雏抓起,肛门朝上,将雏鸡团握在手中,雏的颈部和两脚任其自然。

排粪手法:在鉴别观察前,必须将粪便排出。其手法是左手拇指轻压腹部左侧髋骨下缘,借助雏鸡呼吸将粪便排入排粪缸中。

翻肛手法:翻肛手法较多,下面仅介绍两种方法。

·左手握雏,左拇指置于肛门左侧,左食指弯曲贴于雏鸡背侧,与此同时右食指放在肛门右侧,右拇指侧放在雏鸡脐带处。右拇指沿直线往上顶推,右食指往下拉,往肛门处收拢,左拇指也往里收拢,三指在肛门处形成一个小三角区,三指凑拢一挤,肛门即翻开。

·左手握雏，左拇指置于肛门左侧，左食指自然伸开，与此同时，右中指置于肛门右侧，右食指置于肛门下端。然后右食指往上顶推，右中指往下拉，向肛门收拢，左拇指向肛门处收拢，三指在肛门处形成一个小三角区，由于三指凑拢，肛门即翻开。

鉴别的适宜时间：最适宜的鉴别时间是出雏后4～6小时。在此时间内，雌雄雏鸡生殖隆起的形状最明显，雏也好抓握、易翻肛。一般在12小时以内，超过12小时后鉴别，结果很难保证准确，因肛门周围的肌肉变等比较紧张，不易翻开，而且残留的生殖突起也会改变形状。

2.伴性遗传鉴别法

根据伴性遗传规律，可以培育出特定的品种或品系。其杂交所培育出的后代，初生时因其羽毛生长速度或绒羽的颜色的不同，可以很容易地区分雌雄，也称自别雌雄。

第五节 孵化率低的原因及改进措施

一、孵化率低的原因分析

(一)胚胎死亡原因的分析

1.整个孵化期胚胎死亡的分布规律

据研究无论是自然孵化还是人工孵化，是高孵化率或是低孵化率的鸡群，胚胎死亡在整个孵化期不是平均分布的，而是存在着两个死亡高峰：第一个高峰出现在孵化前期，鸡胚在孵化第3～5天。第二个高峰出现在孵化后期，鸡胚在孵化第18天以后。一般来说，第一高峰的死胚率约占全部死胚数的15%，第二高峰约占50%。但是，对高孵化率鸡群来讲，鸡胚多死于第二高峰，而低孵化率鸡群，第一、二高峰期的死亡率大致相似。其他家禽(如鸭、火鸡、鹅)在整个孵化期中胚胎死亡，也出现类似的两个高峰，鸭胚死亡高峰在孵化的第3～6天和第24～27天；火鸡胚是第3～5天和第25天；鹅胚是第2～4天和第26～30天。

2.胚胎死亡高峰的一般原因

第一个死亡高峰正是胚胎生长迅速、形态变化显著时期，各种胎膜相继形成而作用尚未完善。胚胎对外界环境的变化是很敏感的，稍有不适，胚胎发育便受阻，以致夭折。第二个死亡高峰正处于胚胎从尿囊绒毛膜呼吸过渡到肺呼吸时期。胚胎生理变化剧烈，需氧量剧增，其自温猛增，传染性胚胎病的威胁更突出。对孵化环境（尤其是氧）要求高，若通风换气、散热不好，势必有一部分本来较弱的胚胎不能顺利破壳出雏。孵化期其他时间胚胎死亡，主要是受胚胎生活力的强弱所左右。

孵化率高低受内部和外部两方面因素的影响。自然孵化的情况下，胚胎死亡率低，而且第一、二高峰死亡率大体相同，主要是内部因素的影响，而人工孵化，胚胎死亡率高，特别是第二高峰更显著。胚胎死亡是内外因素共同影响的结果。从某种意义上讲，外部因素是主要的。内部因素对第一死亡高峰影响大，外部因素对第二死亡高峰影响大。

影响胚胎发育的内部因素是种蛋内部的品质（胚盘、蛋黄、蛋白），它们是由遗传和饲养管理所决定的。

外部因素包括入孵前的环境（种蛋保存）和孵化中的环境（孵化条件）。

一般胚胎的死亡原因是复杂的，较难确认。归于某一因素是困难的，往往是多种原因共同作用的结果。

（二）影响孵化效果的诸因素

一般当遇到孵化效果不理想时，往往从孵化技术、操作管理上找原因，而很少或下去追究孵化技术以外的因素。实际上孵化效果受多种因素的影响。

影响孵化效果的三大因素是：种鸡质量、种蛋管理和孵化条件。第一、二因素合并决定入孵前的种蛋质量，是提高孵化率的前提。只有入孵来自优良种鸡、喂给营养全面的饲料、精心管理的健康种鸡的种蛋，

并且种蛋管理得当，孵化技术才有用武之地。某农场虽有做孵化工作达20多年的老师傅，但是由于鸡种、饲料和管理条件较差，使历年来入孵蛋孵化率仅达64%～72%。某种鸡场一段时间禽用多种维生素缺乏，致使受精蛋孵化率从原来的90%下降至79.5%，维生素得到补充后，孵化率又回升到92%。由于育种的需要，有些种蛋于6～7月间在室温条件下保存达18天，结果受精蛋孵化率仅66%～78%，而在相同室温条件下保存3天的另一批种蛋，受精蛋孵化率达90%～92%。上述三例说明，种蛋品质的优劣与孵化率高低有密切的关系。

（三）孵化各期胚胎死亡原因

1.前期死亡（第1～6天）

种蛋的营养水平及健康状况不良，主要是缺维生素A、维生素B_2；种蛋贮存时间过长，保存温度过高或受冻；种蛋熏蒸消毒过度；孵化前期温度过高；种蛋运输时受剧烈振动。

2.中期死亡（第7～12天）

种鸡的营养水平及健康状况不良，如缺维生素B_2，胚胎死亡高峰在第12～13天，缺维生素风时出现水肿现象；污蛋未消毒；孵化温度过高，通风不良；若尿囊绒毛膜未合拢，除发育落后外，多系转蛋不当所致。

3.后期死亡（第13～18天）

种鸡的营养水平差，如缺维生素B_{12}，胚胎多死于第16～18天；气室小，系湿度过高；胚胎如有明显充血现象，说明有一段时间高温；发育极度衰弱，系温度过低；小头打嘴，系通风换气不良或小头向上入孵。

4.闷死壳内

出雏时温度、湿度过高，通风不良；胚胎软骨畸形，胚位异常；卵黄囊破裂，颈、腿麻痹软弱等。

5.啄壳后死亡

若洞口多黏液，系高温高湿；第20～21天通风不良；在胚胎利用蛋白时遇到高温，蛋白未吸收完，尿囊合拢不良，卵黄未进入腹腔；移盘时温度骤降；种鸡健康状况不良，有致死基因；小头向上入孵；头两周内未转蛋;第 20～21 天孵化温度过高,湿度过低。

孵化过程中容易出现的问题及原因如表 3-2 所示。

表 3-2 孵化过程中容易出现的问题、原因及对策

问　题	原因及对策
无精蛋太多	公母比例不合适;种公鸡营养不良或年老、不育;公鸡肉垂和冠冻伤或种蛋贮存不当
出现血管环及胚胎在前期(第 1～6 天)死亡	种蛋贮存温、湿度不当、贮存太久;种蛋运输不当,造成裂纹蛋、系带断裂等;孵化温度不当;种蛋熏蒸消毒过甚或程序不当;种蛋营养失调;母源性种蛋污染
胚胎在孵化中期(第 7～12 天)死亡	种蛋贮存温度高;孵化温度不当;母源性或蛋壳携带的病原感染胚胎;种蛋营养失调、维生素缺乏;孵化机通风不良;未翻蛋或翻蛋不当;停电时间过长
胚胎在孵化后期(第 13～18 天)死亡	种蛋的营养水平低;温度过低或一段时间温度过高;湿度过高;通风不良、小头向上
幼雏未啄壳在第 8～21 天死亡	孵化机湿度过低,出雏机温度过高;孵化后期通风不良,温度偏高;胚胎感染
出雏早、幼雏脐部带血	孵化温度偏高;孵化温度高、湿度低
出雏迟	孵化温、湿度偏低;种蛋贮存过久;孵化室内温度变化不定
雏鸡体小	入孵种蛋小;孵化机内温度太低
雏鸡呼吸困难	出雏机内残留大量熏蒸剂或熏蒸时间不当;出雏机内温度太高;感染了传染病
啄壳中途停止、部分死亡	种蛋大头向下;翻转不当
雏鸡体重不整齐	入孵种蛋大小不一;孵化机内部热度不均匀
幼雏沾黏蛋白	温度偏低;湿度太高,通风不良
雏鸡与壳膜粘连	孵化机、出雏机湿度太低
雏鸡脐带收缩不良、充血	湿度过高;湿度变化过剧;胚胎受感染
雏鸡腹大、柔软、脐部收缩不良	温度偏低;通风不良;湿度太高
胚胎及雏鸡畸形	孵化早期(第 1～5 天)温度过高;种蛋缺乏维生素
孵化过程中出现臭蛋及臭蛋爆裂	裂蛋;蛋壳污秽;孵化用具清洗消毒不彻底

二、提高孵化率的措施

(一)饲养高产健康种鸡,保证种蛋质量

种蛋产出后,其遗传特性就已固定。从受精蛋发育成一只雏鸡,所需营养物质,只能从种蛋中获得。所以必须科学地饲养健康、高产的种鸡,以确保种蛋品质优良,一般受精率和孵化率与遗传(鸡种)关系较大,而产蛋率、孵化率也受外界因素的制约。影响孵化率的较大的疾病,一是经蛋垂直感染的疾病,如白痢、败血霉形体、滑液囊霉形体、病毒性关节炎、脑脊髓炎、淋巴白血病等;二是新城疫、传染性支气管炎、脐炎、喉气管炎、大肠杆菌感染、葡萄球菌病、黄曲霉菌病、曲霉菌病、法氏囊、马立克氏病、营养缺乏症。必须指出,从无白痢种鸡场引进种蛋、种雏,如果饲养条件差,仍会重新感染疾病。同样,从国外引进无白痢等病的种鸡,也会重新感染。只有抓好综合卫生防疫措施,才能保证种鸡的健康。必须认真执行"全进全出"制度。种鸡营养不全面,往往导致胚胎在中、后期死亡。

(二)加强种蛋管理,确保入孵前种蛋质量

一般开产最初两周的种蛋不宜孵化,因为其孵化率低,雏的活力也差,由于夏季种鸡采食量下降(造成季节性营养缺乏)和种蛋在保存前置于环境差的鸡舍,使种蛋质量下降,以致7～8月份孵化率低4%～5%。人们较重视冬、夏季种蛋的管理,而忽视春、秋季种蛋保存,片面认为春秋季气温对种蛋没有多大影响。其实此期温度是多变的,而种蛋对多变的温度较敏感。所以无论什么季节都应重视种蛋的保存。

实践证明,按蛋重对种蛋进行分级入孵,可以提高孵化率。主要是可以更好地确定孵化温度,而且胚胎发育也较一致,出雏更集中。

必须纠正重选择轻保存、重外观选择(尤其是蛋形选择)轻种蛋来源的倾向。照蛋透视选蛋法可以剔除肉眼难以发现的裂纹蛋,特别是

可以剔除对孵化率影响较大的气室不正、气室破裂(成游离)以及肉斑、血斑蛋。虽然这样做增加了工作量,但从信誉和社会效益上看,无疑是可取的。为了减少平养种蛋的窝外蛋(严格讲,窝外蛋不宜孵化),可在鸡舍中设栖架,产蛋箱不宜过高,而且箱前的踏板要有适当宽度和不能残缺不全。肉用种鸡产蛋箱应放在地面上或网面上,以利母鸡产蛋。

(三)创造良好的孵化条件

提高孵化技术水平所涉及的问题很多。但只要抓好下面两个方面,就能够获得良好的孵化效果。概括为两句话:"掌握三个主要孵化条件,抓住两个孵化关键时期"。

1. 掌握三个主要孵化条件

掌握好孵化温度、孵化场和孵化器的通风换气及其卫生,对提高孵化率和雏鸡质量至关重要。

(1)正确掌握适宜的孵化温度

①确定最适宜孵化温度温度是胚胎发育的最重要条件,而国内各地区的气候条件及使用的孵化器类型千差万别,给正确掌握孵化温度增加了难度。在"孵化条件"中所提出的。"变温"或"恒温"孵化的最适温度,是一般种蛋的平均孵化温度。实际上最适孵化温度,除因孵化器类型和气温不同而异外,还受遗传(品种)、蛋壳质量、蛋重、蛋的保存时间和孵化器中入孵蛋的数量等因素影响。所以无论本章介绍的,还是孵化器生产厂家所推荐的孵化温度,仅供孵化定温时参考。应根据孵化器类型、孵化室(出雏室)的环境温度灵活掌握,特别是新购进的孵化器,可通过几个批次的试孵,摸清孵化器的性能(保温情况、孵化器内各点温差情况等),结合本地区的气候条件、孵化室(出雏室)的环境,确定最适孵化温度。

国外孵化器制造厂家所建议的孵化温度,都属于恒温孵化制度,而且定温都比上面所提的温度低些。如美国霍尔萨公司的鸡王牌孵化器,第1～19天定温为37.5℃、第20～21天定温为36.9℃;比利时皮特逊孵化器,孵化温度度分别为37.6℃和36.9℃。我们认为其原因

是:国外一般都不照蛋,不存在因照蛋而降低孵化器及胚蛋的温度;采用完善的空调装置,保证孵化室温度为 24～26℃;孵化器里各处温差小,保温性能也更完善;不采用分批入孵方法,不会因开机门入孵和新入孵种蛋温度低而降低孵化器里的温度;孵化器容量较大,孵化器里胚胎总产热量也多。故虽然定温较低,但胚胎发育的总积温并不低。

②孵化操作中温度的掌握尽可能使孵化室温度保持在 20～27℃,以简化最适孵化温度的定温;用标准温度计校正孵化温度计(包括门表温度计、体温计及水银电接点温度),并贴上温差标记。注意防止温度计移位,以免造成胚胎在高或低于最适温度下发育;新孵化器或大修后的孵化器,需要用经过校正的体温计,测定孵化器里的温差,求其平均温度。然后将控温水银电接点温度计孵化给温调至 37.8℃(或变温孵化,或按孵化器厂家推荐的温度),试孵 1～2 批,根据胚胎发育(主要标准是第 5 天"黑眼",第 10～11 天"合拢"、第 17 天"封门")和孵化效果,确定适合本地区和孵化器类型的最适孵化温度。

③掌握孵化温度应注意的几个问题:

不能生搬硬套"恒温"、"变温"孵化给温方案或孵化器厂家推荐的孵化温度。机械地照搬上述孵化给温制度的定温,其结果有时孵化效果很好,但有时却很差,不能做到稳产高产。

不能机械照搬江浙一带的缸孵法"三起三落"的给温方案。因该法有的是由孵缸这一特定孵具所决定的,有的是孵化操作管理所决定的,有些也缺乏科学依据。

采用分批入孵方法,注意新老胚蛋在孵化器中插花放置,不仅有助于调温和胚胎发育整齐度,还能使活动转蛋架重力平衡(巷道式孵化不存在此问题)。在出雏器出雏时,应根据情况适当降低孵化温度,以利出雏。

孵化器温差大,将严重影响孵化效果,也给孵化操作带来诸多不便。如孵化器温差过大,应及时查明原因(包括检查电热管的瓦数及布局),并在入孵前解决好。如温差较大,最好采用"变温"孵化制度,并在照蛋和移盘时作对角倒盘,必要时还可以增加倒盘次数,在一定程度上可解决胚胎发育不齐问题。

(2)保持空气新鲜清洁

①胚胎发育的气体交换和热能产生。孵化过程中,胚胎不断与外界进行气体交换和热量交换。它们是通过孵化器的进出气孔、风扇和孵化场的进气排气系统来完成的。胚胎气体交换和热量交换,随胚龄的增长成正比例增加。胚胎的呼吸器官尿囊绒毛膜的发育过程,是同胚胎发育的气体交换渐增相适应的。第19胚龄尿囊绒毛膜动静脉开始枯萎,第20胚龄停止血循环,喙进入气室以后啄破蛋壳,通过肺呼吸直接与外界进行气体交换。

从第7胚龄开始胚胎自身才有体温,此时胚胎的产热量仍小于损失热量,至10～11胚龄时,胚胎产热才超过损失热。以后胚胎代谢加强,产热量更多。如果孵化器各处的破壳出雏比较一致,说明各处温差小、通风充分。绝大部分孵化器的空气进入量都超过需要,氧气供应充分。但应避免过度的通风换气,因为这样孵化器里的温度和相对湿度难以维持。我们曾使用过均温风扇每分钟1 410转的孵化器、出雏器,由于通风过度,受精蛋孵化率仅61.7%～85.5%,而且雏鸡体小干瘪。天津某种鸡场的孵化器原来用排风机直接抽气,孵化率一直不理想,后来拆去排风机,并提高孵化室温度,结果孵化率明显提高。

②通风换气的操作。整个21天孵化期,前5天可以关闭进出气孔,以后随胚龄增加逐渐打开进出气孔,以至全打开。用氧气和二氧化碳测定仪器实际测量,更直观可靠。若无仪器,可通过观察孵化控制器的给温或停温指示灯亮灯时间的长短,估测通风换气是否合适。在控温系统正常情况下,若给温指示灯长时间不灭,说明孵化器里温度达不到预定值,通风换气过度,此时可把进出气孔调小。若恒温指示灯长亮不灭,说明通风换气不足,可调大进出气孔。

如孵化第1～18天鸡胚发育正常而最终孵化效果不理想,有不少胚胎发育正常但闷死于壳内或啄壳后死亡,可能是孵化第19～21天通风换气不良造成的,往往通过加强通风措施,能改善孵化效果。有些孵化器设有紧急通风孔,当超温时,能自动打开紧急气孔。

高原地区空气稀薄，氧气含量低。据测定，海拔高度超过 1 000 米，对孵化率有较大影响。如果增加氧气输入量(用氧气瓶)，可以改善孵化效果。

(3)孵化场卫生　如果分批入孵，要有备用孵化器，以便对孵化器进行定期消毒。如无备用孵化器，则应定期停机对孵化器彻底消毒。

以上简单介绍了影响孵化效果的 3 个主要问题，但不是说孵化期中的转蛋及相对湿度等是不重要的。关于转蛋问题，至今没有突破性改变，仍是转蛋角度前后 45°～60°，每天转蛋 8～12 次，移盘后停止转蛋等操作规程。而关于胚胎发育不同阶段对相对湿度的要求，则众说不一。我们认为，气候干燥的北方地区，还是采取加水孵化法为好，尤其是出雏期间。凉蛋并不是鸡胚胎发育必需条件，仅作为孵化中、后期调节胚胎温度的措施。对鸭、鹅胚胎一般需凉蛋，甚至将孵化盘抽出和往胚蛋上喷冷水降温。

2.抓住孵化过程中的两个关键时期

整个孵化期都要认真操作管理，但是根据胚胎发育的特点，有两个关键时期：1～7 胚龄和 18～21 胚龄(鸭、火鸡 24～28 胚龄；鹅 26～32 胚龄)。在孵化操作中，尽可能地创造适合这两个时期胚胎发育的孵化条件，即抓住了提高孵化率和雏鸡质量的主要矛盾。一般是前期注意保温，后期重视通风。

(1)1～7 胚龄　为了尽快缩短达到适宜孵化温度的时间，有下列措施：

①种蛋入孵前预热，既利鸡胚的苏醒、恢复活力，又可减少孵化器中温度下降，缩短升温时间。

②孵化 1～5 天，入孵器进出气孔全部关闭。

③用福尔马林和高锰酸钾消毒孵化器里种蛋立在蛋壳表面凝水干燥后进行，并避开 24～96 小时胚龄的胚蛋。

④5 胚龄(鸭、火鸡 6 胚龄；鹅 7 胚龄)前不照蛋，以免孵化器及蛋表温度剧烈下降。整批照蛋应在 5 胚龄以后进行。

照蛋时应将小头朝上的胚蛋更正过来，因小头朝上约 60%胚胎头部在小头,啄壳时喙不进入气室进行气体交换(肺呼吸),增加胚胎死亡及弱雏率。另外,应剔除破蛋。

⑤提高孵化室的环境温度。

⑥要避免长时间停电。万一遇到停电,除提高孵化室温度外,还可在水盘中加热水。

(2)18～21 胚龄　鸡胚 18～19 胚龄(鸭、火鸡 24～28 胚龄;鹅 26～32 胚龄)是胚胎从尿囊毛膜呼吸过渡到肺呼吸时期,需氧量剧增,胚胎自温很高,而且随着啄壳和出雏,壳内病原微生物在孵化器中迅速传播。此期的通风换气要充分。为解决供氧和散热问题,有下列措施:

①避开在 18 胚龄(鸭、火鸡 22～23 胚龄;鹅 25～26 胚龄)移盘到出雏盘。可提前在 17 胚龄(甚至 15～16 胚龄),或延至 19 胚龄(约在 10%鸡胚啄壳)时移盘。

②啄壳、出雏时提高温度,同时降低温度。一方面可防止啄破蛋壳后蛋内水分蒸发加剧,不利破壳出雏;另一方面可防止雏鸡脱水,特别是出雏持续时间长时,提高温度更为重要。提高湿度的同时应降低出雏器的孵化温度,避免同时高温高湿。19～21 胚龄时,出雏器温度一般不得超过 37～37.5℃。出雏期间相对湿度提高到 70%～75%。

③注意通风换气,必要时可加大通风量。

④保证正常供电。此时即使短时间停电,对孵化效果的影响也是很大的。万一停电的应急措施是:打开机门,进行上下倒盘,并用体温表测蛋温。此时,门表温度计所示温度绝不能代表出雏器里的温度。

⑤捡雏时间的选择。一般在 60%～70%雏鸡出壳,绒毛已干时(叠层式出雏盘出雏法,在 75%～80%时),第一次捡雏。在此之前仅捡去空蛋壳。出雏后,将未出雏胚蛋集中移至出雏器顶部,以便出雏,最后再捡一次雏,并扫盘。

⑥观察窗的遮光。雏鸡有趋光性,已出壳的雏鸡将拥挤到出雏盘前部,不利于其他胚蛋出壳。所以观察窗应遮光,使出壳雏鸡保持安静。

⑦防止雏鸡脱水。雏鸡脱水严重影响成活率,而且是不可逆转的,

所以雏鸡不要长时间待在出雏器里和放在雏鸡处置室里。雏鸡不可能同一时刻出齐，即使较整齐，最早出的和最晚出时间也相差 32～35 小时，再加上出雏后的一系列工作（如分级、打针、剪冠、鉴别），时间就长。因此从出雏到送至饲养者手中，早出壳者可能已超过 2 天，所以应及时送至育雏室或送交用户。

⑧雏鸡消毒问题。

此外，如果种鸡健康、营养好，种蛋管理得当，在正常孵化情况下，则两个关键时期以外的胚胎死亡率很低。为了解胚胎发育是否正常，可在 10～11 胚龄照蛋（抽照），若尿囊“合拢”，说明孵化前半期胚胎发育正常；还可抽照 17 胚龄胚蛋，如胚蛋小头“封门”，说明胚胎发育正常，蛋白全部进入羊膜腔里，并被胚雏吞食。

经常对孵化效果进行分析。不论孵化好坏，都应经常分析孵化效果，以指导孵化工作和种鸡饲养管理。在分析孵化效果时，应将受精率与孵化率分开研究，以便发现问题的症结。

思考题

1. 人工授精有哪些优点？

2. 输精时应注意哪些方面的问题？

3. 造成种蛋受精率低的原因有哪些？

4. 孵化场场址的选择应注意哪些方面？

5. 如何选择种蛋？

6. 种蛋消毒时要注意哪些方面？

7. 为什么要转蛋？

8. 照蛋的主要目的是什么？

9. 掌握孵化温度应注意哪几个问题？

10. 1～7 胚龄为了尽快缩短达到适宜孵化温度的时间可以采取哪些措施？

第四章

蛋鸡营养需要与饲料配合

导　读　本章主要学习蛋鸡的营养需要和饲料配合技术。

第一节　饲料成分及其营养功能

一、能量饲料

能量饲料是指饲料干物质中粗纤维含量低于18%，粗蛋白质含量低于20%，且每千克饲料干物质含消化能在10.45兆焦以上的饲料，例如玉米、大麦、荞麦、糠麸等，是供给蛋鸡的主要能量来源。

常用主要能量饲料有玉米、大麦、高粱、稻谷、小麦、碎米、麸皮、米糠。

在能量饲料中以动物与植物油脂所含能量最高，每千克动物脂肪含代谢能32.23兆焦，植物油含代谢能36.83兆焦，因为油脂含水分只

有 0.6%，杂质极微，99.4%都是油脂，脂肪的能量很高，是碳水化合物的 2.25 倍，其次是谷物籽实与块根茎饲料，它们含淀粉多，蛋白质与脂肪较少，纤维素及灰分更低，一般含代谢能 12.56 兆焦/千克以上。动植物油脂与谷物饲料、块根茎干粉都属高能量饲料。谷物饲料是最主要的能量饲料，含碳水化合物 80%左右，碳水化合物中主要是淀粉、糖和半纤维素。能被家禽消化利用的部分很高。常用的饲料谷物有玉米、高粱、碎米、稻谷和大麦等。玉米与高粱、碎米含蛋白质在 8%～9%，有少量低于 8%和高于 9%的，稻谷在 7%左右，大麦在 10%～11%，由于高粱是白酒的原料，大麦是啤酒的原料，用于饲料的很少。能用于饲料的谷物就是玉米、稻谷与碎米了，后者的量也是很少的。玉米含脂肪 3.5%，纤维素 3%，钙 0.03%，磷 0.25%，灰分 1.5%，代谢能 14.06 兆焦/千克，蛋白质中赖氨酸与色氨酸很少，每千克含赖氨酸 0.22%～0.24%，色氨酸 0.7%～0.8%。虽然玉米不是主要用于提供蛋白质与氨基酸，但它在配合饲料中占 70%以上，所含蛋白质达到需要量的 40%以上，对氨基酸的组成影响较大，此外，玉米中所含有的各种维生素都是不足的，必需添加维生素补充料。

糠麸饲料与糟渣饲料是粮食加工副产品，属低能量饲料，糠麸饲料包括米糠、麸皮、高粱糠、玉米糠等，它是谷物加工成粮食所留下来的皮和胚。糟渣饲料包括粉渣、糖糟、酒糟、豆腐渣、酱油渣等，前四种是提取淀粉或是淀粉发酵后的残渣，后者是提取淀粉与蛋白质或是发酵的残渣，这些残渣中不但含有谷物的外皮而且还包括胚乳内的细胞壁。从加工后的剩余物来看，它比谷物饲料少了些淀粉，但后者还有蛋白质。既然是分离淀粉和部分蛋白质，糠麸或糟渣饲料中相对来说是纤维素、半纤维素增加了，蛋白质也相应增加了，这是因为在谷物中外皮与胚含的蛋白质本来就比胚乳部分多。矿物质含量虽也相应增加由于淀粉少了，纤维素与半纤维素多了，鸡对糠麸和糟渣的消化率低，所以饲料的能量低。1 千克麸皮含代谢能只有 6.53 兆焦，米糠有 10.05 兆焦，米糠榨油后的米糠饼只有 7.95 兆焦，玉米胚榨油的胚芽饼有 7.07 兆焦。糠麸的蛋白质含量比谷物高，一般在 14%～15%，而且氨基酸的组成也比谷物好。例如麸皮含蛋白质14%、含蛋氨酸0.18%、胱氨酸0.27%、赖氨酸0.57%，它们之间的比例与营养需要比较接近。不似玉米含蛋氨酸+胱氨酸0.3%，赖氨酸只有0.24%。糠麸含磷特别高，达1.1%以上，只是这些磷多与植酸结成植酸磷，鸡的利用效率很低，过去都以30%可利用率计算，经过深入的对许多麸皮样品进行测定，发现变异很大，最低的只有15%。

粉渣、酒糟等加工副产品，都是提取了淀粉及蛋白质的渣粕，从其干物质来说，大致是与糠麸差不多，但它们含水分很多，利用起来很不方便。豆腐渣与酱油渣都是提取了蛋白质的渣粕，但它们都是以大豆为原料，蛋白质本来就很高，所以渣内含蛋白质仍然很多。酒精糟是发酵后的残渣，含有很多的酵母，因此含B族维生素也很丰富，而已经过实践验，认为它含有未知促生长的因子，烘干的制品是配合饲料中常用的成分。

二、蛋白质饲料

蛋白质饲料是指饲料干物中粗蛋白质含量在20%以上，粗纤维含量在18%以下的饲料，它包括植物性蛋白质饲料（如大豆、豆饼、豆粕、花生饼等）及动物性蛋白质饲料（如鱼粉、血粉、酵母粉、肉骨粉等），对于补充其他短缺蛋白质的能量饲料。以组成成分平衡的日粮，提高饲料的转化率有着积极作用。其含量一般占全价配合饲料的15%～35%。

植物性蛋白质饲料植物性蛋白质是榨油工业的副产品饼粕饲料。榨油工业通常用两种方法制油，压榨法与浸出法，压榨法榨油的副产品称为饼，用溶剂法浸提油的副产品称为粕。压榨法乃将原料清理后用对辊筒碾压成0.3毫米的薄片，进入3层蒸锅经直接蒸气加热，温度常达到130℃以上，再进入水压榨油机或螺旋榨油机榨油。水压榨的油饼是30～50千克的大块，螺旋榨的油饼是薄瓦片。溶剂浸出法原料也是碾压成0.3毫米薄片，但加温到60℃时浸提油脂。残渣转入溶剂回

收装置，温度一般达到100℃，溶剂全部回收后获得粕。两榨油方法各有利弊，压榨油加温过高，蛋白质发生凝结反应。降低了消化利用率，饼内一般含油5%～6%。溶剂法加热温度低，时间短，且缺少直接蒸气处理，使大豆与棉籽仁所含的抗凝营养因子不能完全破坏或失去活性，但提油效果好，粕中残油约1.0%，蛋白质消化利用率高。油料种子含油率高至35%以上时采用预榨浸出法，先榨油，油饼轧碎后再浸提以获得最好提油效果，例如花生、芝麻、棉花籽、向日葵，蓖麻籽等都采用这种方法。

饼类中，大家公认大豆饼最好，因为它含蛋白质较高，蛋白质的氨基酸中，赖氨酸含量最高。含42%蛋白质的机榨豆饼含赖氨酸2.7%，溶剂浸出的豆粕含蛋白质44%，含赖氨酸2.9%，这与玉米、高粱相配合使用可以大大提高饲粮蛋白质的质量。黄豆也是人类的食物，但是它含有胰蛋白酶抑制素、红细胞凝集素与皂角素，前者有碍于饲粮蛋白质的消化利用，后两者有毒害，煮熟黄豆可以将这些有害物质全部破坏，所以煮黄豆是很有营养的食物。豆饼的榨油工序经过130℃加温的蒸坯工序，这些有害酶都已破坏，不会有中毒的危险，溶剂浸提油工艺，豆坯只加热到50～60℃浸提油脂，最后回收溶剂时蒸气温度可能达100℃，但时间很短，不足以完全破坏有害的酶类。用豆粕作饲料要调查加工工艺是否经过半小时以上的蒸气加热，否则要自行蒸煮半小时，以保安全。豆粕的加工，因为只在回收溶剂时用100℃的温度蒸半小时，蛋白质的质量比榨油法用高温加热的豆饼质量好。

由于我国榨油工业技术不规范，豆粕的安全不保证，国家制定了尿酶活性的测定方法作为衡量大豆粕热处理程度的方法。测定的定义为在30℃，pH 7的条件下反应30分钟，每分钟每克大豆粕分解尿素释放氨态氮的毫克数。

棉籽仁饼含蛋白质40%，蛋氨酸加胱氨酸（含硫氨基酸）1.1%，赖氨酸1.59%，含赖氨酸比豆饼低，与玉米高粱等搭配，提高蛋白质的质量远不如豆饼，棉仁中含有游离棉酚，榨油时经高热处理与赖氨酸的游离氨基结合而失去毒性，但这也降低了蛋白质的质量。

菜籽饼含蛋白质36%,含硫氨基酸1%～1.1%,赖氨酸1.69%,蛋白质的质量与棉仁饼差不多,菜籽内含有硫葡萄糖苷,经芥子酶水解后产生异硫氰酸盐、噁唑烷硫酮等有毒物质,目前还未有切实可行的有效去毒方法。不同品种的菜籽含毒量不同,白菜型的菜籽含毒量较低,饲粮中用到10%也未发现有中毒现象,芥菜型和甘蓝型品种含毒量高,饲粮中不要超过5%。加拿大通过选种的方法,选出低芥酸,低硫葡萄糖苷的品种,值得我们采用与推广。

花生饼含蛋白质也在40%以上,但含硫氨基酸与赖氨酸含量与菜籽饼差不多,花生饼的精氨酸含量最高,在有补加合成蛋氨酸与赖氨酸的条件下可以降低饲粮蛋白质水平,达到节省蛋白饲料资源的目的。花生是无毒的,但收获时如翻晒不及时,黄曲霉发酵,就会产生黄曲霉毒素。黄曲霉毒素比棉酚和芥子硫苷更为有害。

值得重视的是,芝麻饼含蛋白质42%,含硫氨基酸2.08%,赖氨酸1.37%;向日葵饼含蛋白质35%,含硫氨基酸2.04%,赖氨酸1.7%。它们含硫氨基酸比赖氨酸高,适当地与豆饼配合,使配合的饲料中含硫氨基酸与赖氨基酸都能达到饲养标准的水平。

胡麻饼、椰子饼、棕榈饼都是含蛋白较高的饲料,根据它们的情况合理利用都是很有价值的。

此外,近年在淀粉的加工工业中回收的玉米蛋白粉与蚕豆、绿豆、豌豆蛋白粉很有价值。玉米蛋白粉含蛋白质有41%和61%两种,含代谢能11.51和11.93兆焦/千克,含硫氨基酸分别为1.6%与2.1%,赖氨酸0.8%与1%,对养鸡很适宜。蚕豆、绿豆与豌豆是制粉丝的原料,蛋白粉含蛋白质65%～70%,赖氨酸含量达4.5%～5%。

动物性蛋白质饲料动物性饲料包括鱼粉,肉骨粉、血粉、屠宰场下脚料、蚕蛹、蚯蚓、蝇蛹等,是一类蛋白质含量高、质量好的饲料。秘鲁鱼粉含蛋白质65%,钙4%,磷2.87%,含硫氨基酸2.5%,赖氨酸4.5%。氨基酸的比例比较好,两个主要限制氨基酸都很高,与谷物饲料,植物蛋白饲料搭配使用,很接近各类鸡的营养需要,所以被誉为蛋白质质量最佳的饲料。它所含的钙与磷很高,比例也适合生长家禽需

要，尤其是磷，属于有效磷，饲粮中加6.9%鱼粉就可满足饲养标准要求的0.2%无机磷了。鱼粉的种类很多，成分不尽相同，国外的鱼粉都注明是用什么鱼做原料的。一般来说，含蛋白质低的鱼粉含钙磷就多，这是因为这类鱼粉的骨骼占比例大所致。

肉骨粉是符合国家检疫有关规定废弃家畜经高压消毒脱脂后的残渣，因为原料不同，骨骼含量的不一，所以蛋白质及钙、磷含量有不同，肉骨粉的氨基酸组成不及鱼粉，蛋氨酸和胱氨酸偏低。

三、矿物质饲料

到目前为止，畜禽所需的矿物质元素在各种天然的饲料内均含有，但其含量差别很大，虽然家畜在采食各种饲料时可以互相补充，但从家畜对矿物质需要来看，常用饲料中钙、磷和钠的含量均不能满足家畜的需要。所以，在日粮中一定要补加矿物质饲料。其他微量元素，一般情况下均能满足畜禽的需要，有个别元素属地区性的缺乏，应予以补加，舍饲或笼养的高产家畜和生长快的幼畜，需补加微量元素。

1. 钙、磷补充饲料

常用钙磷矿物质饲料有骨粉和磷酸氢钙，石粉和牡蛎粉、蛋壳粉中仅含有钙，而不含有磷。骨粉中的磷含量变化较大，一般含磷11%～14%，目前，市场上销售骨粉（蒸骨粉）磷的含量仅为11%～12%。有些骨粉中掺假，购买骨粉时务必分析后再应用。骨粉或磷酸氢钙在畜禽日粮中用量为1.5%～2.5%，即可满足畜禽对磷的需要。在产蛋鸡日粮中碳酸钙或石粉或贝粉的含量为7%～8%。蛋鸡日粮中石粉，最好粗细各占2/3和1/3，可有利于钙的吸收，从而有利于提高蛋壳的质量。

2. 盐

日粮中盐的用量一般为0.25%～0.4%，如果用劣质鱼粉时，应特别注意鱼粉中盐的含量，有些高至15%，如遇此种情况，日粮中不但不补加食盐，而且一定要限制鱼粉用量，以防食盐中毒。食盐中毒可发生于各种畜禽，但鸡易发生，特别是小鸡较为敏感。如果限制饮水时，蛋鸡日粮中含有4％盐就会引起中毒，充足饮水时，不会造成死亡。

3. 微量元素

用饲料级的硫酸盐类来补充，既补给了铁、铜、锌、锰等元素，也供给了硫。生产上有用氧化锌与氧化锰的，价格比硫酸盐便宜，而且不含结晶水，不会结块，易于搅拌均匀，此外碘化钾、硫酸钴。亚硒酸钠都是应该考虑的添加物。

各类矿物质饲料与微量元素盐含量如表4-1所示，供采用时参考。

表4-1 常用矿物质饲料与微量元素盐含量

元素	矿物质饲料名称	分子式	元素含量
钙 Ca	碳酸钙	$CaCO_3$	40％Ca
	石灰石粉	$CaCO_3$	36％Ca
	蛎壳粉		38％Ca
	蛋壳粉		38％Ca
钙和磷 Ca、P	骨粉		26％Ca、12.6％P
	脱氟磷肥		32％Ca、l8％P
	磷酸氢钙	$CaHPO_4$	21％Ca、l8.5％P
	磷酸二氢钙	$Ca(H_2PO_4)_2$	16％Ca、21％P
钠和氯 Na、Cl	食盐	NaCl	39.3％Na、60.7％Cl
铁 Fe	硫酸亚铁	$FeSO_4 \cdot 7H_2O$	20.11％Fe
铜 Cu	硫酸铜	$CuSO_4 \cdot 5H_2O$	25.4％Cu
锰 Mn	硫酸锰	$MnSO_4 \cdot 5H_2O$	22.7％Mn
	氧化锰	MnO	77.4％Mn
锌 Zn	硫酸锌	$ZnSO_4 \cdot 7H_2O$	22.7％Zn
	氧化锌	ZnO	80.3％Zn
碘 I	碘化钾	KI	76.4％I
硒 Se	亚硒酸钠	Na_2SeO_3	26.6％Na、45.6％Se
	硒酸钠	Na_2SeO_4	24.3％Na、1.8％Se

各种鸡对微量元素需要量略有不同，为了方便起见生产上多采用通用型预混料配方，列于表4-2。

表4-2　鸡通用微量元素预混料（每吨饲粮加入量）

元素	需要量/克	分子式	元素含量/%	建议配方/克
铁 Fe	80	$FeSO_4 \cdot 7H_2O$	20.1	300
锰 Mn	55	$MnSO_4 \cdot 5H_2O$	22.7	242
锌 Zn	65	$ZnSO_4 \cdot 7H_2O$	22.7	386
铜 Cu	8	$CuSO_4 \cdot 5H_2O$	25.5	32
碘 I	0.35	KI	76.4	0.5
硒 Se	0.15	Na_2SeO_3	45.6	0.33

如采用氧化锰则需要加入含锰77.4%的MnO 71克。

如采用氧化锌则需要加含锌80.3%的ZnO 81克。

四、维生素饲料

按国际饲料分类方法，维生素饲料是指人工合成或提纯的单一维生素或复合维生素，不包括某项维生素含量较多的天然饲料，所以又称为维生素补充物（通常被称为维生素添加剂）。

（一）维生素制剂的特点和种类

由于大多数维生素都不稳定、易氧化或易被其他物质破坏的特点和生产工艺上的要求，几乎所有的维生素都要经过特殊的加工处理和包装。为满足不同的使用要求，在剂型上有粉剂、油剂、水溶剂等。此外，商品维生素还有不同规格含量的产品，可归纳为3类。

纯制剂，B族维生素制剂，多是化学合成的晶体物质，其化合物含量至少为95%。如维生素B_1、维生素B_2、维生素B_6、叶酸、烟酸、泛酸钙、维生素C、维生素K_3的纯品制剂化合物纯度为95%～99%。

经包被处理的制剂，又称稳定型制剂。脂溶性维生素及维生素C极不稳定，常利用稳定物质进行包被以提高其稳定性。由于包被材料或加工方法不同，其产品有溶于水的，有不溶于水的。这类产品的纯化合物含量有很大差异。

稀释制剂，利用脱脂米糠、玉米蛋白粉等载体或稀释剂制成的各种浓度维生素制剂。

（二）各种维生素补充物的特点及应用

1. 维生素 A

维生素 A 多由维生素 A 醋酸酯制成，用维生素 A 棕榈酸酯制成的也较多。在制作添加剂预混料配方或全价配合饲料配方时，维生素 A 是以国际单位（IU）计算的，必须根据所用的维生素 A 补充物的活性成分含量进行折算，方可得出应该使用的补充物质量。维生素 A 补充物的活性成分维生素 A 的含量，常见的为 50 万国际单位/克，多由维生素 A 醋酸酯原料制成。也有其他规格如 65 万国际单位/克和 20 万国际单位/克。在采购和应用维生素 A 添加剂时，必须知道补充物中维生素 A 的含量（国际单位/克）是否符合要求。

紫外线和空气中的氧都可促使维生素 A 醋酸酯或棕榈酸酯分解。湿度和温度较高时，稀有金属可使维生素 A 的分解速度加快。含有 7 个水的硫酸亚铁可使维生素 A 醋酸酯的活性损失严重。维生素 A 与氯化胆碱接触时，活性将受到严重损失。在强酸或强碱环境中，维生素 A 很快分解。维生素 A 酯经包被后可使损失减少。

贮存维生素 A 补充物，要求容器密封、避光、防湿，温度在 20℃以下，且温差变化小，在这种情况下贮存 1 年，仍可使用。

2. 维生素 D

饲料工业上使用的维生素 D 大多为维生素 D_3。维生素 D_3 补充物，以胆固醇为原料制成，它的活性是以 0.025 毫克为 1 国际单位。维生素 D_3 补充物的活性成分含量多为 50 万国际单位/克和 20 万国际单位/克。

维生素 D_3 酯化后，又经明胶、糖和淀粉包被，稳定性好。常温（20～25℃）条件下，在含有其他维生素补充物的预混剂中，即使贮存 1 年，损失量亦较低。但是，如果温度为 35℃，在预混剂中贮存 1 年，活

性将损失 35%。若添加剂制作工艺较差,贮存期也不能过长。

3. 维生素 E

在自然界中,具有维生素 E 活性的化合物有多种,商品形式皆为 α-生育酚。维生素 E 添加剂多由 DL-α-生育酚醋酸酯制成。

1 毫克 DL-α-生育酚醋酸酯＝1 国际单位维生素 E＝1 美国药典单位

人工合成的 α-生育酚醋酸酯添加剂比较稳定。维生素 E 添加剂,在维生素预混剂中,贮存 1 年,5℃条件下,仅损失 2%;20～25℃条件下,将损失 7%。

4. 维生素 K

在饲料中使用的是人工合成的维生素 K_3(α-甲基萘醌)。维生素 K_3 的活性成分是甲萘醌。甲萘醌是黄色粉末,刺激皮肤和呼吸道,操作时要有保护措施。

生产中常使用的维生素 K_3 补充物是亚硫酸氢钠甲萘醌,含活性成分 50%,比较稳定。在添加剂预混料中,微量元素对它影响不大,但湿度高时加速它的分解。

亚硫酸氢钠甲萘醌复合物(MSBC)为晶粉状维生素 K_3 添加剂,含活性成分 25%,可溶于水,热稳定性好,将其加热到 50℃活性也无损失。

5. 维生素 B_1(硫胺素)

常用的有两种:一种是盐酸硫胺素,简称盐酸硫胺;一种是单硝酸硫胺素,简称硝酸硫胺。一般活性成分含量为 96%,有的经过稀释,只有 5%。盐酸硫胺素为白色结晶粉末,有吸湿性,极易溶于水,水溶液清而无色,pH 2.7～3.3。在干燥环境下很稳定,在酸性溶液($pH \leqslant 3.5$)中最稳定,在碱性溶液中很快被破坏,在中性或碱性环境中对热敏感。铁和锰可加速盐酸硫胺素的分解,氧化剂和还原剂也可使其分解。

单硝酸硫胺素的水溶性较差,水溶液清而无色,pH 6.8～7.5,其稳定性较好。在我国南方高温、高湿地区或季节,或者在添加剂预混料中有氯化胆碱存在时,维生素 B_1 使用单硝酸硫胺素为好。

6. 维生素 B_2(核黄素)

为橘黄色结晶粉状,具特殊味道和气味。纯品对热和氧都稳定,但易被还原剂,如亚硫酸盐、维生素 C 等破坏,也易被碱破坏。其水合物极易被光破坏,稀有金属能使其加速分解。

维生素 B_2 在维生素预混剂中稳定性很好。但是,在贮存过程中要避免高湿。维生素 B_2 添加剂常用的浓度是含维生素 B_2 96%和 80%,也有 55%或 50%的剂型。96%的有静电作用,有附着性,如预处理成 80%或 55%的产品,流散性好。

7. 维生素 B_5(泛酸)

泛酸是不稳定的黏性油质,在配合饲料中很难使用。作为补充物的是泛酸钙。泛酸钙是白色粉末,有亲水性,极易吸水,易溶于水。

作为补充物的泛酸钙有两种:一为 *D*-泛酸钙;一为 *DL*-泛酸钙,只有 *D*-泛酸钙才具有活性。如果 *D*-泛酸钙的活性为 100%,则 *DL*-泛酸钙的活性只有 50%。1 毫克 *D*-泛酸钙相当于 0.92 毫克 *D*-泛酸,两者相差不大,故在实际应用中,不必考虑 *D*-泛酸和 *D*-泛酸钙两者间的差数。

泛酸钙单独贮存时,稳定性尚好,但吸水性较强,而水又是促使它分解的重要因素,所以,应避免在潮湿环境中贮存。在维生素预混剂中,温度升高时,破坏严重。当有酸性添加剂(如烟酸、抗坏血酸、pH 2.5~4.0 时)与其接触时,很易受到破坏,贮存 1 个月就要损失 25%。

泛酸钙易被氯化胆碱所破坏;在接触重金属时也易受到破坏。

8. 胆碱

用作饲料补充物的是胆碱的衍生物——氯化胆碱,氯化胆碱是黏稠的液体,呈酸性。氯化胆碱有两种形式:一种为液体;另一种为固体粉粒。液体氯化胆碱常用的有两种:一种含氯化胆碱为 70%;另一种含氯化胆碱为 75%。固体氯化胆碱多含氯化胆碱 50%,实含胆碱 43.5%;另外也有含氯化胆碱 60%的产品。目前生产中使用较多的是固体氯化胆碱。

贮存和使用氯化胆碱时,必须注意两点:一是它的吸湿性强;一是它本身虽很稳定,但对其他添加剂活性成分的破坏很大。它对维生素

A、维生素 D_3、维生素 K_3、泛酸钙等都有破坏作用，而且它的添加量比上述添加剂的添加量大得多，故它在预混料或维生素预混剂中破坏作用很大。因而维生素预混剂如果不即刻使用，不要预先加入氯化胆碱，而应在使用时再加。

9. 维生素 B_3（烟酸）

维生素 B_3 补充物有两种：一种是烟酸（也称尼克酸），另一种是烟酰胺（尼克酰胺）。烟酸为白色或灰白色粉状。

烟酸被动物吸收的形式是烟酰胺，烟酰胺的营养作用与烟酸相同，两者的活性计量相同；烟酰胺为白色结晶粉状，水溶液透明无色。

烟酸本身稳定性好；烟酰胺有亲水性，在常温条件下，容易起拱、结块，容易与维生素 C 形成黄色复合物，使两者的活性都受到损失。

10. 维生素 B_6

维生素 B_6 补充物的商品形式为盐酸吡哆醇制剂，为白色或近乎白色的结晶粉。吡哆醛和吡哆胺具有与吡哆醇一样的生物学效用。活性成分有 98%及其他规格。

11. 维生素 B_7（生物素）

一般为 2%的 *D*-生物素，标签上标有 H-2，为白色至浅褐色的细粉。也有 1%*D*-生物素制品，标签上标有 H-1。

12. 维生素 B_{11}（叶酸）

为黄色结晶粉末，干粉稳定。由于叶酸有黏性，一般经预处理，商品的叶酸补充物活性成分为 95%。

13. 维生素 B_{12}

维生素 B_{12} 为红褐色细粉。作为饲料补充物，分别有维生素 B_{12} 含量为 1%、2%和 0.1%等剂型，制成 0.1%含量的制品，更便于配料使用。

维生素 B_{12} 容易受到盐酸硫胺素和抗坏血酸的损害。在 25℃以下贮存 2 年，损失 5%左右，在 35℃下贮存 2 年，损失将近 60%。

14. 维生素 C（抗坏血酸）

维生素 C 是白色的结晶粉末，它的水溶液（5%）清而无色，pH 为 2.2～2.5；抗坏血酸钠为白色或浅黄色粉末，pH 为 7.0～8.0（5%水溶液);抗坏血酸钙为白色粉状,pH 为 6.8～7.4(10%水溶液);包被的抗坏血酸为白色或浅黄色的微粒粉状,包被材料是乙基纤维素。

抗坏血酸极易氧化,在光照和高温条件下很易破坏,故须在密封、避光和 20℃以下贮存。另外,抗坏血酸的酸性很强,对其他维生素会造成损失,故在制作添加剂预混料时,要尽量避免维生素之间的直接接触。抗坏血酸钙、抗坏血酸钠和包被了的抗坏血酸避免了以上缺点。

15.肌醇

水产饲料中常需添加肌醇,用作饲料的为化学合成肌醇,其产品为含肌醇 97%以上的白色结晶或结晶性粉末,具有甜味,易溶于水。肌醇很稳定,在饲料中不易被破坏。

(三)维生素添加剂的合理应用

1.饲粮中维生素添加量的确定

正确确定预混合饲料和配合饲料中维生素的添加量,是保证饲料产品质量和动物生产上维生素补充物应用效果的关键之一。不同动物日粮中维生素的添加量,取决于不同动物对维生素的需要量和维生素在补充物、预混料和配合饲料中的稳定性。动物对维生素的需要量和维生素的稳定性均受许多因素的影响,综合起来在实际应用中主要考虑以下因素:

(1)日粮组成及各种养分的含量和相互关系。

(2)饲料中维生素拮抗因子。

(3)饲料中固有维生素的利用率。

(4)饲养方式。放牧动物可从草、虫以及其他天然饲料中获得大部分维生素,而舍饲动物主要由饲料中获得;平养鸡垫料中的微生物可合成维生素 B,粪便中也含有一定量的维生素,而笼养鸡则无法由垫料、粪便中获得这些维生素,因而需要量增加。

(5)环境条件(温度等)。

(6)动物的健康状况及应激,动物在各种逆境条件下(如转群、断喙、换羽、接种疫苗、气候变化、疫病等)需要增加的维生素。

(7)近十多年的研究显示，增加如维生素A、维生素E、维生素C、和某些B族维生素等，能增加动物的抗病力，以此目的添加的维生素需增加1倍或更高的添加量。

(8)维生素在各种饲料中的损失，包括原料、预混料和配合饲料的加工、贮存条件及时间，饲料中各种化学物质与微生物等的影响。

(9)在考虑维生素添加效果的同时，在实际生产应用中应考虑成本的增加情况，对价格高的维生素，在一定范围内能少用则少用。

2.维生素补充物的选择

维生素补充物的选择，应根据其使用目的、生产工艺，综合考虑制剂的稳定性、加工特点、质量规格和价格等因素而定。一般用于生产预混料时，生产条件、技术力量好，可选择纯品或药用级制剂；生产条件差，无预处理工艺、设备的情况下，应尽量选择稳定性好、流动适中、含量低的经保护性处理、预处理的产品；若用于生产液体饲料或宠物罐头饲料，必须选择水溶性制剂。

3.维生素补充物的配伍

在生产预混料时，应注意原料(包括载体)的搭配。尤其是生产高浓度预混合饲料时，应根据维生素的稳定性和其他成分的特性，合理搭配，注意配伍禁忌，以减少维生素在加工贮存过程中的损失。总的说来，大部分维生素补充物对微量元素矿物质不稳定，在潮湿或含水量较高条件下，维生素对各种因素的稳定性均下降。因此，要避免维生素与矿物质共存，特别要避免同时与吸湿性强的氯化胆碱共存。

在选用商品“多维”时，要注意其含维生素种类，若某种或某几种维生素不含在内，而又需要者，必须另外添加。“多维”中往往不含有氯化胆碱和维生素C，有的产品中缺生物素、泛酸等。此外，在饲料中添加了抗维生素B_1的抗球虫药(如氨丙啉)时，维生素B_1的用量不宜过多。若每千克日粮中维生素B_1含量达10毫克时，抗球虫剂效果会降低。

4.维生素的添加方法

不同维生素补充物产品的特性不同，添加方法也不同。一般干粉饲料或预混料，可选用粉剂直接加入混合机混合。当维生素补充物产品浓度高，在饲料中的添加量少或原料流动性差时，则应先进行稀释或预处理，再加入主混合机混合。液态维生素制剂的添加必须由液体添加设备喷入混合机或先进行处理，变为干粉剂。对某些稳定性差的维生素，在生产颗粒饲料、或膨化饲料时，选择制粒、膨化冷却后再喷涂在颗粒表面的添加方法，能减少维生素的损失。

5. 维生素补充物的包装贮存

维生素补充物（表 4-3）应密封、隔水包装，真空包装更佳。维生素添加剂需贮藏在干燥、避光、低温条件下。密封包装的高浓度单项维生素添加剂一般可贮存 1～2 年，不含氯化胆碱和维生素 C 的维生素预混料不超过 6 个月，含维生素和微量元素的复合预混料，最好不超过 1 个月，不宜超过 3 个月。所有维生素补充物产品开封后需尽快用完。

表 4-3　主要使用的维生素补充物

维生素	饲料补充物名称	一般使用
维生素 A	维生素 A 醇、维生素 A 乙酸酯、维生素 A 棕榈酸酯、维生素 A 油（粉）、维生素 A 油（液体）·	维生素 A 油（粉）
维生素 D	维生素 D_2（液体、粉状）、维生素 D_3（液体、粉状）维生素 D_3 油（粉状）	维生素 D_3 油（粉状）
维生素 E	*DL-α-*生育酚醋酸酯（液状、粉状）、维生素 E 粉末	*DL-α-*生育酚醋酸酯（粉状）
维生素 K	维生素 K_3（MSB、MSBC、MPB）	MSBC
维生素 B_1	盐酸硫胺素、硝酸硫胺素	硝酸硫胺素
维生素 B_2	核黄素、核黄素醋酸酯、核黄素丁酸酯	核黄素
维生素 B_6	盐酸吡哆醇	盐酸吡哆醇
烟酸	烟酸、烟酰胺	烟酸
泛酸钙	*D-*泛酸钙、*DL-*泛酸钙	

五、添加剂饲料

添加剂不是营养所必需的组分，有大量的实验证明这些添加剂有以下的作用：

(1)抗菌增效剂可抑制鸡消化道中有害菌的繁殖,减少养分消耗,避免产生毒素,防止特定的疾病,改善养分的消化吸收,促进生长。产蛋鸡不宜用抗生素类药物,因为它会进入到蛋内,造成药物污染。使用抗生素有残留在体内影响畜产品食用,一般要求屠宰前有1～2周的停药期。

(2)提高采食量的添加剂调味剂对鸡来说不是有明显效果的,糖水比糖精水、白水更受欢迎。制粒可以提高采食量、粉料加水处理或加热可以提高代谢能值已被证实。黏合剂是保证制粒质量的物质,颗粒黏合剂可以用:改性淀粉、半纤维素、磺酸木质素、羧甲基纤维素、膨润土、古柯胶、糖蜜等,都有助于控制制粒的质量。

(3)抗氧化剂与防霉剂日粮中不饱和脂肪酸最容易被氧化而导致维生素A、维生素D和维生素E的破坏。饲粮中有效的抗氧化剂为:BHT(二丁基羟基甲苯),BHA(二丁基羟基甲)与乙氧喹啉。霉菌毒素对饲料的污染,对鸡的危害影响是十分严重的,被污染的饲料营养价值降低。在原料中加入防霉剂丙酸、丙酸钠、丙酸钙、山梨酸或它们的复合制剂,可以有效地防止霉菌的毒素产生。保存谷物于干燥的条件下也是必需的条件。

(4)着色剂类胡萝卜素是用于产品着色使消费者欢迎的着色剂,天然牧草中含有叶绿色叶黄素、番茄红素与胡萝卜素,能沉积在脂肪,皮肤与蛋黄中,使仔鸡的脚及喙有鲜明的橙黄色,蛋黄是橙红色。这些产品有“乡土的新鲜感”,被主妇们认为营养丰富,深受欢迎。合成的类胡萝卜素与以花粉加工提取色素都被证明是不经济的,天然的叶黄素来源也是很丰富的,广泛使用黄玉米、黄玉米制的蛋白粉(面筋)、脱水苜蓿粉,都能增加蛋黄颜色和肉仔鸡的表观颜色。金盏花花瓣粉、藻类、蜜蜂花粉含有叶黄素远高于玉米面筋粉,但是资源有限不可能满足。以金盏花花瓣浸提的叶黄素加强黄玉米与苜蓿粉日粮的天然叶黄素是可以考虑的。

有两种合成的类胡萝卜素可作为肉仔鸡与蛋黄的色素沉着剂。食用色素中的红色素可用于补充玉米和苜蓿的天然色素。另一种类胡萝卜酸乙酯用于补充蛋鸡的天然色素，均有助于肉仔鸡小腿、喙及皮肤呈橙黄色，蛋黄呈橙红色。

六、水分

水是除空气以外对生命最重要的成分。它是血液、细胞间和细胞内液的基本物质，1周龄鸡含水量约85%，42周龄时为55%，随着周龄的增长身体水分减少而体脂肪增加。水在养分代谢物和废物的运进与运出全身细胞中起作用。由于比热高和蒸发性能，它又是体液调节剂。水通过控制pH、渗透压、电解质浓度参与新陈代谢，维持机体的动态平衡。一天停止饮水就会引起生理变化，生长降低、脱毛，产蛋下降。而停止喂食，即使失去全部糖原和脂肪及50%的体蛋白，仍能存活。而损失10%的水分就会发生严重紊乱，损失20%会死亡。水的来源有饮水、饲料水分及有机物质在体内代谢的尾产物——内源水。雏鸡供量为采食干饲料的2～2.5倍，产蛋母鸡为1.5～2倍。高于温度适中区饮水量增加，低于14.5℃则饮水量显著减少，室温达到32℃时饮水量增加1倍。除热应激外，饲粮中钠、钾、糖或其他物质含量过高，需要稀释与排出，也会增加饮水量。

第二节　蛋鸡饲养标准

一、鸡的营养需要

鸡和其他动物一样都有生长、运动、繁殖等生命活动，其生长发育和产蛋所需的营养物质，必须通过饲料和饮水供给。鸡需要的营养素

包括水、蛋白质、能量、矿物质和维生素五大类等。日粮中含有营养成分如下：

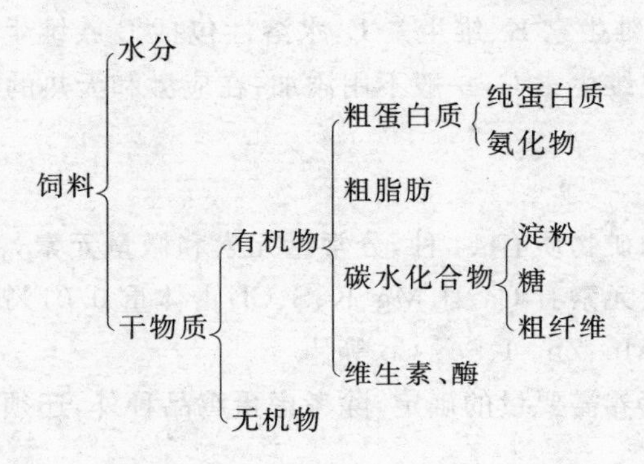

1. 水

鸡的饮水量依季节、年龄、生长速度、产蛋水平而异，一般每只鸡每天饮水量是采食量的 1.5～2 倍，当气温高产蛋率高，饮水量增加。

2. 蛋白质

蛋白质是饲料中含氮物质的总称，蛋白质对鸡有重要营养作用，是形成鸡肉、鸡蛋、内脏、羽毛、血液等主要成分，是维持生命保证生长发育和生产的重要营养物质，蛋白质有 19 种氨基酸构成，蛋白质的需要实际上就是氨基酸的需要，蛋鸡的第一限制氨基酸是蛋氨酸，生长鸡的第一限制氨基酸是赖氨酸。

3. 能量

能够提供能量的物质主要是碳水化合物和脂肪。在饲料分析中，凡是能够用乙醚浸出的物质统称为脂肪，包括真脂、类脂，脂肪的首要作用是氧化供能。鸡和鸭因为不能合成纤维素酶，所以不能利用纤维素和木质素中所含的能量。碳水化合物是植物性饲料的主要成分，也是组成鸡饲料中数量最多的营养物质，在鸡饲料中占 50%～85%，是其主要能量来源，是合成脂肪及非必需氨基酸的原料，此外还可以转变成糖原或脂肪在体内贮存，当机体需要时，可分解供能。

4. 维生素

鸡体内所需的维生素分为脂溶和水溶性两类，脂溶性包括维生素A、维生素D、维生素K、维生素E，水溶性包括B族维生素、维生素C，动物可以合成维生素C，一般不用添加，在应激和天热的时候适量添加有益。

5. 矿物质

常用鸡的矿物质有14种，分常量元素和微量元素，占体重0.01%以上称为常量元素有Ca、P、Mg、K、S、Cl；占体重0.01%以下称微量元素有Fe、Cu、Mn、Zn、I、Se、Co等。

蛋鸡的营养需要量的确定，除考虑蛋鸡品种外，还须考虑以下几个问题：

(1)在育成期的采食饲料量。

(2)开产日龄——过早开产的蛋鸡，身体没有充分发育成熟。

(3)成熟期的体重。

(4)产蛋期的死亡率。

(5)合理的产蛋高峰，并能维持较长时间。

二、鸡的饲养标准

蛋鸡的营养标准(NRC)和企业标准的主要区别是维生素的量的差别，考虑到饲料的保存期限，企业标准维生素的量大大高于NRC标准。

1. 生长鸡的营养标准

生长鸡的营养需要如表4-4所示。

2. 产蛋鸡的营养标准(NRC)

蛋鸡产蛋期的营养需要如表4-5所示。

表 4-4 生长鸡的营养需要(NRC,1998)

项 目	白壳蛋鸡			褐壳蛋鸡			矮小型蛋鸡		
	0～6周	7～12周	12～18周	0～6周	7～12周	12～18周	0～9周	10～13周	14～18周
体重/克	450	980	1 375	500	1 100	1 500	500	750	1 050
代谢能/(兆焦/千克)	11.93	11.93	12.14	11.72	11.72	11.93	11.93	11.30	11.30
粗蛋白质/%	18.0	16.0	15.0	17.0	15.0	14.0	18.5	16.5	16.0
精氨酸/%	1.00	0.83	0.67	0.94	0.78	0.62	1.20	0.95	0.72
赖氨酸/%	0.85	0.60	0.45	0.80	0.56	0.42	0.90	0.70	0.55
蛋氨酸/%	0.30	0.25	0.20	0.28	0.23	0.19	0.40	0.34	0.34
蛋氨酸＋胱氨酸/%	0.62	0.52	0.42	0.59	0.49	0.39	0.75	0.60	0.45
色氨酸/%	0.17	0.14	0.11	0.16	0.13	0.10	0.20	0.16	0.12
苏氨酸/%	0.68	0.57	0.37	0.64	0.53	0.35	0.70	0.55	0.42
亚油酸/%	1.00	1.00	1.00	1.00	1.00	1.00	0.60	0.50	0.50
钙/%	0.90	0.80	0.80	0.90	0.80	0.80	1.00	0.90	0.75
有效磷/%	0.40	0.35	0.30	0.40	0.35	0.30	0.50	0.45	0.40
氯/%	0.15	0.12	0.12	0.12	0.11	0.11	0.15	0.14	0.14
镁/(毫克/千克)	600	500	400	570	470	370	0.05	0.05	0.05
钠/%	0.15	0.15	0.15	0.15	0.15	0.15	0.20	0.17	0.17
钾/%	0.25	0.25	0.25	0.25	0.25	0.25	0.05	0.05	0.05
铜/(毫克/千克)	5.00	4.00	4.00	5.00	4.00	4.00	4.00	3.00	2.00
碘/(毫克/千克)	0.35	0.35	0.35	0.33	0.33	0.33	0.80	0.60	0.60

续表 4-4

项目	白壳蛋鸡			褐壳蛋鸡			矮小型蛋鸡		
	0～6周	7～12周	12～18周	0～6周	7～12周	12～18周	0～9周	10～13周	14～18周
体重/克	450	980	1 375	500	1 100	1 500	500	750	1 050
铁/(毫克/千克)	80	60	60	75	56	56	40	30	30
锰/(毫克/千克)	60	30	30	56	28	28	40	30	20
硒/(毫克/千克)	0.15	0.10	0.10	0.14	0.10	0.10	0.09	0.09	0.09
锌/(毫克/千克)	40	35	35	38	33	33	55	40	40
维生素 A/国际单位	1 500	1 500	1 500	1 420	1 420	1 420	8 000	6 000	6 000
维生素 D_3/国际单位	200	200	200	190	190	190	2 000	2 000	2 000
维生素 E/国际单位	10	5	5	9.5	4.7	4.7	20	15	15
维生素 K/(毫克/千克)	0.50	0.50	0.50	0.47	0.47	0.47	4	3	3
维生素 B_{12}/(毫克/千克)	0.009	0.003	0.003	0.009	0.003	0.003	0.008	0.006	0.006
生物素/(毫克/千克)	0.15	0.10	0.10	0.14	0.09	0.09	0.10	0.075	0.075
胆碱/(毫克/千克)	1 300	900	500	1 225	850	470	320	240	240
叶酸/(毫克/千克)	0.55	0.25	0.25	0.52	0.23	0.23	0.60	0.45	0.45
烟酸/(毫克/千克)	27	11	11	26	10.3	10.3	32	24	24
泛酸/(毫克/千克)	10.0	10.0	10.0	9.4	9.4	9.4	8.0	6.0	6.0
吡哆醇/(毫克/千克)	3.0	3.0	3.0	2.8	2.8	2.8	2.0	1.5	1.5
核黄素/(毫克/千克)	3.6	1.8	1.8	3.4	1.7	1.7	4.0	3.0	3.0
硫胺素/(毫克/千克)	1.0	1.0	0.8	1.0	1.0	0.8	2.0	1.5	1.5

注:矮小型蛋鸡营养标准为企业标准,下同。

表 4-5　蛋鸡产蛋期的营养需要(NRC,1998)

营养成分	不同采食量的日粮营养浓度			每只每天需要量(毫克或国际单位)			矮小型蛋鸡	
	80 克[①]	100 克	120 克	100 克	100 克	110 克	95 克	85 克
代谢能/(兆焦/千克)	12.14	12.14	12.14	12.14	12.14	12.14	11.30	11.51
粗蛋白质/%	18.8	15.0	12.5	15 000	15 000	16 500	16.7	17.0
精氨酸/%	0.88	0.70	0.58	700	700	770	0.70	0.88
赖氨酸/%	0.86	0.69	0.58	690	690	760	0.69	0.86
蛋氨酸/%	0.38	0.30	0.25	300	300	330	0.40	0.43
蛋氨酸＋胱氨酸/%	0.73	0.58	0.48	580	580	645	0.65	0.78
色氨酸/%	0.20	0.16	0.13	160	160	175	0.16	0.20
苏氨酸/%	0.59	0.47	0.39	470	470	520	0.47	0.59
亚油酸/%	1.25	1.00	0.83	1 000	1 000	1 100	1.00	1.25
钙/%	4.06	3.25	2.71	3 250	3 250	3 600	3.60	3.80
有效磷/%	0.31	0.25	0.21	250	250	275	0.25	0.31
氯/%	0.16	0.13	0.11	130	130	145	0.13	0.16
镁/毫克	625	500	420	50	50	55	500	625
钠/%	0.19	0.15	0.13	150	150	165	0.15	0.19
钾/%	0.19	0.15	0.13	150	150	165	0.15	0.19
铜/(毫克/千克)	?[②]	?	?	?	?	?	3	3
碘/(毫克/千克)	0.044	0.035	0.029	0.010	0.004	0.004	0.035	0.044

续表 4-5

营养成分	不同采食量的日粮营养浓度			每只每天需要量(毫克或国际单位)			矮小型蛋鸡	
	80 克[1]	100 克	120 克	100 克	100 克	110 克	95 克	85 克
铁/(毫克/千克)	56	45	38	6.0	4.5	5.0	45	56
锰/(毫克/千克)	25	20	17	2.0	2.0	2.2	20	25
硒/(毫克/千克)	0.08	0.06	0.05	0.006	0.006	0.006	0.06	0.08
锌/(毫克/千克)	44	35	29	4.5	3.5	3.9	35	44
维生素 A/(国际单位/千克)	3 750	3 000	2 500	300	300	330	4 500	4 750
维生素 D_3/(国际单位/千克)	375	300	250	30	30	33	500	600
维生素 E/(国际单位/千克)	6	5	4	1.0	0.5	0.55	8	10
维生素 K/(毫克/千克)	0.6	0.5	0.4	0.1	0.05	0.055	0.8	1.0
维生素 B_{12}/(毫克/千克)	0.004	0.004	0.004	0.008	0.000 4	0.000 4	0.006	0.006
生物素/(毫克/千克)	0.13	0.10	0.08	0.01	0.01	0.011	0.12	0.15
胆碱/(毫克/千克)	1 310	1 050	875	105	105	115	1 050	1 310
叶酸/(毫克/千克)	0.31	0.25	0.21	0.035	0.025	0.028	0.40	0.43
烟酸/(毫克/千克)	12.5	10.0	8.3	1.0	1.0	1.1	15.0	16.0
泛酸/(毫克/千克)	2.5	2.0	1.7	0.7	0.2	0.22	2.5	2.7
吡哆醇/(毫克/千克)	3.1	2.5	2.1	0.45	0.25	0.28	3.0	3.3
核黄素/(毫克/千克)	3.1	2.5	2.1	0.36	0.25	0.28	3.0	3.3
硫胺素/(毫克/千克)	0.88	0.70	0.60	0.07	0.07	0.08	1.0	1.0

注:①此行数字为采食量;②? 表示未证明需要量。

三、营养缺乏症

1. 氨基酸缺乏症

氨基酸功能和缺乏症如表 4-6 所示。

表 4-6　氨基酸功能和缺乏症

氨基酸	功　能	缺乏症
赖氨酸	参与合成脑神经细胞和生殖细胞	生长停滞，红细胞色素下降，氮平衡失调，肌肉萎缩、消瘦，骨钙化失常
蛋氨酸	参与甲基转移	发育不良，肌肉萎缩，肝脏、心脏机能受破坏
色氨酸	参与血浆蛋白质的更新，增进核黄素的作用	受精率下降，胚胎发育不正常或早期死亡
亮氨酸	合成体蛋白与血浆蛋白合成	引起氮的负平衡，体重减轻
异亮氨酸	参与体蛋白合成	不能利用外源氮，雏鸡发生死亡
苯丙氨酸	合成甲状腺素和肾上腺素	甲状腺和肾上腺功能受影响，雏鸡体重下降
组氨酸	参与机体能量代谢	生长停止
缬氨酸	保持神经系统正常作用	生长停止，运动失调
苏氨酸	参与体蛋白合成	雏鸡体重下降

2. 维生素营养缺乏症

维生素的生物学作用和功能如表 4-7 所示。

表 4-7　维生素的生物学作用和功能

名称	生物学作用和功能	缺乏症
维生素 A	维持上皮细胞健康，增强对传染病的抵抗力，促进视神经形成，维持正常视力，促进生长发育及骨的生长	夜盲症、皮肤干燥角化
维生素 D_3	调节钙磷代谢，增加钙磷吸收，促进骨骼正常的生长发育，提高蛋壳质量	佝偻病、骨软化症

续表 4-7

名称	生物学作用和功能	缺乏症
维生素 E	维持正常的生殖机能，防止肌肉萎缩，具有抗氧化作用	白肌病、渗出性素质、脑软化症
维生素 K	促进凝血酶原的形成，维持正常的凝血时间	皮下出血
维生素 B_1	调节碳水化合物的代谢，维持神经组织和心脏的正常功能，维持肠道的正常蠕动，维持消化道内脂肪的吸收以及酶的活性	食欲减退、多发性神经炎
维生素 B_2	促进生长，提高孵化率及产蛋率，是参与碳水化合物和蛋白质代谢中某些酶系统的组成成分	口角炎、眼睑炎、结膜炎、卷爪麻痹症
生物素	活化 CO_2 和脱羧作用的辅酶，防止皮炎、趾裂、生殖紊乱、脂肪肝、肾病综合征	皮炎、趾裂、生殖紊乱、脂肪肝、肾病综合征
烟酸	参与碳水化合物、脂肪和蛋白质代谢过程中几种辅酶的组成成分，维护皮肤和神经的健康，促进消化系统功能	黑舌病，脚颈鳞片炎症
维生素 B_6	蛋白质代谢的辅酶，与红细胞形成有关	中枢神经紊乱
泛酸	辅酶 A 的辅基，参与酰基的转化。防止皮肤及黏膜的病变及生殖系统的紊乱，提高产蛋率及降低胚胎死亡率	脚爪炎症，肝损伤，产蛋下降
维生素 B_{12}	几种酶系统的辅酶，促进胆碱和核酸合成。促进红细胞成熟，防止恶性贫血，促进幼畜生长	贫血，肌胃黏膜炎
叶酸	防止贫血、羽毛生长不良和繁殖率降低等症状的发生，降低胚胎死亡率	贫血
胆碱	磷脂成分，甲基的提供者。参与脂肪代谢，抗脂肪肝物质，在神经传导中起重要作用	脂肪肝
维生素 C	体内的强还原剂，对胶原合成有关的结缔组织、软骨和牙龈起重要作用；与激素合成有关。防止应激症状的发生及提高抗病力	啄癖

3. 矿物质营养缺乏症

矿物质元素营养作用和缺乏症如表 4-8 所示。

表 4-8 矿物质元素营养作用和缺乏症

矿物质种类	营养作用	缺乏症
钙、磷	骨骼和蛋壳的主要成分，维持神经和肌肉的功能、生物能的传递和调节酸碱平衡	骨骼发育不良，蛋壳质量下降，产蛋量和孵化率下降。佝偻病，软骨病
钠、氯钾	维持渗透压、酸碱平衡和水的代谢	缺钠和氯导致采食下降，生长停滞，能量和蛋白质利用率降低。缺钾雏鸡生长受阻，行走不稳
镁	骨骼成分，多种酶的活化剂，还参与糖和蛋白质的代谢	营养不良
铁	是形成血红素和肌红蛋白质的主要元素。运送氧和参与氧化作用	贫血，有色羽褪色
铜	对造血、神经系统和骨骼的正常发育有关，是多种酶的组成成分	贫血，生长受阻，骨畸形，毛色变淡，产蛋下降
钴	维生素 B_{12} 的组成成分	虚弱，消瘦，食欲减退，体重降低，贫血
锰	多种酶的辅因子，是丙酮酸羧化酶的组成部分	幼禽骨短粗症，或滑腱症，蛋鸡蛋壳品质下降，脂肪肝
锌	多种酶和激素的成分，对家禽的繁殖和新陈代谢有重要作用	发生皮肤和角膜病变，同时表现食欲不振，采食量下降，胚胎畸形，胫骨粗短
碘	甲状腺素的重要成分	生长受阻，繁殖力下降
硒	谷胱甘肽的组成成分	幼禽表现渗出性素质，白肌病和胰脏变性
钼	黄嘌呤氧化酶的必需成分	抑制生长，红细胞溶血严重，死亡率高，羽毛呈结节状

4. 能量缺乏症

影响体重的增加。日粮能量水平对小母鸡营养素进食量及体重的影响如表 4-9 所示。

表 4-9　日粮能量水平对小母鸡营养素进食量及体重的影响

日粮代谢能/(千焦/千克)	0～20 周龄进食能量/兆焦	0～20 周龄进食蛋白质量/千克	20 周龄体重/克
11 087.6	360.66	1.40	1 320
11 506.0	367.77	1.37	1 378
11 924.4	381.58	1.37	1 422
12 342.8	387.02	1.35	1 489
12 761.2	374.47	1.26	1 468
13 179.6	394.97	1.29	1 468

注:所有日粮的蛋白质均为 18%。

影响产蛋率。母鸡日摄入代谢能和产蛋率的关系如表 4-10 所示。

表 4-10　母鸡日摄入代谢能和产蛋率的关系　千焦

体重/千克	产蛋率/%					
	0	50	60	70	80	90
1.0	543.92	803.33	857.72	907.93	958.14	1 012.53
1.5	740.57	999.98	1 050.18	1 104.58	1 154.78	1 209.18
2.0	912.11	1 171.52	1 221.73	1 276.12	1 326.33	1 380.72
2.5	1 083.66	1 384.90	1 393.27	1 447.66	1 497.87	1 552.26
3.0	1 234.28	1 497.87	1 548.08	1 602.47	1 652.68	1 707.07

第三节　蛋鸡日粮配制

一、鸡日粮配制的有关概念

日粮是指每羽蛋鸡一昼夜(24 小时)所采食的饲料数量。

饲粮是指在生产实践中按日粮百分比例数所配制的大量混合饲料称为饲粮。

代谢能(ME)也叫表观代谢能，指蛋鸡食入饲料的总能减去粪、尿的总能以及消化过程中所产气体的总能。因鸡在消化过程中产生的气体很少，可以忽略不计，故蛋鸡代谢能的计算如下：

1千克饲料的代谢能＝总能－(粪能＋尿能)

蛋鸡日粮中的能量水平，是以代谢能来衡量的，通用单位是焦耳、千焦、兆焦，生产中有时也用千卡(1千卡＝4.185千焦)。

蛋鸡的代谢能需要量[千卡/(只·天)]计算式：

$$ME = 101.2W^{0.75}(1 + 37\%) + 2\Delta W + 1.8E$$

式中：W为平均蛋鸡体重，千克；ΔW为平均日增重，克；E为平均日产蛋重量，克；$W^{0.75}$为代谢体重。

有关资料普遍认为，在13～25℃(55～70℉)温度下，每千克代谢体重每天维持代谢能为101.2千卡(423.52千焦)，笼养蛋鸡需另加37%，平养者需加50%。每增加1克体重约需代谢能2千卡(8.37千焦)，每产1克鸡蛋约需代谢能1.8千卡(7.53千焦)。

蛋鸡的必需氨基酸：蛋白质是由20多种氨基酸合成的，但在鸡体内有包括蛋氨酸、赖氨酸、色氨酸、粗氨酸、组氨酸、亮氨酸、异亮氨酸、苯丙氨酸、苏氨酸、缬氨酸、甘氨酸、胱氨酸和酪氨酸在内的13种氨基酸，不能自身合成，转化式合成的数量很少，不能满足蛋鸡最大生长(生产)的营养需要，必须从日粮中提供，我们称之为必需氨基酸。从营养生理上讲，非必需氨基酸也是蛋鸡所必需的。只是它们能在蛋鸡体可自身合成，不需要由日粮供给，蛋鸡的非必需氨基酸有：丝氨酸、谷氨酸、羟谷氨酸、天冬氨酸、脯氨酸、丙氨酸、瓜氨酸和亮氨酸。

配合饲料是指用多种饲料原料，根据蛋鸡的营养需要，按照一定的饲料配方所加工生产的、成分平衡、齐全且混合均匀的商品性饲料，称为配合饲料。按其成分和用途不同，配合饲料可以分为：完全(配合)饲料、浓缩饲料、预混合饲料等。

完全(配合)饲料也叫做“全价配合饲料”,是指所含营养成分的种类和数量均能满足蛋鸡生长发育和维持需要的配合饲料,其成品可直接用于蛋鸡不同时期生产的需要,使用较方便,但贮存时间不宜过长。

浓缩饲料即浓缩料,也叫蛋白质补充饲料,是指从全价配合饲料中除去能量饲料(如玉米、麸皮)以外的饲料成分,其中主要包括蛋白质饲料、矿物质及各种微量添加剂等。使用时,只要将浓缩饲料按一定比例与能量饲料配合,即成为全价配合饲料,直接用于蛋鸡饲喂。共用量一般占完全饲料的15%～50%。

预混合饲料即预混料,也可称预混合料(添加剂预混料、添加剂预配料),是指在全价料中除去能量饲料、蛋白质饲料(如各种饼粕类、鱼粉等)、主要常量矿物质(如钙、磷和食盐等)后,由多种维生素、微量元素及其他微量添加剂与载体或稀释剂,按一定的技术手段均匀的一种添加料。共用量占全价饲料的0.5%～5%,但目前在生产中常用的比例为1%。

预混料载体是一种能够接受和承载微量活性成分的物体,它是一种非活性的近乎中性的物料,并具有良好的化学稳定性和良好的吸附能力,如淀粉、玉米粉、麸皮等。

预混料稀释剂是指本身没有吸附活性,仅与微量活性营养物(如维生素等)均匀混合并将其散开、“冲稀”的物质,常用的稀释剂有贝壳粉、石粉等,一般要求稀释剂的有关物理特性(如比重、粒度)应尽可能与相应的微量组分相一致。

有效磷:饲料中的全部含磷量称为总磷,但由于所构成饲料的成分不同,不能完全为蛋鸡所吸收利用,其中能被鸡所吸收利用的磷,即为可利用磷,“也称为有效磷”。鸡对动物性饲料(如鱼粉)和矿物性饲料(如骨粉)等中的磷可100%的吸收利用,故所含总磷即为有效磷,而植物性饲料中所含磷(即植酸磷)较无机磷和动物性饲料中有机磷的利用率为低,鸡对植酸磷的利用率为30%左右。

二、饲料配方设计原则

饲养标准中规定了动物在一定条件(生长阶段、生理状况、生产水平等)下对各种营养物质的需要量。其表达方式或以每天每头动物所需供给的各种营养物质的数量表示,或以各种营养物质在单位重量(常为千克)中的浓度表示。它是配合畜禽平衡日粮和科学饲养畜禽的重要技术参数。在饲料成分表中所列出的是不同种类饲用原料中各种营养物质的含量。为了保证动物所采食的饲料含有饲养标准中所规定的全部营养物质量,就必须对饲用原料进行相应的选择和搭配,即配合日粮或饲粮。

饲料配方的设计涉及许多制约因素,为了对各种资源进行最佳分配,配方设计应基本遵循以下原则:

1. 营养性原则

必须按相应的营养需要,首先保证能量、蛋白质及限制氨基酸、钙、有效磷、地区性缺乏的微量元素与重要维生素的供给量,根据当地饲养水平的高低、家禽品种的优劣和季节等条件的变化,对选用的饲养标准作10%左右的增减调整,最后确定实用的营养需要。

在设计配合饲料时,一般把营养成分作为优先条件考虑,同时还必须考虑适口性和消化性等方面。例如,观赏动物首先考虑的是适口性;鳗鱼饲料和幼龄鱼饲料,则以食性优先考虑;幼畜人工乳的适口性与消化性都是优先考虑的。

饲料配方的营养性,表现在平衡各种营养物质之间错综复杂的关系,调整各种饲料之间的配比关系,配合饲料的实际利用效率及发挥动物最大生产潜力诸方面。配方的营养受制作目的(种类和用途)、成本和销售等条件制约。

(1)设计饲料配方的营养水平必须以饲养标准为基础。世界各国有很多饲养标准,我国也有自己的饲养标准。由于畜禽生产性能、饲养环境条件、畜禽产品市场变换,在应用饲养标准时,应对饲养标准进行研究，如把它作为一成不变的绝对标准是错误的，要根据畜禽生产性能、饲养技术水平与设备、饲养环境条件、产品效益等及时调整。

①能量优先满足原则。在营养需要中最重要的指标是能量需要量，只有在优先满足能量需要的基础上，才能考虑蛋白质、氨基酸、矿物质和维生素等养分的需要。

②多养分平衡原则。能量与其他养分之间和各种养成分之间的比例应符合营养需要，如果饲料中营养物质之间的比例失调，营养不平衡，必然导致不良后果。饲料中蛋白与能量的比例关系用蛋白能量比表示，即每千克饲料中蛋白质克数与能量（兆焦）之比。日粮中能量低时，蛋白质的含量须相应降低。日粮能量高时，蛋白质的含量也相应提高。此外，还应考虑氨基酸、矿物质和维生素等养分之间的比例平衡。

③控制粗纤维的含量。不同家禽（如鸡与鹅）具有不同的消化生理特点，家禽对粗纤维的消化力很弱，饲料配方中不宜采用含粗纤维较高的饲料，而且饲料中的粗纤维含量也直接影响其能量浓度。因此，设计家禽的饲料配方时应注意控制粗纤维的含量，应为4%以下。

(2)饲料配方分型。一是地区的典型饲料配方，以利用当地饲料资源为主，发挥其饲养效率，不盲目追求高营养指标；二是优质高效专用饲料配方，主要是面对国外同类产品的竞争以及适应饲养水平不断提高的市场要求。在实际工作中，经常以特定的重量单位，如100千克、1 000千克或1吨为基础来设计饲料配方。也可用百分比来表示饲料的用量配比和养分含量。

设计饲料配方时，对饲料原料营养成分含量及营养价值必须做出正确评估和决定。饲料配方营养平衡与否，在很大程度上取决于设计时所采用的饲料原料营养成分值。原料成分值尽量选用代表性的，避免极端数字。原料成分并非恒定，因收获年度、季节、成熟期、加工、产地、品种等不同而异。要注意原料的规格、等级和品质特性。在设计饲料配方时，最好对重要原料的重要指标进行实际测定，以便提供准确参考依据。

(3)所配的饲料必须保证畜禽确能采食进去，因此要注意饲料的适口性、容积和畜禽的随意采食量。

2.科学性原则

饲养标准是对动物实行科学饲养的依据，因此，经济合理的饲料配方必须根据饲养标准所规定的营养物质需要量的指标进行设计。在选用的饲养标准基础上，可根据饲养实践中动物的生长或生产性能等情况做适当的调整。一般按动物的膘情或季节等条件的变化，对饲养标准可做适当的调整。

设计饲料配方应熟悉所在地区的饲料资源现状，根据当地饲料资源的品种、数量以及各种饲料的理化特性和饲用价值，尽量做到全年比较均衡地使用各种饲料原料。在这方面应注意的问题是：

(1)饲料品质。应选用新鲜无毒、无霉变、质地良好的饲料。黄曲霉和重金属砷、汞等有毒有害物质不能超过规定含量。含毒素的饲料应在脱毒后使用，或控制一定的喂量。

(2)饲料体积。应注意饲料的体积尽量和动物的消化生理特点相适应。通常情况下，若饲料的体积过大，则能量浓度降低，不仅会导致消化道负担过重进而影响动物对饲料的消化，而且会稀释养分，使养分浓度不足。反之，饲料的体积过小，即使能满足养分的需要，但动物达不到饱感而处于不安状态，影响动物的生产性能或饲料利用效率。

(3)饲料的适口性。饲料的适口性直接影响采食量。通常影响混合饲料的适口性的因素有：味道(如甜味、某些芳香物质、谷氨酸钠等可提高饲料的适口性)，粒度(过细不好)，矿物质或粗纤维的多少。应选择适口性好、无异味的饲料。若采用营养价值虽高，但适口性却差的饲料须限制其用量，如血粉、菜粕(饼)、棉粕(饼)、芝麻饼、葵花粕(饼)等，特别是为幼龄动物和妊娠动物设计饲料配方时更应注意。对味差的饲料也可采用适当搭配适口性好的饲料或加入调味剂以提高其适口性，促使动物增加采食量。

(4)配料多样化原则。配料多样化可以使不同饲料间养分的有无和多少互相搭配补充，提高配合饲料的营养价值。例如，在氨基酸互补上，玉米、高粱、棉仁饼、花生饼和芝麻饼不管怎么搭配，饲养效果都不理想。因为它们都缺少赖氨酸，不能很好地起到互补作用。用雏鸡试验证明，玉米配芝麻饼的日粮和高粱配花生饼的日粮，其饲养效果都远远不如玉米配豆饼的日粮，即使蛋白质水平比配豆饼的日粮高1倍，效果也不如配豆饼的日粮好。这是因为，由于日粮中蛋白质增加，赖氨酸含量虽然够了，但其他氨基酸都相对过剩了，以至整个日粮中氨基酸发生了不平衡，从而降低了利用效率。

3. 经济性与市场性原则

经济性即考虑合理的经济效益。饲料原料的成本在饲料企业中及畜牧业生产中均占很大比重（约70%），在追求高质量的同时，往往会付出成本上的代价。喂给高效饲料时，得考虑畜禽的生产成本是否为最低或收益是否为最大。

(1)适宜的配合饲料的能量水平，是获得单位畜产品最低饲料成本的关键。例如，制作肉仔鸡配合饲料，加油脂比不加油脂能够提高饲料转化率。但是，是否加油脂视油脂价格而定，改进饲料转化效率所增加的产值能否补偿添加油脂提高的成本。

(2)不用伪劣品，不以次充好。盲目追求饲料生产的高效益，往往饲料厂的高效益会导致养殖业的低效益，因此饲料厂应有合理的经济效益。

(3)原料应因地因时制宜，充分利用当地的饲料资源，降低成本。

(4)设计饲料配方时应尽量选用营养价值较高而价格低廉的饲料。可利用几种价格便宜的原料进行合理搭配，以代替价格高的原料。生产实践中常用禾本科籽实与饼类饲料搭配，以及饼类饲料与动物性蛋白质饲料搭配等均能收到较好的效果。

(5)饲料配方是饲料厂的技术核心。饲料配方应由通晓有关专业的技术人员制作并对其负责。饲料配方正式确定后，执行配方的人员不得随意更改和调换饲料原料。

(6)料加工工艺程序和节省动力的消耗等，均可降低生产成本。

除此之外，还必须考虑畜禽产品的市场状况和一般经济环境。过

去曾认为，使用的原料种类越多，就越能补充饲料的营养缺陷，或者在配方设计时，用电子计算机就可以方便地计算出应用多种原料、价格适宜的饲料配方，但实际上，饲料原料（非添加剂部分）种类过多，将造成加工成本提高的缺点。此外，虽是可能使用的原料，但因库存、购入、价格关系等常限制了使用的可能性，所以，在配方设计时，掌握使用适度的原料种类和数量，是非常重要的。不断提高产品设计质量、降低成本是配方设计人员的责任，长期的目标自然是为企业追求最大收益。

产品的目标是市场。设计配方时必须明确产品的定位，例如，应明确产品的档次、客户范围、现在与未来市场对本产品可能的认可与接受前景等。另外，还应特别注意同类竞争产品的特点。农区与牧区、发达地区与不发达地区和欠发达地区、南方与北方、动物的集中饲养区与农家散养区，产品的特性应有所差别。

4. 可行性原则

可行性原则即生产上的可行性。配方在原材料选用的种类、质量稳定程度、价格及数量上都应与市场情况及企业条件相配套。产品的种类与阶段划分应符合养殖业的生产要求，还应考虑加工工艺的可行性。

5. 安全性与合法性原则

按配方设计出的产品应严格符合国家法律法规及条例，如营养指标、感观指标、卫生指标、包装等。尤其违禁药物及对动物和人体有害物质的使用或含量应强制性遵照国家规定。有的规定不太合理或落后于科学，虽可以利用合理渠道与方法超越限制，但在一些关键性的强制性指标上必须注意执行，因产品要接受质量监督部门的管理。企业标准应通过合法途径注册并遵照执行。

市场出售的配合饲料，必须符合有关饲料的安全法规。选用饲料时，必须安全当先，慎重从事。这种安全有两层基本含义：一是这种配合饲料对动物本身是安全的；二是这种配合饲料产品对人体必须是安全的。做安全性评价必须包括“三致”，即致畸、致癌和致突变。因发霉、污染和含毒素等而失去饲喂品质的大宗饲料及其他不符合规定的原料不能使用。设计饲料配方时，某些添加剂（如抗生素）的用量和使用期限（停药期）要符合安全法规。实际上，安全性是第一位的，没有安全性为前提，就谈不上营养性。值得注意的是，随着我国饲料安全法规的完善，避免了法律上的纠纷。这里的安全性还有另外一层意思，即如何处理饲养标准与配合饲料标准之间的关系问题。如为使商品配合饲料营养成分（指标）不低于商标上的成分保证值，在制作时，应考虑原料成分变动，加工制造中的偏差和损失，以及分析上的误差等因素，必须比规定的营养指标稍有剩余。

随着社会的进步，饲料生物安全标准和法规将陆续出台，配方设计要综合考虑产品对环境生态和其他生物的影响，尽量提高营养物的利用效率，减少动物废弃物中氮、磷、药物及其他物质对人类、生态系统的不利影响。

6.逐级预混原则

为了提高微量养分在全价饲料中的均匀度，原则上讲，凡是在成品中的用量少于1%的原料，均首先进行预混合处理。如预混料中的硒，就必须先预混。否则混合不均匀就可能会造成动物生产性能不良，整齐度差，饲料转化率低，甚至造成动物死亡。

三、饲料配方设计方法

饲粮配合主要是规划计算各种饲料原料的用量比例。设计配方时采用的计算方法分手工计算和计算机规划两大类：一是手工计算法，有交叉法、方程组法、试差法，可以借助计算器计算；二是计算机规划法，主要是根据有关数学模型编制专门程序软件进行饲料配方的优化设计，涉及的数学模型主要包括线性规划、多目标规划、模糊规划、概率模型、灵敏度分析、多配方技术等。

1.交叉法（cross method）

交叉法又称四角法、方形法、对角线法或图解法。在饲料种类不多

及营养指标少的情况下，采用此法，较为简便。在采用多种类饲料及复合营养指标的情况下，亦可采用本法。但由于计算要反复进行两两组合，比较麻烦，而且不能使配合饲粮同时满足多项营养指标。

(1)两种饲料配合　例如，用玉米、豆粕为主配制饲料。步骤如下：

第一步，查饲养标准或根据实际经验及质量要求制定营养需要量，褐壳蛋鸡生长期要求饲料的粗蛋白质一般水平为14%。经取样分析或查饲料营养成分表，设玉米含粗蛋白质为8%，豆粕含粗蛋白质为45%。

第二步，作十字交叉图，把混合饲料所需要达到的粗白质含量14%放在交叉处，玉米和豆粕的粗蛋白质含量分别放在左上角和左下角；然后以左方上、下角为出发点，各向对角通过中心作交叉，大数减小数，所得的数分别记在右上角和右下角。

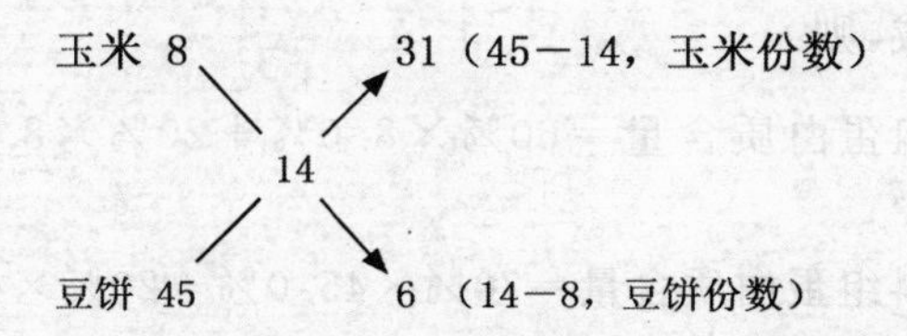

第三步，上面所计算的各差数，分别除以这两差数的和，就得两种饲料混合的百分比。

玉米应占比例$=\frac{31}{31+6}\times100\%=83.78\%$　　检验：$8\%\times83.78\%=6.7\%$

豆饼应占比例$=\frac{6}{31+6}\times100\%=16.22\%$　　检验：$45\%\times16.22\%=7.3\%$

$6.7\%+7.3\%=14\%$

因此，褐壳蛋鸡生长期的混合饲料，由83.78%玉米与16.22%豆饼组成。

用此法时，应注意两种饲料养分含量必须分别高于和低于所求的数值。

(2)两种以上饲料组分的配合　例如，要用玉米、高粱、小麦麸、豆粕、棉籽粕、菜籽粕和矿物质饲料(骨粉和食盐)为褐壳蛋鸡生长期配成含粗蛋白质为14%的混合饲料。则需先根据经验和养分含量把以上饲料分成比例已定好的3组饲料。即混合能量饲料、混合蛋白质饲料和矿物质饲料。把能量料和蛋白质料当作两种饲料做交叉配合。方法如下:

第一步,先明确用玉米、高粱、小麦麸、豆粕、棉籽粕、菜籽粕和矿物质饲料粗蛋白质含量,一般玉米为8.0%、高粱8.5%、小麦麸15%、豆粕45.0%、棉籽粕41.5%、菜籽粕36.5%和矿物质饲料(骨粉和食盐)0%。

第二步,将能量饲料类和蛋白质类饲料分别组合,按类分别算出能量和蛋白质饲料组粗蛋白质的平均含量。设能量饲料组由60%玉米、20%高粱、20%麦麸组成,蛋白质饲料组由70%豆粕、20%棉籽粕、10%菜籽粕构成,则

能量饲料组蛋白质含量=60%×8.0%+20%×8.5%+20%×15%=9.5%

蛋白质饲料组蛋白质含量=70%×45.0%+20%×41.5%+10%×36.5%=43.4%

矿物质饲料一般占混合料的2%,其成分为骨粉和食盐。按饲养标准食盐宜占混合料的0.3%,则食盐在矿物质饲料中应占15%,即(0.3÷2)×100%,骨粉则占85%。

第三步,算出未加矿物质料前混合料中粗蛋白质的应有含量。

因为配好的混合料再掺入矿物质料,等于变稀,其中粗蛋白质含量就不足14%了。所以要先将矿物质饲料用量从总量中扣除,以便按2%添加后混合料的粗蛋白质含量仍为14%。即未加矿物质饲料前混合料的总量为100%-2%=98%,那么,未加矿物质饲料前混合料的粗蛋白质含量应为:14÷98×100%=14.3%。

第四步,将混合能量料和混合蛋白质料当作两种料,做交叉,即

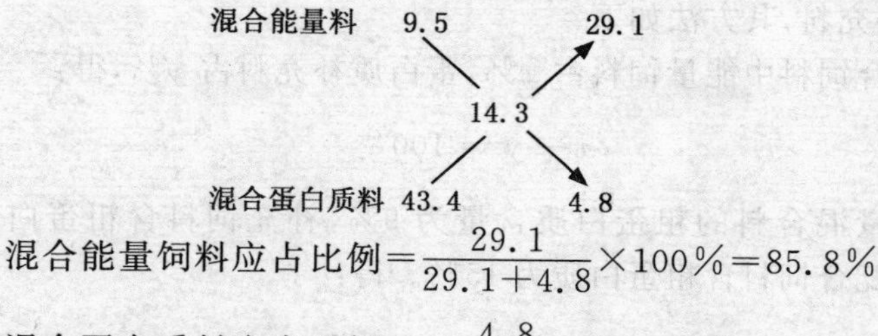

$$混合能量饲料应占比例=\frac{29.1}{29.1+4.8}\times 100\%=85.8\%$$

$$混合蛋白质料应占比例=\frac{4.8}{29.1+4.8}\times 100\%=14.2\%$$

第五步，计算出混合料中各成分应占的比例，即

玉米应占 60×0.858×0.98=50.5，依此类推，高粱占 16.8、麦麸 16.8、豆粕 9.7、棉籽粕 2.8、菜籽粕 1.4、骨粉 1.7、食盐 0.3，合计 100。

（3）蛋白质混合料配方连续计算　要求配一粗蛋白质含量为 40.0%的蛋白质混合料，其原料有亚麻仁粕（含蛋白质 33.8%）、豆粕（含蛋白质 45.0%）和菜籽粕（含蛋白质 36.5%）。各种饲料配比如下：

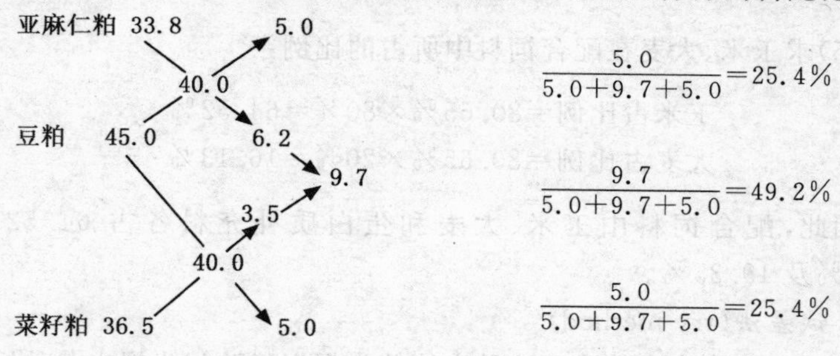

$$\frac{5.0}{5.0+9.7+5.0}=25.4\%$$

$$\frac{9.7}{5.0+9.7+5.0}=49.2\%$$

$$\frac{5.0}{5.0+9.7+5.0}=25.4\%$$

用此法计算时，同一四角两种饲料的养分含量必须分别高于和低于所求数值，即左列饲料的养分含量按间隔大于和小于所求数值排列。

2. 联立方程法（equation method）

联立方程法是利用数学上联立方程求解法来计算饲料配方。优点是条理清晰，方法简单。缺点是饲料种类多时，计算较复杂。

例如，某鸡场要配制含 15%粗蛋白质的混合饲料。现有含粗蛋白质 9%的能量饲料（其中玉米占 80%，大麦占 20%）和含粗蛋白质 40%

的蛋白质补充料，其方法如下：

（1）混合饲料中能量饲料占 $x\%$，蛋白质补充料占 $y\%$，得：

$$x + y = 100$$

（2）能量混合料的粗蛋白质含量为 9%，补充饲料含粗蛋白质为 40%，要求配合饲料含粗蛋白质为 15%。得：

$$0.09x + 0.40y = 15$$

（3）列联立方程：

$$\begin{cases} x + y = 100 \\ 0.09x + 0.40y = 15 \end{cases}$$

（4）解联立方程，得出：

$$\begin{cases} x = 80.65 \\ y = 19.35 \end{cases}$$

（5）求玉米、大麦在配合饲料中所占的比例：

玉米占比例＝80.65%×80%＝64.52%

大麦占比例＝80.65%×20%＝16.13%

因此，配合饲料中玉米、大麦和蛋白质补充料各占 64.52%、16.13%及 19.35%。

3. *试差法*（try method）

试差法又称为凑数法。这种方法首先根据经验初步拟出各种饲料原料的大致比例，然后用各自的比例去乘该原料所含的各种养分的百分含量，再将各种原料的同种养分之积相加，即得到该配方的每种养分的总量。将所得结果与饲养标准进行对照，若有任一养分超过或不足时，可通过增加或减少相应的原料比例进行调整和重新计算，直至所有的营养指标都基本上满足要求为止。此方法简单，可用于各种配料技术，应用面广。缺点是计算量大，十分繁琐，盲目性较大，不易筛选出最佳配方，相对成本可能较高。

例如，用玉米、麦麸、豆粕、棉籽粕、进口鱼粉、石粉、磷酸氢钙、食盐、维生素预混料和微量元素预混料，配合 0～6 周龄雏鸡饲粮。

第一步，确定饲养标准。从蛋鸡饲养标准中查得 0～6 周龄雏鸡饲粮的营养水平为代谢能 11.92 兆焦/千克，粗蛋白质 18%，钙 0.8%，总磷 0.7%，赖氨酸、蛋氨酸、胱氨酸分别为 0.85%、0.30%、0.30%。

第二步，根据饲料成分表查出或化验分析所用各种饲料的养分含量（表 4-11）。

表 4-11　饲料的养分含量

原料	代谢能/(兆焦/千克)	粗蛋白质/%	钙/%	磷/%	赖氨酸/%	蛋氨酸/%	胱氨酸/%
玉米	13.47	7.8	0.02	0.27	0.23	0.15	0.15
麦麸	6.82	15.7	0.11	0.92	0.58	0.13	0.26
豆粕	9.83	44.0	0.33	0.62	2.66	0.62	0.68
棉籽粕	8.49	43.5	0.28	1.04	1.97	0.58	0.68
鱼粉	12.18	62.5	3.96	3.05	5.12	1.66	0.55
磷酸氢钙	—	—	23.30	18.00	—	—	—
石粉	—	—	36.00	—	—	—	—

第三步，按能量和蛋白质的需求量初拟配方。

根据实践经验，初步拟定饲粮中各种饲料的比例。雏鸡饲粮中各类饲料的比例一般为：能量饲料 65%～70%，蛋白质饲料 25%～30%，矿物质饲料等 3%～3.5%（其中维生素和微量元素预混料一般各为 0.5%），据此先拟定蛋白质饲料用量（按占饲粮的 26%估计）；棉籽粕适口性差并含有毒物质，饲粮中用量有一定限制，可设定为 3%；鱼粉价格较贵，一般不希望多用，根据鸡的采食习性，可定为 4%；则豆粕可拟定为 19%（26%－3%－4%）。矿物质饲料等拟按 3%后加。能量饲料中麦麸暂设为 7%，玉米则为 64%（100%－3%－7%－26%），计算初拟配方结果，如表 4-12 所示。

表 4-12　初拟配方

原料	饲粮组成/% ①	代谢能/(兆焦/千克)		粗蛋白质/%	
		饲料原料中②	饲粮中①×②	饲料原料中③	饲粮中①×③
玉米	64	13.47	8.621	7.8	4.99
麦麸	7	6.82	0.477	15.7	1.10
豆粕	19	9.83	1.868	44.0	8.36
鱼粉	4	12.18	0.487	62.5	2.50
棉籽粕	3	8.49	0.255	43.5	1.31
合计	97		11.71		18.26
标准		11.92		18.00	

第四步，调整配方，使能量和粗蛋白质符合饲养标准规定量。采用方法是降低配方中某一饲料的比例，同时增加另一饲料的比例，二者的增减数相同，即用一定比例的某一种饲料代替另一种饲料。计算时可先求出每代替 1%时，饲粮能量和蛋白质改变的程度，然后结合第三步中求出的与标准的差值，计算出应该代替的百分数。

上述配方经计算知，饲粮中代谢能浓度比标准低 0.21 兆焦/千克，粗蛋白质高 0.26%。用能量高和粗蛋白质低的玉米代替麦麸，每代替 1%可使能量升高 0.066 兆焦/千克，即(13.47－6.82)×1%，粗蛋白质降低 0.08，即(15.7－7.8)×1%。可见，以 3%玉米代替 3%麦麸，则饲粮能量和粗蛋白质均与标准接近(分别为 11.91 兆焦/千克和 18.02%)，而且蛋能比与标准相符合。则配方中玉米改为 67%，麦麸改为 4%。

第五步，计算矿物质饲料和氨基酸用量。

调整后配方的钙、磷、赖氨酸、蛋氨酸含量计算结果如表 4-13 所示。

根据配方计算结果知，饲料中钙比标准低 0.561%，磷低 0.211%。因磷酸氢钙中含有钙和磷，所以先用磷酸氢钙来满足磷，需磷酸氢钙 0.211%÷18%＝1.17%。1.17%磷酸氢钙可为饲粮提供钙 23.3%×1.17%＝0.271%，钙还差 0.561%－0.271%＝0.29%，可用含钙 36%

的石粉补充，约需 0.29%÷36%=0.81%。

表 4-13　配方已满足钙、磷和氨基酸程度　%

原料	饲粮组成	钙	磷	赖氨酸	蛋氨酸	胱氨酸
玉米	67	0.013	0.181	0.154	0.100	0.100
麦麸	4	0.004	0.037	0.023	0.005	0.010
豆粕	19	0.063	0.118	0.505	0.118	0.129
鱼粉	4	0.158	0.122	0.205	0.066	0.022
棉籽粕	3	0.001	0.031	0.59	0.017	0.020
合计	97	0.239	0.489	0.95	0.306	0.281
标准		0.80	0.70	0.85		0.30
与标准比较	−0.561	−0.211	+0.10	+0.006	−0.019	

赖氨酸含量超过标准 0.1%，说明不需另加赖氨酸。蛋氨酸和胱氨酸比标准低 0.013%，可用蛋氨酸添加剂来补充。

食盐用量可设定为 0.30%，维生素预混料（多维）用量设为 0.2%，微量元素预混料用量设为 0.5%。

原估计矿物质饲料和添加剂约占饲粮的 3%。现根据设定结果，计算各种矿物质饲料和添加剂实际总量：磷酸氢钙＋石粉＋蛋氨酸＋食盐＋维生素预混料＋微量元素预混料＝1.17%＋0.81%＋0.013%＋0.20%＋0.3%＋0.5%＝2.993%，比估计值低 3%－2.993%＝0.007%，像这样的结果不必再算，在玉米或麦麸中增加 0.007%即可。一般情况下，在能量饲料调整不大于 1%时，对饲粮中能量、粗蛋白质等指标引起的变化不大，可忽略不计。

第六步，列出配方及主要营养指标。

0～6 周龄产蛋雏鸡饲粮配方及其营养指标如表 4-14 所示。

4. 线性规划法(linear programming)

线性规划法又简称 LP 法，是最早采用运筹学有关数学原理来进行饲料配方优化设计的一种方法。该法将饲料配方中的有关因素和限制条件转化为线性数学函数、求解一定约束条件下的目标值（最小值或最大值）。

表 4-14 饲粮配方

原料	配比/%	营养成分	含量
玉米	67.007	代谢能/(兆焦/千克)	11.91
麦麸	4.00	粗蛋白质/%	18.02
豆粕	19.00	钙/%	0.80
鱼粉	4.00	磷/%	0.67
棉籽粕	3.00	赖氨酸/%	0.85
石粉	0.81	蛋氨酸+胱氨酸/%	0.60
磷酸氢钙	1.17		
食盐	0.30		
蛋氨酸	0.013		
维生素预混料	0.20		
微量元素预混料	0.50		
合计	100.00		

(1)线性规划法的基本条件　采用线性规划法解决饲料配方设计问题时一般要求如下情况成立：

①饲料原料的价格、营养成分数据是相对固定的，基本决策变量(x)为饲料配方中各种饲料原料的用量，饲料原料用量可以在指定的用量范围波动。

②饲料原料的营养成分和营养价值数据具有可加性，规划过程不考虑各种营养成分或化学成分的相互作用关系。

③特定情况下动物对各种养分需要量为基本约束条件，并可转化为决策变量的线性函数，每一线性函数为一个约束条件，所有线性函数构成线性规划的约束条件集。

④只有一个目标函数，一般指配方成本的极小值，也可以是配方收益的最大值，目标函数是决策变量的线性函数，各种原料所提供的成分与其使用量成正比。

⑤最优配方为不破坏约束条件的最低成本配方或最大收益配方。

(2)线性规划法设计优化饲料配方的数学模型　设 x_j(x_1,x_2,x_3,…,x_n)为参与配方配制过程的各种原料相应的用量,w_0 为所有饲料原料用量之和(1、100%、100 或 1 000 等),n 为原料个数,m 为约束条件数,a_{ij}($i=1,2,\cdots,m;j=1,2,\cdots,n$)为各种原料所含相应的营养成分,$b_i$($b_1$,$b_2$,$b_3$,…,$b_m$)为配方中应满足的各项营养指标或重量指标的预定值,c_j(c_1,c_2,c_3,…,c_n)为每种原料相应的价格系数,Z 为目标值,则下列模型成立:

目标函数　$Z_{\min}=c_1x_1+c_2x_2+\cdots+c_nx_n$

满足约束条件:

$$\begin{cases} a_{11}x_1+a_{12}x_2+\cdots+a_{1n}x_n \geqslant (=,\leqslant) b_1 \\ a_{21}x_1+a_{22}x_2+\cdots+a_{2n}x_n \geqslant (=,\leqslant) b_2 \\ \vdots \\ a_{m1}x_1+a_{m2}x_2+\cdots+a_{mn}x_n \geqslant (=,\leqslant) b_m \\ x_1+x_2+\cdots+x_n=w_0 \\ x_1,x_2,\cdots,x_n \geqslant 0 \end{cases}$$

即求满足约束条件下的最低成本配方。

如果求解最大收益,可将目标设定为求解饲料转换效率与饲料价格之乘积最低,利用饲料转化随代谢能变化的回归关系,筛选最大收益配方,由于最大收益配方涉及因素多,编制模型和计算机软件均有一定难度,目前多用的仍是最低成本配方。

(3)线性规划问题的解法　上述线性规划饲料配方计算模型由于含有多个不等式,实际计算时不太方便,如果将所建立的线性规划模型转化为标准型,则可通过单纯形法或改进单纯形法来求解。

如果引入松弛变量 x_{n+i}(x_{n+1},x_{n+2},…,x_{n+m}),则可将约束条件下的不等式转化为等式,得到线性规划的标准型:

$$\begin{cases} Z_{\min}=c_1x_1+c_2x_2+\cdots+c_nx_n \\ a_{11}x_1+a_{12}x_2+\cdots+a_{1n}x_n+x_{n+1}=b_1 \\ a_{21}x_1+a_{22}x_2+\cdots+a_{2n}x_n+x_{n+2}=b_2 \\ \vdots \\ a_{m1}x_1+a_{m2}x_2+\cdots+a_{mn}x_n+x_{n+m}=b_m \\ x_1+x_2+\cdots+x_n=w_0 \\ x_j\geqslant 0 \end{cases}$$

上述标准型可简化表示如下：

目标函数 $Z_{\min}=\sum_{j=1}^{n}c_jx_j$

满足约束条件：

$$\begin{cases} \sum_{j=1}^{n}a_{ij}x_j+x_{n+i}=b_i \\ x_1+x_2+\cdots+x_n=w_0 \\ x_j\geqslant 0 \end{cases}$$

①单纯形法。适用于任意多个变量和约束条件的线性规划求解问题。单纯形法是一个迭代过程，它是根据规划问题的标准型，从可行域中的基本可行解开始，转移到下一个基本可行解，若转移后目标函数值不变小则要继续转移。如有最优解存在，就转移到求得最优解为止。

②改进单纯形法。系单纯形法的改进算法。其优点是中间变量少，运算量小，适宜解决变量多、约束多的饲料配方计算问题。一般线性规划的计算机程序大部分采用改进单纯形法设计。

线性规划法详细求解过程参阅运筹学有关书籍。

(4)线性规划最低成本配方设计的一般步骤　线性规划法计算饲料配方时可以手工计算，但手工计算比较费时，目前多采用专门的计算机软件求解，用于饲料配方设计的计算机机型和线性规划软件很多，但优化的原理是一样的，方法和步骤也差别不大，这里仅介绍饲料配方软件一般的操作步骤。

①建立和维护饲料原料数据库和饲养标准库。将饲料原料的名

称、代码、中国饲料号、原料特性和描述、适应动物、饲料价格(成本)、饲料的营养和化学成分、利用率、效价、能蛋比(或蛋能比)、钙磷比、氨基酸比例(其他氨基酸/赖氨酸)等数据输入饲料原料库,将饲养标准名称、代码、标准编号、标准来源、营养需要量、适应动物、标准描述等数据输入饲养标准库。也可对以前已输入的数据进行修改、补充和完善。

②制作数学模型数据表。根据产品设计方案从原料库选择相应的饲料原料、从标准库中选择相应的营养标准,设置原料的用量限制和营养需要量的上下限,并产生适当的数学型数据表。目前大多数计算机配方软件可以存储以前输入的数据和建立的相应数学模型,可进行适当修改后用于新的饲料配方设计。

数学模型的好坏直接影响配方的水平。模型过细,原料品种越多,营养指标越全,数学模型越复杂,计算量就越大,无解的可能性也越大。但若原料品种和营养指标太少,就会得不到令人满意的配方,如家禽配方最主要考虑的营养指标是代谢能、粗蛋白质、赖氨酸、蛋氨酸、钙、磷(或可利用磷),在生产实际中有的企业设计饲料配方时会增加考虑粗纤维、粗脂肪等指标。需要注意的是,约束条件中的关系或排列顺序一定要严格遵循的顺序,约束条件可根据需要增减。

③某些配方程序需要手工记录相应的原料品种数、条件数(≥、=、≤的方程数)等参数值。目前大多数配方程序自动统计原料个数和条件数。

④由计算机计算饲料配方并显示结果。

⑤对配方结果进行分析判断是否符合要求及是否有必要加以调整。如果符合要求则保存或打印配方表;如果有必要加以调整,则可删除或增加原料品种,应将原品种的各项营养成分及价格换成新增品种的相应数据,若对原料的某一数据增删,则只需在原有基础上进行即可。也可改变某项指标的≥、=、≤数据来调整运算模型。调整好后重新运算,直至配方结果满意为止。

(5)线性规划最低成本配方设计实例　以设计生长蛋鸡配合饲料为例,介绍线性规划在饲料配方设计上的应用,步骤如下:

①从原料库选择玉米、麦麸、豆粕、棉籽粕、菜籽粕、鱼粉、石粉、磷酸氢钙、赖氨酸、蛋氨酸、食盐、1%添加剂复合预混料，并修改完善饲料价格、营养成分等数据。如果原料库中没有某种饲料原料则增加一条记录，填入相应数据，并保存。所选原料的营养成分和价格如表 4-15 所示。

表 4-15　饲料原料营养成分和价格　　兆焦，%

项目	玉米	麦麸	豆粕	棉籽粕	菜籽粕	鱼粉	石粉	磷酸氢钙	蛋氨酸	赖氨酸	食盐	预混料
代谢能	13.47	6.82	9.83	8.49	7.41	12.18	0	0	15.9	15.9	0	0
粗蛋白质	7.8	15.7	44.0	43.5	38.6	62.5	0	0	98	78	0	0
钙	0.02	0.11	0.33	0.28	0.65	3.96	36	23.3	0	0	0	0
磷	0.27	0.92	0.62	1.04	1.02	3.05	0	18	0	0	0	0
赖氨酸	0.23	0.58	2.66	1.97	1.30	5.12	0	0		78	0	0
蛋氨酸＋胱氨酸	0.30	0.39	1.40	1.26	1.50	2.21	0	0	98	0	0	0
钠	0.02	0.07	0.03	0.04	0.09	0.78	0	0	0	0	39.5	0
价格(C)	1.20	1.10	1.65	1.40	1.35	5.5	0.10	1.60	24	18	0.8	10

②从饲养标准库中选择蛋鸡生长期营养标准，修改和完善营养需要数据。也可增加一条记录，自行建立相应的营养标准，并保存。本例蛋鸡生长期营养需要为代谢能 11.92 兆焦/千克，粗蛋白质 19%，钙 0.9%，总磷 0.7%，赖氨酸 0.85%，蛋氨酸＋胱氨酸分别为 0.60%，钠 0.15%。

③建立饲料配方的数学模型，设置原料的用量限制和营养需要量的上下限，制定设计配方的专用表格，最后完善相应的数据，构成饲料配方的数学模型，如表 4-16 所示。

表 4-16 用线性规划数学模型表示如下：

$13.47x_1+6.82x_2+9.83x_3+8.49x_4+7.41x_5+12.18x_6+15.9x_9+15.9x_{10}\geqslant 11.92\times 100$

$7.8x_1+15.7x_2+44.0x_3+43.5x_4+38.6x_5+62.5x_6+98x_9+$

$78x_{10} \geqslant 19 \times 100$

$0.02x_1 + 0.11x_2 + 0.33x_3 + 0.28x_4 + 0.65x_5 + 3.96x_6 + 36x_7 + 23.3x_8 \geqslant 0.9 \times 100$

$0.27x_1 + 0.92x_2 + 0.62x_3 + 1.04x_4 + 1.02x_5 + 3.05x_6 + 18x_8 \geqslant 0.7 \times 100$

$0.23x_1 + 0.58x_2 + 2.66x_3 + 1.97x_4 + 1.30x_5 + 5.12x_6 + 78x_{10} \geqslant 0.85 \times 100$

$0.3x_1 + 0.39x_2 + 1.40x_3 + 1.26x_4 + 1.50x_5 + 2.21x_6 + 98x_9 \geqslant 0.6 \times 100$

$0.02x_1 + 0.07x_2 + 0.03x_3 + 0.04x_4 + 0.09x_5 + 0.78x_6 + 39.5x_{11} \geqslant 0.15 \times 100$

$x_1 \geqslant 40$

$0 \leqslant x_2 \leqslant 10$

$x_3 \geqslant 0$

$0 \leqslant x_4 \leqslant 5$

$x_5 \geqslant 0$

$1 \leqslant x_6 \leqslant 5$

$x_7 \geqslant 0$

$x_8 \geqslant 0$

$x_9 \geqslant 0$

$x_{10} \geqslant 0$

$0 \leqslant x_{11} \leqslant 0.35$

$x_{12} = 1$

$x_1 + x_2 + x_3 + x_4 + x_5 + x_6 + x_7 + x_8 + x_9 + x_{10} + x_{11} + x_{12} = 100$

目标函数

Z_{min}（元/100 千克）$= 1.2x_1 + 1.1x_2 + 1.65x_3 + 1.4x_4 + 1.35x_5 + 5.5x_6 + 0.1x_7 + 1.6x_8 + 24x_9 + 18x_{10} + 0.8x_{11} + 10x_{12}$

表 4-16　生长蛋鸡饲料原料及配方约束条件

项目	玉米	麦麸	豆粕	棉籽粕	菜籽粕	鱼粉	石粉	磷酸氢钙	蛋氨酸	赖氨酸	食盐	预混料	约束方式	约束值(b_i)
变量	x_1	x_2	x_3	x_4	x_5	x_6	x_7	x_8	x_9	x_{10}	x_{11}	x_{12}		
代谢能	13.47	6.82	9.83	8.49	7.41	12.18	0	0	15.9	15.9	0	0	≥	11.92
粗蛋白质	7.8	15.7	44.0	43.5	38.6	62.5	0	0	98	78	0	0	≥	19
钙	0.02	0.11	0.33	0.28	0.65	3.96	36	23.3	0	0	0	0	≥	0.9
磷	0.27	0.92	0.62	1.04	1.02	3.05	0	18	0	0	0	0	≥	0.7
赖氨酸	0.23	0.58	2.66	1.97	1.30	5.12	0	0	0	78	0	0	≥	0.85
蛋氨酸＋胱氨酸	0.30	0.39	1.40	1.26	1.50	2.21	0	0	98	0	0	0	≥	0.60
钠	0.02	0.07	0.03	0.04	0.09	0.78	0	0	0	0	39.5	0	≥	0.15
价格(C)	1.20	1.10	1.65	1.40	1.35	5.5	0.10	1.60	24	18	0.8	10	min	$Z_{\min}$
用量控制(b)	≥40	≤10		≤5		≥1 ≤5					≤ 0.35	=1		

④用单纯形法求解，或运行优化配方程序计算配方，结果如表 4-17 所示。

表 4-17　线性规划配方及其营养指标

原料	配比/%	营养成分	含量
玉米	65.20	代谢能/(兆焦/千克)	11.92
小麦麸	—	粗蛋白质/%	19.00
豆粕	29.28	钙/%	0.90
鱼粉	1.65	磷/%	0.70
棉籽粕	—	赖氨酸/%	1.01
菜籽粕	—	蛋氨酸＋胱氨酸/%	0.64
磷酸氢钙	1.61	钠/%	0.15
石粉	0.97	价格/(元/千克)	1.385
食盐	0.29		
赖氨酸	—		
蛋氨酸	—		
预混料	1.00		
合计	100.00		

(6)线性规划法设计饲料配方的求解思想

①约束条件可分三方面考虑：一是预定并保证配方设计要求的营养指标，设定营养指标的上下限；二是对某些非常规饲料或含抗营养因子及毒素而不可多用的原料、或资源紧俏的原料规定其用量范围；三是所有饲料用量之和，可以是1、100%、100或1 000。

②为使问题达到最优解，可以适当降低某些营养指标、放宽原料用量上下限、扩大原料的选择面等。

③对于给定的某一线性规划问题，求解过程存在从一个基本可行解到另一基本可行解的“旅行”，而且基本可行解对应的目标函数值依次严格下降。线性规划法如果有最优解则具有唯一性。若无最优解，则最后一个基本可行解最接近目标要求，因此可以利用此理得出“参考配方”。当提供参考解时，可根据营养学知识判别是否可用。

(7)线性规划最大收益饲料配方设计　最低成本配方模型可以实现一定生产水平下的动物单位饲料成本最低，但并不意味着所设计的配方具有最佳的饲料报酬或经济效益。一般而言饲料价格越低，其营养价值可能越差，追求最低成本往往会导致那些廉价的营养价值较低的原料入选或用量增加，使配方的使用价值降低。要防止这种情况发生，就要给予比较严格的限制条件，从而不易得到最优解。

最大收益配方主要针对特定的养殖场，考虑饲料成本的投入与养殖经济效益的产出最佳，最大收益可以指生产单位畜产品的饲料费用最低，畜产品质量要求及饲料的利用效率将是关键决定因素之一。最大收益配方仍以线性规划求目标函数极小值为基础，所不同的只是目标不再是最低成本，而是饲料转换效率与饲料价格之乘积最低。最大收益配方不仅要选择适当的求索目标，还要给出目标函数与营养需要之间或肉、蛋、奶等产品及性状之间的关系，而这些关系往往需要通过大量的饲养试验取得数据，再加以分析整理而得。目前由于动物营养与饲料科技水平的限制，难以得到最大收益配方，需要许多科学模型的完善。

5.多目标规划法(multi-object programming)

饲料配方设计也是个多目标规划问题，常常需要在多种目标之间进行优化。线性规划模型得出的最优解，是追求成本最低的结果，难以兼顾其他目标的满足，实际上是数学模型的最优解，而不一定是实际问题的满意解。线性规划缺乏弹性，在优化时必须绝对优先满足约束条件，从而有可能丢失价格和营养平衡两方面都比较满意的解，且只能提供一个解，使我们无法进行优化筛选，也不能提供足够的参考数据，以便进一步改进配方。

对于上述问题，采用多目标规划技术，即可有效地处理约束条件和目标函数之间的矛盾，又可解决多目标的优化问题。

目标规划法是在线性规划法的基础上发展起来的。目标规划也称多目标规划，可把所有约束条件均作为处理目标，目标之间可以依据权重的变化而相互破坏，给配方设计带来更大的灵活性。

(1)建立目标规划数学模型的附加条件

①引入正、负偏差变量 d^+、d^-。正偏差变量 d^+ 表示决策值超过目标值的部分，负偏差变量 d^- 表示决策值未达到目标值的部分。因决策值不可能既超过目标值同时又未达到目标值，所以恒有 $d^+ \times d^- = 0$，即 d^+ 与 d^- 之间至少有一个为零，并规定 $d^+ \geqslant 0, d^- \geqslant 0$。

②绝对约束与目标约束的转化。绝对约束指必须严格满足的等式约束和不等式约束，如线性规划问题的所有约束条件，不能满足这些条件的解称为非可行解，所以它们是硬约束。目标约束为目标规划所特有，可把约束右端项看作要追求的目标值。在达到此目标值时允许发生正或负偏差，因此在这些约束条件中加入正负偏差变量，它们是软约束。线性规划问题的目标函数在给定值和加入正负偏差变量后可转换为目标约束。也可根据问题的需要将绝对约束变换为目标约束。

③优先因子(优先等级)与权重系数的引入设有 L 个决策目标，根据 L 个目标的优先程度，把它们分成 K 个优先等级 P_k，凡要求第一位达到的目标赋予优先因子 P_1，次位的目标赋予优先因子 P_2，…，并规定 $P_k \geqslant P_{k+1}, k=1,2,\cdots,K$，表示 P_k 比 P_{k+1} 有更大的优先权。即首先

保证 P_1 级目标的实现，这时可不考虑次级目标，而 P_2 级目标是在实现 P_1 级目标的基础上考虑的，依此类推。在同一个优先级别中的不同目标，它们的正负偏差变量的重要程度还可以有差别。这时还可以给同一优先级别的正负偏差变量赋予不同的权重系数和。

(2)多目标规划饲料配方数学模型　饲料配方多目标规划的数学表达式可为：

约束条件：

$$\begin{cases} \sum_{j=1}^{n} c_{lj}x_j + d_0^- - d_0^+ = b_0 \\ \sum_{j=1}^{n} a_{ij}x_j + d_i^- - d_i^+ = b_i (i = 1,2,\cdots,m) \\ x_1 + x_2 + \cdots + x_n = w_0 \\ x_j \geqslant 0 \ (j = 1,2,\cdots,n) \\ d_l^+ \times d_l^- = 0 (l = 0,1,2,\cdots,m) \\ d_l^+, d_l^- \geqslant 0 \end{cases}$$

目标函数：　$Z_{\min} = \sum_{k=1}^{K} P_k \sum_{l=0}^{m} (\omega_{kl}^- d_l^- + \omega_{kl}^+ d_l^+)$

多目标规划法求解过程可采用改进单纯形法。

(3)多目标规划模型的优点

①将饲料配方计算问题归结为一个具有多种优化目标的问题。将各目标分级综合在目标函数中，在优化求解过程中能够有效地兼顾各目标的相互关系，能够适应多种情况下提出的饲料配方计算问题。

②饲料配方计算的约束边界具有一定的弹性。因为该模型将约束真实地描述为目标约束，并且合理地引入了离差变量，这确切地反映了标准中各指标的真实含义(即指标多为目标值)，并且目标值允许有一定的正负偏差，利用这个具有弹性边界的模型，我们可以求得一组而非一个在一定偏差范围内的满意解。

③减少了无可行解的情况。由于采用分级优化的办法，当我们提

出的约束条件不尽相容时，即以约束条件为刚性边界构成的可行解为空集时，求解数学模型总可以使具有较高优先级别的若干目标得以实现，从而得到一组权宜解。

建立模型时，需要确定目标值、优化等级、权重系数等，它们具有一定的主管性和模糊性，可以用专家评定法给予量化。

总之，饲料配方计算的多目标规划模型有着坚实的数学理论基础与行之有效的计算方法，用于各种动物饲料配方计算是可行的。它不再把价格作为唯一的目标绝对优先地考虑，可以在规定配方价格的基础上求最优解。

(4)多目标规划饲料配方设计的一般步骤

①根据产品设计方案，确定其营养水平。

②选定饲料原料的种类、价格和营养成分值。

③确定各种优化指标(价格、营养水平)及其优化形态。

④确定应限量的原料种类及其限量值与优化形态。

⑤根据各目标的重要性程度，设置目标的优先级或权重。

⑥生成配方计算的系数矩阵和目标值。

⑦配方的多目标规划优化计算。

⑧对优化结果进行分析，确定是否需要重新优化。

⑨修改系数矩阵和目标值、目标的优先级或权重，进行重新优化。

(5)多目标规划计算饲料配方的示例　要求以玉米、麦麸、豆粕、棉籽粕、菜籽粕、鱼粉、石粉、磷酸氢钙、赖氨酸、蛋氨酸、食盐、1%添加剂复合预混料为原料，为生长蛋用鸡设计几个可供选择的配方。配方的营养水平为：代谢能 11.92 兆焦/千克，粗蛋白质 19.00%，钙 0.9%，磷 0.70%，赖氨酸 0.85%，蛋氨酸＋胱氨酸 0.6%，钠 0.15%，并要求配方中鱼粉用量不低于 3%，棉籽粕不高于 8%。

根据上述条件，先采用线性规划计算最低成本配方，然后在所确定的配方价格基础上设置不同目标价格，采用多目标规划进行计算。具体步骤如下：

第一步，从系统原料数据库中选择拟采用的 12 种原料，调用其营养成分及价格数据参见表 4-15。

第二步，确定限制饲料的种类、限量值及优化形态。根据设计方案，鱼粉用量范围定为 1%～5%、棉籽粕、菜籽粕在配方中的上限量均设为 5%，预混料用量为 1%。

第三步，确定优化目标及其优化形态。价格目标的优化形态为≤，代谢能、粗蛋白质、钙、磷、赖氨酸、蛋氨酸的优化形态均为≥。干物质指标优化形态为=，目标值为 1。

第四步，根据各目标的重要性程度不同，设置各目标的优先级和权重。此处将所有优化目标放在同一优先级，按重要程度给予不同的权重(以数字表示，数字越大，权重越大，越先被优化)。干物质最大，设定为 9，鱼粉和棉籽粕均为 4，价格目标为 3，其余为 2。

第五步，生成配方所需的系数矩阵。在上述几步工作的基础上，由计算机自动生成配方所需的系数矩阵。

第六步，从动物营养需要数据库中将相应蛋鸡的营养需要调出，生成配方的目标值。

第七步，根据配方设计方案，修改系数矩阵和目标值，调整原料或修改配方营养水平及价格。

第八步，在利用线性规划得到的最低成本配方的基础上任意设定目标价格，由计算机完成多目标优化，计算饲料配方。

第九步，对每一次多目标规划计算结果进行分析，确定是否需重新优化。如结果满意，将配方贮存或打印，如结果不满意，则重复第四步和第六步，修改目标权重设置、系数矩阵等。

第十步，对多目标规划的结果进行分析比较。根据上述条件，采用线性规划获得了一个最低成本配方，配方价格为 1 385.44 元/吨。采用多目标规划，设置目标价格分别为≤1 385.43、1 380.00、1 375.00、1 370.00和 1 350.00 元/吨，所得出的配方和营养成分如表 4-18、表 4-19 所示。

表 4-18　蛋用雏鸡优化配方及价格　　元/吨

项目	线性规划	不同目标价格设置下的目标规划优化配方				
	①	②	③	④	⑤	⑥
目标价格	—	⩽1 385.43	⩽1 380.00	⩽1 375.00	⩽1 370.00	⩽1 350.00
实际价格	1 385.44	1 385.43	1 380.00	1 375.00	1 370.00	1 350.00
玉米	651.98	651.98	650.91	649.92	648.94	647.15
麦麸	—	—	—	—	—	—
豆粕	292.75	292.76	295.10	297.26	299.42	259.06
棉籽粕	—	—	—	—	—	44.33
菜籽粕	—	—	—	—	—	—
鱼粉	16.11	16.53	15.01	13.62	12.22	10.00
石粉	9.71	9.71	9.73	9.75	9.77	10.54
磷酸氢钙	16.89	16.11	16.30	16.48	16.66	15.89
赖氨酸	—	—	—	—	—	—
蛋氨酸	—	—	—	—	—	—
食盐	2.91	2.91	2.94	2.97	2.99	3.03
预混料	10.00	10.00	10.00	10.00	10.00	10.00
合计	1 000	1 000	1 000	1 000	1 000	1 000

表 4-19　优化配方营养指标

项目	线性规划	不同目标价格设置下的目标规划优化配方				
	①	②	③	④	⑤	⑥
目标价格/(元/吨)	—	⩽1 385.43	⩽1 380.00	⩽1 375.00	⩽1 370.00	⩽1 350.00
实际价格/(元/吨)	1 385.44	1 385.43	1 380.00	1 357.00	1 370.00	1 350.00
代谢能/(兆焦/千克)	11.920 0	11.920 0	11.910 0	11.900 9	11.891 7	11.820 2
粗蛋白质/%	19.000 0	19.000 0	19.000 0	19.000 0	19.000 0	19.000 0
钙/%	0.900 0	0.900 0	0.900 0	0.900 0	0.900 0	0.900 0
磷/%	0.700 0	0.700 0	0.700 0	0.700 0	0.700 0	0.700 0
赖氨酸/%	1.013 3	1.013 3	1.011 6	1.009 9	1.008 3	0.976 5
蛋氨酸+胱氨酸/%	0.642 0	0.642 0	0.641 6	0.641 2	0.640 9	0.634 8
钠/%	0.150 0	0.150 0	0.150 0	0.150 0	0.150 0	0.150 0

由此可见，采用多目标规划可以获得多个配方供设计人员选择，这些配方的营养成分均达到和接近要求，其价格甚至低于最低成本配方，在配方设计上有较大的灵活性。

(6)多目标规划法设计饲料配方的思想特性

①可将最终成本作为追求的目标放入约束方程，既可作为“硬约束”，即必须满足的条件；也可作为“软约束”，即尽可能满足的约束目标。

②优先级因子由数字1～100表示，数字越小，级别越高则越先被优化。权重系数也可在1～100之间，数值越大，在同一级别上较其他目标更先优化。一般情况下，配制饲料时，优先级因子取值范围多在1～5之间，权重系数取值可在1～9之间。

③为了得到优化配方，可以利用改变饲料原料和重要指标的优先级和权重因子而人为进行优化调整。

6.其他方法

为了提高饲料配方设计方法的准确性和精确性，挖掘各种模型潜在的信息，其他数学模型也被应用到饲料配方设计中，如影子价格、灵敏度分析、安全裕量线性模型、模糊线性规划法、非线性的概率配方设计等。

7.利用计算机设计配方的步骤

近年来利用上述数学方法，结合计算机语言，我国已开发出了各种饲料配方（计算机）系统，并在生产中显示了极大的优越性。利用计算机设计配方的步骤如下：

(1)产品定位　进行配方设计时，必须根据市场情况进行产品定位，具体内容为：

①了解、摸清当地畜牧生产特征，如饲养管理方式，生产水平，环境条件，饲料原料情况，客户心理等，对该地区畜牧业状况作一初步评估，为产品的定位提供一个基本框架。

②摸清竞争对手情况，如产品结构、质量、价格、优缺点，找到一个产品切入市场的最佳定位点。

③正确分析自己的实力（资金、技术、设备、人员等），根据实际情况，做到量体裁衣，避免盲目定位。

(2)整理设计配方的依据信息　根据产品定位情况整理相关信息：

①原料信息，包括原料价格和营养素含量，营养素含量确定的方法有：直接测定；通过回归公式进行计算(不易测定的AA和有效能)；查阅资料。

②产品信息，根据使用对象、使用阶段确定营养需要量即饲养标准。

(3)优化饲料配方

①根据上述信息，优化计算出饲料配方理论配方。

②运用营养学知识，对理论配方进行检查考评，不断调整，不断优化配方结果，直到满意，形成生产配方，指导生产。

(4)饲养实践　实践是检验饲料配方效果的唯一标准。通过实践的检验不断总结经验，解决可能存在的问题，提高产品质量。

8. 配合蛋鸡日粮时应注意的问题

在已经掌握了饲料配方计算方法的基础上，根据蛋鸡不同的需要标准进行饲料配合时，应注意如下事项：

(1)原料种类要尽量多样化，避免用料单一化。

(2)选用的原料要品质优良，并有较好的适口性。

(3)提倡提前化验检测所用原料的营养成分和水分等。

(4)在配制蛋鸡育雏期和产蛋高峰期的饲料配方时，应适当控制糠麸类饲料的用量，不能选用壳、皮质地过硬的饲料(如稻壳粉等)，使饲料中粗纤维含量不超过5%。

(5)所选用的饲料配方和原料应尽量保持相对稳定，不宜频繁变动，因需要，确需改换饲料方和原料者应有7～10天的过渡期，以免引起鸡群应激等，影响生长和产蛋。

(6)根据蛋鸡的消化生理确定饲料加工的粒度(即加工的细度)，蛋鸡饲料粒度不宜太粗，也不宜过细，较适宜的饲料粒度为：育雏期饲料直径小于1毫米，育成期饲料直径为2毫米，成年鸡饲料直径为2～2.5毫米。

(7)饲料中需补充多种维生素、微量矿物质元素和氨基酸等添加剂时，应进行充分搅拌，尽量使微量添加成分布均匀。

(8) 饲料最好现配现用，并存放于通风、干燥、阴凉的地方，因多维素与某些微量矿物质元素相混合后，易加速其氧化作用，破坏其营养成分。

(9)在使用添加大豆饼、鱼粉、高粱、氨基酸和微量矿物质元素等时，要事先检验其质量的优劣，并注意某些营养成分如钙和磷的拮抗作用；大豆饼含有抗胰蛋白酶、红细胞凝集素、皂角苷和抗凝固因子等有害物质，这类有害物质不加以处理，不仅会影响饲料的适口性，而且会降低蛋鸡对粗蛋白质的利用率；配合饲料添加剂作为营养补充时，其添加剂量不得超过0.1毫克/千克，硒的中毒剂量为2～5毫克/千克，棉仁饼含有棉酚，菜籽饼含有芥子碱，高粱含有单宁酸等，必须注意选择、处理，控制用量。

思考题

1.什么是能量饲料？

2.什么是蛋白质饲料？

3.饲料添加剂有哪些作用？

4.什么叫日粮、饲粮、代谢能？

5.饲料配方设计原则有哪几个方面？

6.饲料配方设计方法有哪些？

7.配合蛋鸡日粮时应注意的问题有哪些？

第五章

蛋鸡日常饲养管理技术

导　读　本章主要介绍蛋鸡的日常饲养管理技术。

第一节　育雏期饲养管理

一、雏鸡选择

目前我国蛋鸡品种主要以国外引进的良种为主，如海兰、罗曼、伊莎、迪卡、海赛克斯等品种，国产品种京红一号、京粉一号饲养量也很大，地方优良鸡种如芦花鸡、绿壳蛋鸡及一些地方土种鸡等也有一定比例，养鸡户要根据自己实际情况选择适合本地饲养的优良鸡种。在订购雏鸡前首先要对种鸡场进行考察，笔者认为目前市场上的优良品种生产性能都很接近，关键是看种鸡场对种鸡饲养管理水平如何。种鸡场之间差距很大，所以选种不如选场，对种鸡场要了解种鸡的日龄及免

疫是避免免疫失败最好的办法(青年母鸡和老龄母鸡的后代免疫程序不同),所以购入的鸡雏必须来自于防疫严格、种鸡质量高、抗体水平高、出雏率高的种鸡场,并选择活泼、眼睛有神、大小整齐、腹部收缩良好、脐环闭合完全、无血迹且肛门干净的健康鸡雏。只有把好这几关,才能确保雏鸡质量优良。

二、卫生消毒

1.进鸡前舍内的消毒

消毒是预防疾病的一项最有效措施。应采取的消毒程序是清扫、冲洗、药液浸泡和熏蒸,消毒后要空舍 2 周;进雏鸡前 5 天再一次熏蒸消毒,消毒要彻底,不留死角,要选用低毒高效的消毒药。

熏蒸消毒灭菌率达 99%,既方便又快捷,是一种行之有效的消毒措施。正确的熏蒸方法是舍内清扫洗刷干净后将所有用具及垫料等全部放到舍内,门窗关闭(门窗不严的要用塑料膜封严),按每立方米空间用福尔马林 30 毫升、高锰酸钾 15 克的比例放在一起,封闭熏蒸 24～48 小时。注意事项:

(1)舍内温度 24℃,相对湿度 70%～75%。

(2)舍内必须封严,否则影响消毒效果。

(3)药物盛装禁用塑料制品,以防着火。

(4)先将高锰酸钾置于容器后,迅速倒入福尔马林溶液。

2.进舍后的带鸡消毒

带鸡消毒每周 1～2 次,常用消毒药有过氧乙酸、百毒杀、毒威等。消毒药要交替使用,以防产生抗药性。

3.保持舍内空气清新

雏鸡 10 日龄后随着饮水和采食量的增加,排泄物也随之增多,有害气体如氨气和硫化氢等浓度提高。如果不及时解决,鸡将发生呼吸道、消化道疾病及眼病等,严重者引起死亡。所以要注意舍内卫生,粪便要及时清理，并适当地通风换气，以保证雏鸡健康发育。

4. 鸡舍门口设消毒池

消毒池要始终保持着有效的消毒药液；饲养人员进出一定要踏过消毒池，不要跨越；养鸡户之间不要相互到鸡舍参观，以免引起疾病的相互传染。

三、育雏环境

1. 温度

温度是育雏成败的重要因素之一，所提供的温度条件是否适宜，不但直接影响雏鸡的活动、采食、饮水、饲料的消化吸收和鸡体的健康状况等，而且关系到育雏成活率的有效提高。育雏期间，供给温度要根据雏鸡日龄的大小而定，一般前期高，后期低些。近年来养鸡生产者们广泛采用了高温育雏的方法，收到了较为理想的育雏效果。

一般进鸡前两天对育雏舍进行预温，舍内温度要达到32～33℃，育雏第一周温度要控制在33～35℃，以后每周温度降低2～3℃直到18～20℃为止，育雏舍温度切忌忽高忽低。但在实际育雏过程中，千万不宜机械地照搬照用别人给定的温度。不同的育雏方式和条件下，不同的蛋鸡品种对温度的要求是有一定差异的，因此，育雏的温度是否适宜，不仅要参照温度计，而且更重要的应注意观察育雏的行为表现、活动规律和精神状况，以此来更好的调节育雏温度，这就是人们常说的“看鸡施温”。观察温度是否适宜，一般可分为三种情况：温度过高、适中和偏低，当育雏温度过高时，雏鸡远离热源，张口喘气，呼吸加快，频频喝水，采食量减少，两翅展开下垂，呈伏卧式，精神懒散，温度持续过高，易导致雏鸡虚脱窒息而死亡。温度适中时，雏鸡精神活泼、好动，食欲旺盛，鸡群均匀疏散，饮水适度，羽毛光滑整齐，睡眠安静，睡姿舒展。温度偏低时，雏鸡颈羽收缩，群聚于热源附近，采食、饮水减少，夜间睡眠不稳，常发出“唧唧”的尖叫声，生长发育受限。温度持续过低时，雏

鸡身体哆嗦扎堆,相互挤压,易导致大量雏鸡死亡的现象。

2. 湿度

在育雏期间,人们往往不重视舍内的相对湿度,湿度过高或过低对雏鸡健康都是不利的,特别在相对湿度高于80%或低于40%时,与温度和通风因素共同作用下易造成很大危害如下:

(1)当湿度过大,温度偏高,通风换气不良时,鸡体热量得不到正常散发,容易引起雏鸡食欲下降,生长缓慢,抵抗力减弱,同时也可能导致寄生虫、病原菌等趁机滋生繁殖,侵染群体。

(2)当湿度过低,而温度偏高,通风迅速时,舍内空气干燥,使雏鸡大量水分散发,导致雏鸡卵黄吸收不良,绒毛干枯,趾干瘪,眼睛发干,体形瘦弱,食欲降低,频频饮水,倘若此时饮水供应不足,易导致雏鸡脱水、死亡。

一般在10日龄前因舍内温度高、干燥,雏鸡的饮水量及采食量非常小,要适当地往地面洒水或用加湿器补湿,将相对湿度控制在60%~70%。随着雏鸡日龄增加,饮水量、采食量也相应增加,相对湿度应控制在50%~60%。14~60日龄是球虫病易发病期,所以注意保持舍内干燥,防止球虫病发生。

3. 密度

饲养密度是指单位面积所饲养的雏鸡数量,通常以“只/米^2”为单位,饲养密度不仅直接关系到雏鸡的生长发育,而且与育雏舍的环境控制和雏鸡健康密切相关。由于雏鸡具有生长发育快、新陈代谢旺盛等特点,鸡舍的空气、卫生、湿度等易因密度大小而迅速改变。当密度过大时,雏鸡体排出的粪便、水分和CO_2等增多,造成舍内湿度增高,空气混浊,NH_3、H_2S等有害气体增加,多种病原菌和寄生虫等趁机滋生蔓延,严重危害和威胁育雏的健康。密度过大,雏鸡的活动空间受到限制,不利于采食和饮水,造成雏鸡生长发育迟缓,均匀度降低,易感染疾病,恶癖(如啄肛、啄羽等)严重;发病率、死亡率均会升高。

合理的密度是鸡群发育良好、整齐度高的重要条件。1周龄时以每平方米50~60只、2~3周龄时30~40只、4~6周龄时10~14只最好，在保证密度合理的同时也要保证每只鸡的料位和水位充足。否则鸡只抢水、抢料、强欺弱造成鸡群整齐度低，严重影响以后生产性能的发挥。

4.光照

光照分为自然光照(阳光)和人工光照(灯光)，光照时间长短与雏鸡生长发育和达到性成熟的日龄密切相关。这是因为光照通过视觉引起视神经冲动，影响大脑皮层到达下丘脑部分，促进脑垂体前叶活动增强，从而刺激了促性腺激素的释放，促性腺激素作用于生殖器官，加速了卵巢滤泡、输卵管和子宫的生长发育。光照时间过短将延迟性成熟；光照时间过长则提早性成熟，使开产日龄提前，但这样往往因体成熟落后于性成熟，开产时蛋重偏小，产蛋率低，产蛋持续期缩短。可见，育雏期光照制度控制得合理与否关系到未来成年蛋鸡产蛋性能发挥的程度。

光照可提高雏鸡的活力，刺激运动，刺激食欲，有利于消化，对雏鸡生长和健康作用很大。雏鸡在自然光照下对紫外线的吸收，可促进7-脱氢胆固醇转化为维生素 D_3，有利于钙、磷吸收和沉积，维持骨骼的正常发育。由于阳光有利于促进鸡体组织，细胞的生命活动，使雏鸡的免疫力大大增强，另外，紫外线具有较强的杀菌作用，从而增强了雏鸡对多种传染性疫病的抵抗力。

光照的基本原则：

(1)采用阳光，避免强光。

(2)光照时间只能减少，不能增加。

(3)补充光照不受时长时短影响，以免造成光照刺激紊乱，失去作用。

(4)黑暗时间尽量避免漏光。

开放鸡舍的光照程序依育雏季节而异。春季育雏，前3天23.5小时光照，4～7天18小时光照，8天以后按当地夏至昼长时间补充光照，到夏至以后自然光照，直到18周龄以后再按产蛋期逐渐补充光照。总之，育雏育成阶段光照时间应由长变短或保持恒定，绝对不能由短变

长，以防过早成熟，影响蛋重和以后的产蛋量。

5. 通风

在育雏期间，保持育雏空间的空气清新是雏鸡健康生长发育的条件之一。雏鸡体温较高，代谢旺盛，呼吸快，鸡群密集，呼出的 CO_2 气体较多，同时，也因雏鸡消化机能尚不健全，代谢较快，排出的粪便中有20%～25%的成分尚未被消化，在舍内温度较高的情况下，易被微生物分解发酵，产生大量的 NH_3 和 N_2S 等有害气体，这些气体对幼雏鸡的健康是非常不利的。一般要求雏鸡舍内的 NH_3 含量应控制在15毫克/升以下，否则，NH_3 浓度过高，易造成雏鸡肿眼、结膜炎和呼吸道疾病的发生，CO_2 的含量要求低于0.02%。若长时间通风换气不良，当有害气体在舍内的滞留量超过允许的范围时，易导致雏鸡的体质衰弱，并导致死亡率的增高，因此，在注意雏鸡舍保温的同时，通风换气是不可忽视的。

鸡舍通风换气要达到的目的主要有三点：一是提供补充新鲜空气；二是及时排出废气、水蒸气和灰尘等；三是有利于调节鸡舍的温度、湿度。那么，在实际工作中如何搞好雏鸡舍的通风呢？这对密闭鸡舍尤为重要。这就要求育雏舍必须有专门的通风口和通风换气设备，且设计合理，位置过高解决不了低层气体的交换。在天气较寒冷季节以开侧窗为好，且安装上纱窗或转页窗，有利于在不影响室内温度的情况下，进行通风换气，切忌寒风直入或形成穿堂风，易诱发雏鸡上呼吸道病的发生。开放式育雏舍主要依靠自然通风换气，通过开关窗口的多少和大小即可进行调节换气。密闭式育雏舍对通风换气量的标要求：冬季0.03～0.06 $米^3$/(分钟·只)；夏季0.12 $米^3$/(分钟·只)。

四、育雏方式

常见育雏方式可分为平面育雏和立体育雏两大类：

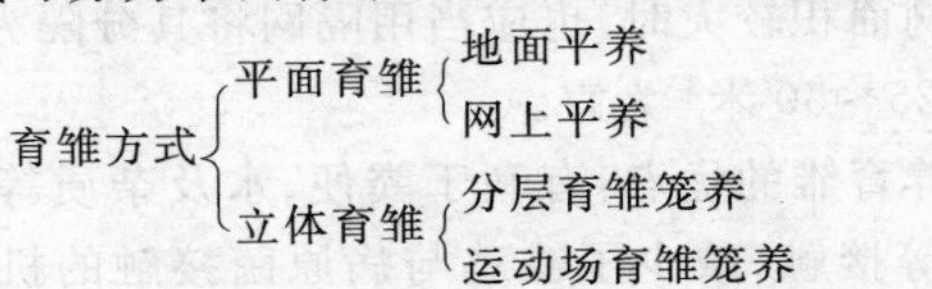

1. 地面平养方式

地面平养是指在铺有垫料的地面上进行雏鸡饲养的方法，其中包括土地面、砖地面、水泥地面或火坑地面等，在生产过程中可视预饲养设施条件选用。如果育雏面积较大，饲养数量较多时，为提高育雏成活率，应采用铁丝网竹编网或其他隔板等将一个占地面积较大的育雏平面分隔成若干小的栏圈，面积 25～50 米^2 为宜，此不仅有利于雏鸡采食、饮水、活动、避免“应激”情况下雏鸡大量堆压，而且有便于饲养管理。

地面平养的优点：投资少、方法简单易行，只要育雏室内设有料槽、饮水器及供暖设备即可，是广大农村专业户普遍采用的一种育雏方式。其缺点：垫料因潮湿需经常更换，增加了工作量；粪便、废物等直接与雏鸡接触，容易感染球虫病等多种疫病，影响雏鸡健康和生长发育，成活率低。

2. 网上平养方式

网上平养是指在距地面保持一定高度的网面上进行雏鸡饲养的方法，网上平养又可分为高床网养（网面距地面 1～1.5 米）和低床网养（网面距地面 0.5 米左右），所铺设的网片可以是铁丝网、竹编网、木制网、条编网等，有利于鸡体保温和网面清洁。在网上设有料槽、饮水器、取暖器等，料槽和饮水器要数量充足，结构合理，高度及尺寸大小适中，一般要求料槽高度等于或稍低于鸡高度，即 0～3 周龄时，料槽高度应选用 4 厘米左右，3～8 周龄 6 厘米左右为宜，3 周龄以内的雏鸡每只应占约 4 厘米长的料槽长度，3～8 周龄时，每只应占约 6 厘米长的料槽为宜；低盘直径为 18 厘米的饮水器，其用量比例为：0～6 周龄时，每个饮水器可供 20～25 只鸡饮用；7～20 周龄时，可供 15～20 只鸡饮用。当用水槽作为饮水器具时，0～20 周龄，每只鸡所占水槽为 2.5～3 厘米长。当干网面积较大时，也应当用隔网将其分隔为若干个栏圈，且每个小栏圈以 25～50 米^2 为宜。

网上平养育雏的优点：有利于粪便、水及杂质等废物漏于网下，使不易与粪便等接触，减少了雏鸡与病原菌接触的机会，有益于雏鸡健

康，提高了育雏成活率。尤其在高床平养条件下，便于机械或人工清除粪便，对维持鸡舍环境，保持育雏舍空气清新是非常重要的。但较地面平养投资大；在育雏空间较大时，不利于保温。

3. 分层育雏笼养方式

分层育雏笼养是立体育雏方式之一，常用的是四层叠式育雏笼，适于育雏舍较小的条件下选用。该方式较平面育雏更能充分地利用房舍、热源，有利于保温、供水、供料等饲养管理，同时减少了雏鸡与病原接触的机会，有益于雏鸡健康生长发育，使育雏均匀度和成活率大大提高。

4. 运动场育雏笼养方式

运动场育雏笼养：适合于大、中、小型养鸡场育雏，与分层笼育相似，同样配套有水槽（水塔）、料槽和可动式承粪盘，不同之处，该方式自体可配有热源，及雏鸡运动场，与上述的四层叠式育雏笼比较，同样的规格尺寸可多饲养 75% 的雏鸡，即外形尺寸 1.4 米×0.7 米×1.7 米的运动场育雏笼可饲养 1～8 周龄的雏鸡 700 只。

该饲养方式的优点：饲养密度高，管理方便，提高了单位面积的鸡舍和热能的利用率，节省垫料、垫草，提高了劳动生产率；雏鸡不与鸡粪接触，减少了被病原菌侵染的机会，有利于雏鸡健康，便于雏鸡饮水、采食和运动，提高了生长发育的均匀度和成活率。缺点：投资较高，对营养、光照、通风等育雏条件较严格。

五、育雏前的准备工作

1. 育雏房舍、设施及器具的准备

在实际生产过程中，对育雏舍条件的要求一般比成鸡舍高，在选定育雏舍时，首先要考虑防疫、隔离因素，育雏舍要相对独立与其他场舍必须间隔 100～500 米的距离，且位置要在上风口，地势高，环境安静，供水、供电、供暖便利。房舍构造保温性较好，对地面要求有防潮处理，门窗密封性良好，不漏雨，不漏风，舍内有供水、供暖和供电线路或热源、水源等，墙上有通风换气窗口及应激窗口。

育雏方式要据经营条件而定，所有的育雏用具，例如，饮水器、料槽、水桶、杀菌消毒用喷雾器及工作服、球鞋、帽均要提前准备齐全，并经清洗、消毒处理、备用。

2. 育雏舍的消毒、保温

育雏舍一经选定、清刷，并将有关设施、用具配备完毕后，要对育雏舍进行熏蒸消毒处理，通常在每立方米空间用 14 克高锰酸钾$_4$＋28 毫升 40％甲醛液，密封 24～28 小时，对鸡舍、笼具进行杀菌消毒。经过消毒处理后的房舍要在进雏前若干小时内，将舍温升高到 30～34℃，此要据不同的育雏条件而定。

3. 育雏人员的选定

育雏人员必须有较强的事业心和责任心，在上岗前需经一定时间的专业技术培训，掌握有关技术、知识。最好要由专业技术人员或有一定育雏技术或丰富经验的育雏人员带队上岗。

4. 饲养准备

在进雏前，应根据不同品种（系）在不同饲养条件下的营养需要，计算研究出饲料配方，制备好育雏饲料后，经过对其主要营养成分，如代谢能、粗蛋白质、Ca、P 及 NaCl 等进行化验检测，检验所配制的饲养成分是否满足其营养需要标准，以保证供给质优价廉的育雏全价饲料。

5. 育雏管理制度的制定

建立健全岗位管理规章制度是搞好育雏工作的关键，制定时一定要从实际出发，不流于形式，不搞花架子，一个正规的养鸡场育雏管理制度应包括如下多方面的内容：技术员岗位责任制；班组长岗位责任制；饲养员岗位责任制；交接班制度；班组长安全职责；岗位工人安全职责；安全用电管理规定；安全使用天然气管理规定；“三标”（标准化现场、标准化岗位、标准化班组）制度；育雏质量负责制；安全操作规程；卫生消毒程序；禽病防疫程序；喂料光照控制程序等。

6. 消毒、预防用药、用具准备

对环境及器具进行消毒的消毒剂种类较多，在育雏过程中较常用

的消毒剂,如烧碱(2%用于环境、用具杀菌)、来苏儿(5%用于环境、用具消毒;1%~2%用于饲养员手等消毒)、新洁尔灭(苯扎溴铵,对病菌有效,对病毒无作用,0.1%浓度用于器具消毒,0.05%浓度用于消毒无作用,0.1%浓度用于器具消毒,0.05%浓度用于消毒皮肤)、百毒杀(消毒效果较好,一般稀释量为 3 000 倍,0.01%可作饮水消毒)等。禽病预防及营养用品,如口服补液盐、白糖(5%浓度饮水)、强力霉素、支原净、多种维生素、维生素 AD_3 粉、复合维生素 B_2 等,重视养鸡场的自身实际准备或选用。

7.禽病母源抗体检测及禽病普查准备

为有效地预防禽病,在引进雏鸡的第一天需对幼雏的各种传染病的母源抗体水平及阳性率的高低进行采血、化验,通常需检测的疫病有 ND、IBD、ID、SP、AE、EDS-76、ICT、COLL 等,然后,根据在场实际结合检测情况确定合理的免疫程序。因此,在进行检测前,需将多类抗原、标准血清、化学试剂及有关仪器、用具等筹备齐全。

8.有关育雏管理及技术等日报表的准备

及时、准确地填报"日报表"不仅是饲养管理制度所规定的一项重要内容,也是反映日常管理水平、生产效果、技术实施情况及鸡群健康状态不可缺少的第一手材料,对于经营管理者及时检查、发现生产经营过程中所存在的问题、了解生产进展等均具有重要的作用,一般要求的报表有:育雏死淘日报表、卫生防疫报表、日耗饲料报表、生长发育状况报表等。这些报表均需在育雏工作开始前,打印成表,待生产使用。

六、饮水与开食

雏鸡入舍后,先饮水后开食。幼雏饮水比成年鸡的要求严格,一是要求水质清洁,符合卫生指标或已烧开过的水;二是要求水温尽量近似于舍温,要求饮用 18℃左右温开水;三是要求为补充失水,最好用 5%的白糖水,口服补液盐水(2.5%~3%),高锰酸钾水(万分之一浓度)或强力霉素(100~250 毫克/千克)等广谱性抗生素交叉饮用,对增强雏鸡的抗病性有重要作用；四是要根据鸡的数量设置足够的饮水器具，且要分布均匀，以保证鸡只方便地饮到水，不要间断供水或停水，否则将导致雏鸡因干渴抢水而进入水中溺死，或因雏鸡羽毛弄湿发冷而造成堆积、压死现象。

雏鸡能否开食与开食的适当与否直接关系到雏鸡的成活率、健康状况和生长发育的好坏，因此，要保证雏鸡24～48小时内及时开食，饲料营养全价，为预防疫病，在饲料加入预防剂量的抗生素时，随用随拌料。一般采用自由采食法，使雏鸡尽量吃上料，过晚开食对雏鸡的生长发育不利，且影响食欲，降低了饲料的消化、利用率。用时应注意雏鸡采食不宜过饱，开食后，应适当控制供料量，以免幼雏因贪吃，容易采食过量，造成雏鸡消化不良，食欲减退，甚至造成消化道疾病，使雏鸡死亡增加。

传统上养鸡者总是人为地迟延开食时间，认为雏鸡体内残留的卵黄可作为新生雏鸡最好的养分来源。固然残留的卵黄可以维持雏鸡出壳后最初数天内的存活，但不能满足雏鸡体重的增长和胃肠道、心肺系统或免疫系统的最佳发育需要。此外，残留卵黄内的大分子包括了免疫球蛋白，将这些母源抗体作为氨基酸来使用，也剥夺了新生雏鸡获得被动性抗病力的机会。因此，开食晚的雏鸡抵抗各种疾病能力很差，而且影响生长发育和成活率。雏鸡出壳后开食时间最晚不要超过12～24小时，绝不要人为推迟开食时间。可以说开食越早越好。一般每天喂料6次，随着日龄增长，到6周龄时减少到3次。常备清洁饮水，水质要符合卫生标准，饮水器要定期洗刷消毒。20日龄后最好用乳头饮食水器，既卫生又节水。乳头饮水器比水槽节约用水80%～85%，既减少了水费又能保持舍内干燥、清洁卫生，减少疾病传播。用水槽饮水一定要保持平稳、不漏水、不溢水。

七、正确断喙

断喙是养鸡生产中重要技术措施之一。断喙不但可以防止啄癖发

生，还可节约饲料5%～7%。断喙要选择有经验的工人操作，如果断喙不当易造成雏鸡死亡、生长发育不良、均匀度差和产蛋率上升缓慢或无高峰等后果，给养鸡者带来很大的经济损失。断喙时间在7～10日龄较为合适，养鸡规模较小的养鸡户或场常用普通剪刀断喙后，再用电烙铁在伤口处烙一下，即减少出血，也起到了消毒作用。饲养规模较大的养鸡场一般使用断喙器，进行断喙，用右手拇指和食指按住雏鸡头部，同时将雏鸡下喙接触，并固定在切刀的下刃上，动作要快、准，将上喙切除1/2～2/3，下喙切除1/3（指鼻孔到喙尖的距离），为防止出血、感染，迅速把切口在电热刀片上稍烙一下，这样，可切除喙的生长点，喙再不会长长。断喙前后两天要在饮水中加入抗生素和维生素K，起消炎和止血作用。断喙后要将饲槽中料的厚度增加，直到伤口愈合。断喙要在鸡群健康状况下进行，以防更大的应激。

八、雏鸡的饲养

雏鸡阶段对饲料营养要求较高。此阶段是雏鸡内脏器官的发育时期，生长速度也比较快，要求供给雏鸡优质配合饲料，粗蛋白质含量要达20%。代谢能达11.9兆焦/千克，且因品种不同营养标准也有所不同。如迪卡花的雏鸡阶段用2个饲料配方，0～3周龄用幼雏前期料（或用雏鸡料），粗蛋白含量21%，代谢能12兆焦/千克，22日龄时体重达到150克，胫长达到48毫米；4～8周龄时用幼雏料，粗蛋白质含量19%，代谢能11.5兆焦/千克，到8周龄时标准体重达620克，标准胫长达到85毫米。此时幼雏料改为育成期料。胫长达到标准，说明育雏鸡阶段的培育工作结束，并证明雏鸡阶段的培育成功。如果在8周龄时雏鸡的胫长没有达到标准，要继续喂幼雏饲料0.5～1周，直到达标准为止，但幼雏料的使用时间不能超过10周龄。如体重未达到标准，胫长达到标准也可决定换料，因为育雏期最重要的指标是胫长，如不达标以后难以弥补，而体重在以后饲养中可以弥补。

体重与胫长的称测从3周龄开始，每两周称测一次，每次称测鸡群数的5%～10%。平养鸡群可在舍内对角线取两点，用折叠网随机将鸡围起来；笼养鸡可在固定的鸡笼抽取样本。测量胫骨时，用卡尺量取从足底到胫骨头的距离，让胫骨与股骨呈90度角，称测后计算平均数。如果实际体重和标准体重不符，可查找原因及时进行调整直到符合标准为止。调整方法是及时调群，可按大、中、小分群，对于低于标准的要增加饲养空间，减少密度，增加给料量；对于超重的要暂不增料，保持原来的给料量，切忌减料。

日常饲养要注意观察鸡群状况，观察主要包括如下几个方面：

（1）精神状态（分布情况）、躺卧姿势等。

（2）粪便有无异常（颜色、稀、稠）。

（3）水、料是否适宜。

（4）食欲、叫声是否正常（采食量的急剧变化，往往是鸡群不正常的征兆）。

（5）发现并检出病、死、残鸡。

九、雏鸡的免疫与消毒

当幼雏在饮水、开食、稳定一段时间后，应根据养鸡场疫情，母源抗体水平和防疫程序及时进行免疫接种，但因疫苗接种至抗体上升这一时期，雏鸡尚未获得足够的免疫力，仍属易感鸡群，易受多种疫病的传染，有人称接种这一时期为雏鸡“免疫盲点”，更何况雏鸡个体小，免疫机能不健全，抵抗力差，又密集饲养，一旦发病，控制难，传播快，损失大，因此，要注意加强环境消毒，制定严格的防范措施。最好选用3种以上的高效广谱消毒剂，交叉喷雾，30毫米/米^2。例如，高效复合酚消毒剂（畜禽灵）1∶（100～300）稀释；二氯氰尿酸钠高效消毒剂1∶1 000稀释，百毒杀1∶3 000稀释，碘伏高效广谱消毒剂（爱迪伏）1∶（100～200）稀释，环中菌毒消1∶50稀释等，均可获较好的消毒灭菌效果。进入场区实行两次更衣洗澡制度，每天清扫舍内外卫生，保持清洁、无尘，育雏前备有未用鞋帽、大褂，并严格控制人员出入。

第二节　育成期饲养管理

一、育成鸡的特点

7～20 周龄的大雏鸡叫育成鸡，也称后备鸡，为充分发挥优良蛋鸡品种(系)产蛋枚数多、蛋重大，饲料转化率较高的遗传性能，育成理想的后备鸡是关键。此要求理想的后备鸡在育成时必须是整齐的，体重符合要求指标，肌肉和骨骼发育良好，但不应有过多的体脂。只有在与育成鸡龄相适宜的体重和体尺下达到性成熟，才能获得较高的产蛋高峰，延长高峰持续时间，并可获得理想的蛋重，及提高产蛋鸡的存活率，这就需要采用一个适宜的饲养制度和光照制度，这些制度与生长速度控制、疾病控制管理制度密切结合，必然能达到理想的育成效果。在育成饲养管理过程中，有以下几个方面应引起重视：

1. 育成期的生长发育特点

(1)体羽毛丰满，具有较健全的体温调节机能和较强的生活力，对环境的适应性较育雏期显著增强。

(2)消化能力强，采食量增加较快，饲料吸收、转化率较高，鸡体容易过肥和过早产蛋。骨骼和肌肉的增长都处于旺盛时期，自身对钙质的沉积能力也明显提高。

(3)育成约 10 周龄以后，小母鸡卵巢上的滤泡即开始累积营养物质，滤泡随之逐渐长大，到后期生殖器官则迅速发育完全。

2. 饲料需求

(1)育成期的蛋鸡性腺已开始活动，如果饲料中粗蛋白水平过高，可加快鸡的性腺生长，使蛋鸡性早熟，而鸡的骨骼、肌肉系统则不能充分发育，造成蛋鸡骨骼纤细，体型较小，开产日龄提前，但蛋重偏小，产蛋量较低。7～12 周龄时，饲料中粗蛋白含量为 15%～17%，14～17 周龄时，由于骨骼系统已接近发育完全，可按每周降低 1%的蛋白质比例，直至粗蛋白质水平为 13%～14%。

(2)代谢能在育成期鸡体内易沉积脂肪，影响以后的产蛋性能的发挥和种蛋受精率等，因此，同样也要注意控制饲料中代谢能的水平。

(3)常量矿物质需求。为提高母鸡体内钙的存积能力，对生长中的育成母鸡应喂含钙量较低的饲粮，只有当产蛋后，再喂高钙饲料，使母鸡体内有大量的钙存积，以充分利用优良蛋鸡的高产特性。但也要注意饲料中钙、磷、锰、锌等矿物质的适当比例供给，因为这是保证育成鸡正常生长发育的必需营养元素。发育雏鸡的钙磷比例应为 1∶1.5 或 2∶2.1。

(4)多种维生素需求。为促进育成鸡胃、肠等消化器官的发育，并增强其消化功能，保证鸡体健康，育成饲料中逐渐增加糠麸类饲料和青绿饲料的用量时应适当添加多种维生素的用量，以增大雏鸡的采食量，一般要求饲料中的粗纤维含量可达 5%，糠麸类饲料的最大剂量可达 15%～12%，青绿饲料可达 20%～30%，多种维生素的用量范围 0.01%～0.04%。

根据育成鸡的生长发育特点，为了维持育成鸡正常的生长发育，需要有足够的能量、蛋白质、常量矿物质、微量元素、维生素和氨基酸等营养物的供给，如果不能在后备鸡适当的日龄满足其生长增重对相应营养物的需要量，那么鸡体就不可能健康发育，鸡群也不会获得较均匀的整齐度，处于产蛋期的蛋鸡也就不可能充分发挥其优良的产蛋性能。因此，在实际工作中，既要满足育成鸡对饲料用量及成分的全价需要，同时注意加强管理，严格限饲，控制其适当的开产日龄，对提高开产后的生产性能十分必要。

二、育成鸡的饲养管理要点

育成期的目的是要培育出鸡体健康、体重达标、群体整齐、性成熟

一致、符合正常生长曲线的后备母鸡，过去的蛋鸡饲养观念，不太重视育成鸡的饲养管理，往往为了降低育成鸡的饲养成本而忽视育成鸡的饲养，本来是优良品种使得生产潜力在育成期未得到较好培育，从而影响产蛋生产性能的发挥。

1.合理换料

育成料取代育雏料不要机械的依周龄为界限，要看鸡群的胫长、体重是否达到了本品种标准，在8周龄时如果胫长整齐度达90%，体重整齐度达85%时可决定换料，否则继续喂育雏料0.5～1周，但育雏料的饲喂时间原则不能超过10周龄。饲料的更换要循序渐进，逐渐过渡以减少应激。如果鸡群体质较好，可采用“五五”过渡方法，即雏鸡料50%，育成前期料50%，混合喂饲1周后再改育成料；如果鸡群体质较差，可采用“三七”过渡方法，即雏鸡料70%，育成前期料30%，混合喂饲1周，再配合1周“五五”过渡，而后再改为育成料。每当饲料变更时都应有过渡期，不能突然变换饲料。

2.体重和体型

(1)体重　体重是充分发挥鸡遗传潜力，提高生产性能的先决条件，是为高产储备能量。育成体重可直接影响开产日龄、产蛋量、蛋重、蛋料比及高峰持续期。在后备鸡培育过程中，以前往往只重视育成期的成活率而忽视对体况、体重的要求。有很多养鸡场(户)对鸡8周龄前根本不进行体重监测。其实育成期标准的体重、体况与产蛋阶段的生产性能具有较大的相关。据有关资料报道，雏鸡5周龄体重对于产蛋性能来说是极为重要的，5周龄体重越大，则结果越好。10周龄体重没有5周龄体重那么重要，但10周龄体重对于提早性成熟来说仍然十分重要。18周龄体重的均匀度也是十分重要一项指标。

据有关专家试验证明，当鸡群体重较标准体重低110克时，开产日龄较正常鸡群推迟5天；低体重鸡群较标准体重鸡群22周龄平均蛋重低3.35%；低体重鸡群72周平均存活率比标准体重鸡群低8.59%；低体重鸡群比标准体重鸡群产蛋高峰期持续时间少77天；低体重鸡群较标准体重鸡群72周入舍鸡产蛋量低1.24千克/只鸡，蛋料比高0.24。

(2)控制鸡群的体型　体型是指骨骼系统的发育，骨骼宽大，意味着母鸡中后期产蛋的潜力大。在育雏、育成前期小母鸡体型发育与骨骼发育是一致的，胫长的增长与全身骨骼发育基本同步。

控制后备母鸡的体型在经济上是有利的，因为体型大小对蛋的大小有着极大的影响。为此，这一阶段以测量胫长为主，结合称体重，可以准确地判断鸡群的生长发育情况。若饲养管理不好，胫短而体重大者，表示鸡肥胖，胫长而体重相对小者，表现鸡过瘦。防止在标准体重内养小个子的肥鸡和大个子的瘦鸡，这两种鸡对产蛋表现都不理想。过肥的鸡死亡率较高，而体架过大且体重较轻的鸡易脱肛，大多数育成鸡的骨骼系统基本上在13～14周龄发育基本结束，重要的是育成期12周龄内胫骨的生长是否与体重增长同步。如果到12周龄胫长与体重是同步的，说明此阶段鸡群培育工作相当成功，预示着此鸡群其后的产蛋潜力是高的。

(3)定期称重测量　为了培育出标准后备鸡，育成期要对鸡群进行定期称重。方法：要每两周称测一次，每次抽测鸡群数的5%～10%，随机取样，不能挑选。每次称测后要及时计算出实际的平均体重、胫长，并与标准体重、胫长进行比较，看是否达到了标准。如果实际体重和胫长达不到标准，要查找原因，加强饲养管理。对于超过标准的要暂不增加给料，保持现有给料量，切忌减料；对于低于标准的适当增加给料量，同时要适当增加饲料中粗蛋白质、钙磷和微量元素的给量，使鸡群充分发育，直达到标准为止。

3. 饲养方案

后备母鸡的饲养，传统上采用的是低成本饲养方案，也就是限制饲喂方案。

限饲方法主要有两个方面：限制饲料喂量(也叫限量法)；限制日粮中的能量、粗蛋白质或蛋氨酸、赖氨酸等营养水平(也叫限质法)。

限饲的目的：育成阶段，鸡的骨骼、肌肉、羽毛和生殖器官生长发育较快，采食能力很强，吃料较多，鸡对采食的控制力很差，容易使育成鸡过肥，因此，为了防止育成期蛋鸡过早性成熟和成年鸡体重过大，影响产

蛋性能的充分发挥，在育成饲养过程，常采用限饲技术，以达到蛋鸡适时开产，并获得标准的体尺和体重的目的。同时，在限饲过程中，可使部分体质较弱和不健康的鸡只提前淘汰，从而降低了产蛋期蛋鸡的死淘率，节省了饲料，因控制生长发育速度，可以防止母鸡过多的脂肪沉积，并使开产后小鸡蛋的数量减少，提高了生产水平和经济效益水平。

采用的日粮中营养是随着鸡日龄增长逐步降低的方法。而近年来针对蛋用青年母鸡生长发育“多阶段生长”特点，给予不同的营养。青年母鸡的生长主要有4个高峰期，其中第一和第二生长期内的发育，主要是维持组织，如骨骼和内脏；第三生长期称为性成熟生长高峰，这一阶段增加的全部体重的40%～70%是繁殖器官的生长；第四生长期据认为是由脂肪沉积构成。为此，饲养者要对青年母鸡的常规饲养方案进行调整，使其适应青年母鸡多阶段生长点。先要根据品种或品系确定后备母鸡的生长模式，之后在特定的生长阶段对某些器官和组织的发育有针对性的供应养分。如育雏期（1日龄至目标体重）粗蛋白18%～19%，代谢能12.0兆焦/千克；生长期（目标体重至成熟体格）粗蛋白15%～16%，代谢能11.5兆焦/千克；预产期（成熟体格至开产）粗蛋白16%～18%，代谢能11.9兆焦/千克。

4.光照制度

育成期光照管理原则是光照时间保持恒定或逐渐缩短，切勿增加。

育成期常采用的光照方法有3种：自然光照法、恒定光照法和渐减光照法。自然光照法在自然光照逐渐缩短时使用，这期间不要人工补光。恒定光照法在自然光照逐渐延长时使用，查出本批雏鸡长到20周龄时当地日照时间，以此为标准，自然光照不足部分采用人工补光。渐减光照法为从当地气象部门查出本批雏鸡到20周龄时的白天光照时间再加上4小时，为1～4周龄的光照时间，5～20周龄每周平均减少15分，到20周龄时正好与自然光照长短相一致。育成期每天光照的总时数，一般不应低于8小时。光照制度要相对稳定，光照方案确定后，不应经常更换，要保持一定的稳定性。光照强度以每平方米1～2瓦照度即可。

5.环境条件

合理的温度、湿度及通风换气是育成鸡群生长发育的有力保障。育成鸡的初期要注意做好保温工作。鸡在转舍前,先将育成舍内温度升高,一般要高于原舍2℃,以免小鸡发生感冒。育成期舍内要保持干燥,及时清除粪便,做好舍内的通风换气工作。

6.均匀度

均匀度是指鸡群发育是否整齐,它是品种生产性能和饲养管理技术的综合指标。鸡群的均匀度在10周龄时应至少达到70%,15周龄时至少要达到75%,18周龄时至少要达到80%,同时鸡群的平均体重与标准重的差异应不超过5%,这些指标在很大程度上决定着后备母鸡开产时的状况。后备鸡均匀度越高,鸡群开产后的产蛋高峰上的越快,而且持续的时间也越长,总的产蛋量越高。

提高均匀度的主要措施:定期称重,按大、中、小及时分群,对于发育差的、体重小的鸡增加饲喂空间和饮水空间;降低饲养密度,饲养密度是影响鸡群整齐度的关键。合理的饲养密度,地面平养或网上平养每平方米8~10只,饲槽位置每只7.5厘米,水槽位置每只3.0厘米。一般笼养是平养的2倍。对于患病造成发育迟缓的鸡,应及时淘汰。

第三节　产蛋期饲养管理

一、转群前的准备工作

产蛋鸡转入产蛋鸡舍后,要在这里生产、生活长达1年甚至更长的时间,如果没有良好的成鸡饲养管理环境,即使最优良的蛋鸡品种(系)也难于发挥其优良的生产性能而没有科学的鸡群周转措施保障,将直接影响蛋鸡生产水平的提高。实践证明,重视产蛋鸡舍的准备与鸡群

周转是十分必要和有益的。转群前的准备工作有：鸡舍的清理、维修与消毒；鸡舍用具的准备；转群的人员等安排。

转群在转群时应注意如下几个方面：

1. 鸡舍的清理

(1)及时消除舍内粪便，彻底打扫干净，注意死角，以防微生物的滋生。将鸡粪堆放在专门的场地，不能乱堆乱放，粪场离鸡舍需超过50米远的距离。

(2)将舍内鸡粪清理完毕后，需对鸡舍地面、墙壁和房顶，尤其墙角缝隙以及笼子上面黏附的粪便，要注意冲洗干净，否则病原微生物会在适宜的条件下滋生、繁衍、扩散、传播。冲刷时需用清洁、无污染的水源，所用高压水枪，压力需达14千克/厘米^2，并注意冲刷舍内死角，如天然气管线、水管线、暖气片及其他设施的隐蔽之处。

(3)鸡舍清理完后，需由专门维修人员对舍内灯泡、门窗、鸡笼、鸡笼门、自动喂料机及链条、水槽、食槽、风机、水管线、水闸门、暖气片、暖气阀门等进行认真维修，保证产蛋鸡登笼后不会因设备维修不善而影响正常的生产运行，然后再进行一次卫生清扫，通过维修整理，使鸡舍内的设备用具井然有序。

2. 鸡舍的消毒

设备维修整齐完好，用具准备齐全后对鸡舍进行消毒，消毒包括两大步骤：

第一步，需要用畜禽灵或消毒灵、环中菌毒清、爱迪伏等灭菌剂对鸡笼、料机、料槽等金属设备进行喷雾消毒，用1.3%的火碱水对地面、墙壁、门窗等进行喷雾消毒，灭菌剂的使用比例如表5-1所示。

在喷雾消毒时应注意雾滴直径及喷雾水枪的高度，让雾滴在空气中悬浮0.5小时以上。

第二步，消毒。用福尔马林对整个鸡舍密封熏蒸，这是鸡舍消毒的关键，福尔马林为40%的甲醛溶液，是一种无色、带有刺激性易挥发的液体，杀菌力较强，对所有的病原微生物都可起到杀菌消毒，每立方米

表 5-1　几种常用灭菌剂的稀释比例及用法参考

灭菌剂名称	稀释比例	使用方式
消毒灵	1∶2 000	水溶喷洒
环中菌毒清	1∶500	稀释喷洒或浸泡
爱迪伏	1∶(20～40)	稀释喷洒或浸泡
新洁尔灭溶液	1∶1000	稀释喷洒或浸泡
畜禽灵	1∶(100～300)	用热水稀释喷洒
百毒杀	1∶(2 000～5 000)	稀释喷洒
火碱	3%	热水溶液

空间可用28毫升(或42毫升)40%的甲醛溶液加热熏蒸24小时以上。有条件的单位多采用福尔马林与高锰酸钾反应法进行蒸气消毒,高锰酸钾呈黑紫色结晶体,有金属光泽,易溶于水,一种强氧化剂,与福尔马林溶液混合时,迅速剧烈反应,可产生大量热量,促进甲醛的挥发,从而可达到鸡舍内封密消毒的目的,通常的福尔马林与高锰酸钾的蒸气熏蒸法如表5-2所示。

表 5-2　福尔马林与高锰酸钾消毒比例

消毒浓度	高锰酸钾用量/克	福尔马林/毫升	鸡舍封闭时间
三级	7	14	24小时以上
二级	14	28	24小时以上
一级	21	42	24小时以上

在按表5-2进行鸡舍熏蒸时的注意事项如下:

(1)认真密封鸡舍所有门、窗及风机口等。

(2)高锰酸钾有很强的氧化性和很大的腐蚀作用,因此,必须用较大的搪瓷或玻璃容器,如搪瓷水缸等,不能用金属或塑料器皿,以防腐蚀或受热变形等。

(3)甲醛与高锰酸钾反应剧烈,瞬间可产生大量的热量而促使甲醛迅速蒸发,因此,应先在消毒容器中加入少量温水,然后按消毒浓度加入高锰酸钾,再加入福尔马林,切不可先加福尔马林、后加高锰酸钾,导

致更强烈的化学反应,易发生危险。在消毒时,若用多个反应容器同时进行熏蒸时,一定要先做好准备工作,由里向外逐个进行,同时注意避免生成的甲醛蒸气刺激眼睛。

(4)熏蒸消毒的舍内要求,温度应在24℃以上,相对湿度大于75%,消毒效果会更好。

(5)熏蒸时,封闭鸡舍24小时以上,再进行舍内通风换气,待除去甲醛气味后,方可让青年鸡登笼。

3. 转群

转群宜在傍晚或早晨,天气较温暖晴朗时进行,抓鸡时要轻拿轻放,防止扭伤,应抓鸡腿的下部,并注意少抓,2～3只/(人·次),尽量减少应激。为避免过大的应激,在转群前应投放应激药,上笼后立即让鸡喝上水,吃上料。

4. 免疫

为了减少转群后进行疫苗接种给产蛋鸡带来更大的应激,一般在转群同时,应根据当地疫情,结合本场的防疫实际进行传染性支气管炎(H52)、或鸡新城疫(MD灭能油乳苗)等注射免疫。在进行免疫时,应注意所用疫苗的失效期,超过或临近失效期的疫苗绝对不能使用,瓶子密封不善、有破裂的或无标签的也不能用;注射剂量必须准确,一般选用5毫升/支的注射器,注射部位要正确,深度和角度要适当,最好让专门培训的操作人员进行注射免疫,并保证不能漏免或重免。免疫第7天后,随机抽检免疫抗体的上升情况,检查预防的效果。

5. 挑选

为了提高整个产蛋期的生产水平,提高笼位产蛋量,降低死淘率,提高饲料报酬,在上笼时,应对个体进行严格挑选。

挑选的标准应满足如下诸条件:

(1)不是符合本品种(系)的育成体重与体尺指标,上下不超过10%。

(2)体型外貌、冠、肉髯发育正常,基本符合品种(系)的标准。对看似公鸡,实则母鸡的个别鸡只或异性个体,要予以淘汰。

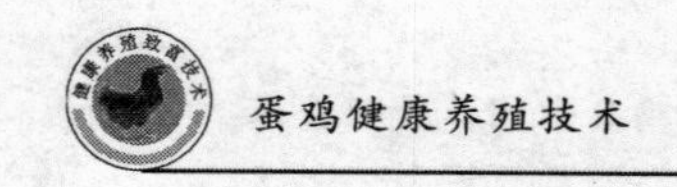

(3)选择精力旺盛,活泼好动,采食力强的健康个体上笼。上笼3~5天后,由技术人员对鸡群重新进行一次调整。

二、开产前饲养管理

1.后备鸡适时转入产蛋鸡舍

(1)上笼日期:后备鸡转入产蛋舍时间在16~18周龄为合适,过早、过晚都不合适,过早小鸡易从鸡笼中跑出来,过晚会使部分接近开产或已开产的母鸡由于转群产生应激,进而影响发育和产蛋量。

(2)入笼鉴定:上笼时应对育成鸡进行一次选择,上笼时应按体重发育情况分层、分群饲养、发育早的放在底层,发育晚且体重较轻的放在上层,同时淘汰体重过小、病弱残鸡。

(3)上笼前应做完免疫接种和驱虫工作。

(4)在上笼前、中、后这3天时间给鸡在饮水中加入电解多维以缓解转群应激。

(5)转群应在安静与暗光下进行,抓鸡动作要轻而准确,谨防损伤。

2.转群后进行换料与补光

18周龄至产蛋率达5%时要用预产期料,同时可增加光照。换料与补光依据是:

(1)18周龄体重达到该品种标准时即可换料,同时开始补光。

(2)18周龄体重虽未达到标准,却已有部分鸡开产,也应换料,但于1周后才开始补光。

育成料换成预产料,至产蛋率达到5%时,再换成产蛋高峰料。预产期料比育成期料钙的含量高,预产期料钙含量应达到1.8%~2.1%,为产蛋进入高峰做一过渡性钙储备。目前也有一些开产较早的品种不进行预产期过渡,直接饲喂产蛋期饲料。总之,一切均要按照品种要求进行。

正常情况下18周龄开始增加光照。一种行之有效的增加光照的方法是:每隔1周一次性增加光照2小时,直至全天光照达16小时为

止，这样增光不仅应激小而且利于产蛋。

三、产蛋高峰期的饲养管理

蛋鸡产蛋期饲养是求得最佳经济效益时期，要做好以下几方面的工作：

1. 满足产蛋期营养需要

从开产到产蛋高峰是饲养蛋鸡的关键阶段。产蛋母鸡正常的体重发育规律是 20 周龄之前体重增长较多，24～40 周龄平均日增重 2～4 克，此后保持相对平衡并少有增加（每天 0.1 克），若产蛋高峰期体重减轻，意味着体内储能过多被动用，如从日粮中得不到及时补充，即预示着产蛋率的下降和产蛋高峰的提前结束。因此必须保证母鸡每天摄入足够的营养，产蛋母鸡每天摄入的营养用于鸡体重的继续增长、产蛋的支出、基础代谢和繁殖活动的需要。所以，设计饲料配方时要按鸡对能量、粗蛋白、氨基酸、钙、磷等的日需要量标准计算。调整营养浓度根据产蛋阶段的变化，采食量的变化进行。

调整饲养 调整饲养就是根据鸡在不同生理时期，对营养需要量不同的道理，依据饲养标准及时调整饲料配方中的各种营养成分的含量，以适应鸡的需要。调整饲养是解决营养性应激的重要措施，它可以保证鸡群的健康生长，减少营养代谢病，从而保证了鸡群充分发挥其遗传潜力，提高产蛋量，节约饲料，降低料蛋比，增加经济效益。

我国鸡的饲养标准中对产蛋鸡的产蛋水平分为 3 段：产蛋率＞80％、65％～80％、＜65％时并配以不同的营养需要。但在现场生产中有的阶段持续时间很长，如产蛋率达 80％以上的持续期达 20 多周，在这么长时间里，养鸡的环境条件和鸡群状态会发生很大的变化，如不及时调整饲料配方中营养成分的含量，只用一个配方持续喂养则很难适应生理需要，造成有时营养不足，有时营养浪费。为了适应情况变化，只有实行调整饲养，才能达到即提高产蛋量，又节省饲料的目的。

2.调整饲养方法

(1)夏季盛暑,鸡采食量下降,直接影响各种营养成分的摄入量,因此要选用高浓度型日粮。

(2)在配合饲料中,蛋氨酸、赖氨酸、精氨酸充足情况下,使用高能(高出标准5%～8%)低蛋白(低于标准1%)的日粮是有利的。这一方面可以减轻肾脏的代谢负担,减少体增热;另一方面可以降低舍内氨气浓度,同时还可以保证产蛋率。

(3)蛋壳质量下降时,如产软皮蛋、破皮蛋、蛋壳薄时,要调整日粮中钙的含量和钙、磷的比例,注意增加维生素D的含量。

(4)当鸡群发生啄癖时,如啄羽、啄肛、啄趾、啄墙壁等,除应改善管理条件外,在饲料中适当增加粗纤维素含量,蛋鸡开产初期,如果脱肛、啄肛现象严重,可增加食盐的喂量达到配方的1%;连喂两天,效果较佳。

3.创造适于高产的饲养环境

鸡舍内的适宜环境对于保证生产力的正常发挥是至关重要的,因为每一个不适的饲养环境,诸如高温、寒冷、潮湿、噪声、空气污浊等,对产蛋鸡都是很大的应激因素,而每次应激都会或多或少影响其生产性能的正常发挥。

(1)保证鸡舍内的安静　鸡舍内和鸡舍外周围要避免噪声的产生,饲养人员与工作服颜色尽可能稳定不变。杜绝老鼠、猫、犬等小动物和野鸟进入鸡舍。

(2)常备清洁饮水　鸡的饮水质量一定要符合国家规定的标准。感官性状不得有异臭、异味,不得含肉眼可见物,pH在6.4～8.0;细菌学指标大肠杆菌群每100毫升少于1个 。此外要注意饮水器和水槽定期清洗消毒,避免细菌滋生。有条件安装乳头式饮水系统最好。

(3)产蛋期密度　因品种和饲养方式的不同而异。对于笼养密度有两种计算方法,分别为笼饲密度和舍饲密度。前者指鸡在笼内的饲养密度,后者指蛋鸡在鸡舍内的饲养密度。我国蛋鸡笼饲密度为每平方米15～25只,舍饲密度(以3层全阶梯蛋鸡笼为例)是每平方米10～

14只；国外条件好的笼养密闭式鸡舍，笼饲密度是每平方米25～30只。密度过大，在生产中带来一系列的问题，应引起饲养者注意。

(4)光照　在成鸡饲养过程中，强调和正确控制光照具有非常重要的经济意义。在现代养鸡场，在密闭式鸡舍笼养情况下，完全靠灯光控制光照，这是人工光照的主要方式之一。人工光照重点指光照时间、光照强度(或照度)。光照时间是指在一天内连续或间断地给予鸡群人工光照、自然光照或人工与自然光照的时间总和。笼养蛋鸡的人工光照时间一般应连续15～17小时。光照强度，也叫照度，它是指光照时光线的强弱程度，其常用单位为勒克斯(或流明/米^2)，有时也用呎灯光。

1勒克斯(lx)＝1流明/米^2

1呎灯光(ftc)＝1流明/呎^2

1呎灯光＝10.76勒克斯或1勒克斯＝0.092 9呎克斯

适当延长光照时间，增加光照强度，除促进蛋鸡采食、饮水、活动，刺激神经兴奋，对鸡体有保健作用外，光照刺激直接或间接作用于下丘脑，促进其分泌促性腺激素释放激素(GNRH)，从而引起垂体前叶促卵泡素(FSH)和排卵激素(OIH)的分泌和释放，促进了卵泡的发育、成熟和卵巢内雌激素形成，使母鸡表现出第二性征和排卵等。由此可见，光照对激发母鸡的卵巢、输卵管等生殖器官发育，提高产蛋率，增加蛋重，提高饲料转化率具有重要意义。

产蛋期的光照原则是，只能增加不能减少。从18周龄开始，增加光照时间和光照强度，然后采用恒定法固定光照时间和光照强度，持续到产蛋期末，尤其产蛋高峰期不能随意变动、减弱光照时间和光照强度。对于开放式鸡舍，受自然光照影响，鸡舍的光照时间应尽量接近最长的自然光照时间，不足部分用人工光照补充。产蛋鸡光照时间应恒定在16～17小时，光照强度，白壳蛋鸡每平方米2瓦灯光，褐壳蛋鸡每平方米3瓦灯光(灯与灯距离3米，灯与地面距离2～2.4米)。

灯光设计要求是：灯距小，灯泡小，瓦数小，光线均匀，照度足够。灯泡在舍内分布的大致规定是：一般灯泡距地面高度为2.0～2.4米，灯泡之间的距离是其高度的 1.5 倍。舍内如果安装 2 排以上的灯泡，各排灯泡要交叉排列，以便可使光线分布较均匀。笼养鸡要注意将灯泡设置在两列笼中间上方，以便灯光射至料槽、水槽。人工补光开灯时间保持稳定，忽早忽晚地开灯或关灯都会引起部分母鸡的停产或换羽。有条件鸡场光照时间控制最好用定时器，光照强度用调压变压器，并经常擦拭灯泡，保证其亮度。

(5)温度　温度适宜是保持产蛋率平稳和节省饲料所必需的，温度过高过低都会影响鸡群的健康和生产性能，致使产蛋量下降，饲料报酬降低，并影响蛋壳质量。成年蛋鸡的体温较高，为 41℃左右，产蛋鸡适宜温度为 13～27℃，最佳温度为 18～23℃，尽量使环境温度控制在不低于 8℃和不超过 30℃。舍温要保持平稳，不突然变化，忽高忽低，更不要有贼风侵入。冬季注意保温，夏季要采取相应防暑降温措施。如屋顶加厚或涂白，环境绿化，植树遮荫；地面屋顶喷水降温，安装排风扇、加大通风量。日粮中增加多维素给量、特别是维生素 C 的给量，要达日粮 0.1％～0.2％。

(6)湿度　对已登笼的蛋鸡而言，湿度对环境的影响不像温度那样明显，育成鸡感受相对湿度的变化也没有雏鸡的敏感，的确，在正常的舍内环境下，相对湿度对成年鸡群的影响不太显著，但在某些极端情况或与其他因素共同作用时，同样可以对鸡群造成严重危害，大量实践已表明，在生产过程中，鸡舍内的相对湿度是不应忽视的，必须注意调节。鸡舍内湿度来源于鸡群呼出的气体，粪便蒸发的水分，水槽内蒸发的水分和大气中原有水分等。产蛋鸡的最佳相对湿度为 55％～65％，夏季可在鸡舍过道中洒水以增加空气湿度，秋冬季湿度偏高时可加大排风量，以降低空气中水蒸气含量，需要强调的是一年四季都应尽量降低鸡粪中的含水量，这样不仅可以控制湿度，也能防止空气中有害气体的产生挥发。

(7)通风换气　通风是密闭式鸡舍、蛋鸡高密度饲养条件下调节舍内环境状况的主要方法，通风与控温、控湿、除尘及调节空气成分密切相关。

在夏天，当舍内温度较高时，鸡舍通风是实现鸡舍内降温的有效途径，在通风降温的同时，可排出舍内的潮气及 CO_2、NH_3、H_2S 等有害气体，也可将鸡舍内的粉屑、尘埃、菌体等有害微生物排出舍外，对净化舍内环境，起到了有利作用。

用通风控制温度主要靠调节通风量的大小和通风时间的长短来实现，通风方法有两种，自然通风和机械通风，前者适用于开放式鸡舍，通过开关门窗控制舍内外的空气自然流通，但易受自然条件变化的影响较大，通风的均匀性较差，后者也称为强制性通风，适用于密闭式鸡舍。主要设备是风机及其附属设施，通过控制通风量和气流速度来调节鸡舍的温度、相对湿度等，而不受季节和天气变化的影响。

当代蛋鸡密闭式鸡舍的机械通风方式主要包括两种，即横向式通风和纵向式通风，这两种通风方式各有利弊，在鸡舍设计中可根据具体实际选用适宜的方式，一般地，当鸡舍长度较短，跨度不超过 10 米时，多采用横向式通风：若鸡舍长度较长，达 80 米以上，跨度在 10 米以上时，则应采用纵向式通风，这样，既优化了鸡舍。通风设计的合理性，降低了安装成本，也可获得较理想的通风效果。

①鸡舍横向式通风的技术要求。横向式通风主要有正压系统和负压系统两种设计。所谓正压通风系统是靠风机将外界新鲜空气吸入舍内，使舍内空气因气压增大，又自行由排气口排出舍外的气体交换方式，该系统虽然也具有纵向式的优点，如可调节舍内温度，改善舍内空气分布状况，减少舍内贼风等，但因其具有设备成本高，费用大，安装难度大，适用范围较窄，不能进行鸡舍自然通风等缺点，故在生产实践中，使用正压通风系统装置的较少见。比较普遍的是负压通风系统。横向式负压通风系统设计安装方式较多，较广为采用的主要是穿透式通风。

②鸡舍纵向式通风的技术要求。纵向式通风是指将风机安装在一侧山墙上，在风机的对面山墙或对面山墙的两侧墙壁上设立进风口，使新鲜空气在负压作用下，穿过鸡舍的纵径排出舍外。此较适于鸡舍面积大，长度在 80 米以上，跨度 10 米以上的鸡舍安装，排风扇长 1.25～

1.40米，排风机的扇面应与墙面成10度角，可增加10%的通风效率，空气流速为2.0～2.2米/秒，每台风机的间距以2.5～3.0米为宜。在夏季高温时节，为使鸡舍有效降温，通常需在进风口安装湿帘。因鸡舍纵向式通风系统具有设计安装简单，成本较低，通风和降温效果良好等优点，在当代养鸡生产上已广为采用，并收到了良好的通风效果和显著的经济效益。

③通风。通风时要根据鸡舍内的温度、湿度、有害气体浓度、空气中氧气含量及空气气流等适当掌握。鸡舍的温度、相对湿度和通风速度对饲料消耗整个产蛋期性能的影响都很大。适当的通风有助于提供良好的环境，可获得最高的产蛋量。对于开放式鸡舍的通风应遵循以下5个原则：提供新鲜空气、排出废气、控制温度、控制湿度、排出灰尘。在以上这5点中，关键是第3点。

对密闭式鸡舍多采用纵向通风，湿帘降温的方法。对舍内空气要求，二氧化碳控制在1 500毫克/米^3，硫化氢控制在10毫克/米^{3}以下，氨气控制在15毫克/米^3。鸡舍内空气中灰尘控制在4毫克/米^{3}以下，微生物数量在25万/米^{3}以下。

四、蛋鸡日常管理

1.观察鸡群

观察鸡群的目的在于掌握鸡群的健康与食欲等状况，挑出病鸡，捡出死鸡，以及检查饲养管理条件是否符合要求。

(1)挑出病鸡。每天均应注意观察鸡群，发现食欲差，行动缓慢的鸡应及时挑出并进行隔离观察治疗；如发现大群突然死鸡且数量多，必须立即剖检，分析原因，以便及时发现鸡群是否有疫病流行。每天早晨观察粪便，对白痢、伤寒等传染病要及时发现；每天夜间闭灯后，静听鸡群有无呼吸症状，如干、湿啰音，咳嗽，打喷嚏，甩鼻，若有必须马上挑出，隔离治疗，以防传播蔓延。

(2)挑出停产鸡。停产鸡一般冠小萎缩，粗糙而苍白，眼圈与喙呈

黄色。主翼羽已脱落，耻骨间距离变小，耻骨变粗者应淘汰。对于一些体重过轻，过肥和瘫痪，瘸腿的鸡也应及时淘汰。如发现瘫鸡较多要检查日粮中钙、磷及维生素 D_3 含量与饲料的搅拌情况等。

(3)经常观察鸡蛋的质量。如蛋壳、蛋白、蛋黄浓度、蛋黄色素、血斑、肉斑蛋、沙皮蛋、畸形蛋，尤其是蛋大，破蛋率高等应及时分析原因，并采取相应措施。

(4)随时观察鸡的采食量情况，每天计算耗料量，发现鸡采食量下降应及时找出原因，加以解决。

2.保持良好的环境条件

(1)保持舍内清洁卫生。每天至少清粪一次，寒冷季节要在中午换气时清粪，以便及时排出氨气。

(2)保持舍内干燥，饮水系统要经常检查，饮水器不要漏水和溢水。

(3)灯泡要每周擦一次，坏灯泡及时更换，以保证应有的照度。

(4)工作人员在舍内动作要轻，不要有特殊音响，尽量避免引起鸡群的骚动。

3.按时完成各项作业

认真按时完成各项作业，每天的开关灯时间、喂料喂水、捡蛋、清粪等工作应按规定的作业时间准时进行与完成。

4.捡蛋

捡蛋时间固定，每天上午、下午各捡一次(产蛋率低于50%，每天可只捡一次)。捡蛋时要轻拿轻放，尽量减少破损，破蛋率不得超过3%。鸡蛋收集后立即用福尔马林熏蒸消毒，消毒后送蛋库保存。

5.蛋鸡舍工作人员岗位责任制

蛋鸡舍工作人员应严格按操作规程操作，严格执行各项规章制度，坚守岗位，认真履行职责，上班时间鸡舍内不得无人，对鸡出现的不正常死亡，如啄死、卡死、压死、打针用药不当致死以及病鸡未及时挑出治疗，死在大群中等，均属值班人员的责任事故，均应受到批评或经济处罚。值班工作人员值班期间应做好以下几项工作：

(1)搞好舍内外卫生。舍内顶棚、墙壁、梁架、门窗等应保持无灰尘、无蛛网;铲净、清扫走廊上的鸡粪;鸡笼、承蛋网每周扫一次,走廊每次喂料后要清扫,鸡舍工作间、更衣、消毒间每天清扫两次,鸡舍周围环境,每周彻底清扫一次;每月全场大消毒一次。

(2)管理维护好本车间的设备。对工具、上下水管道、风机、照明、鸡笼等设备,应经常保持良好状态,有故障应及时排除,不得“带病”运转,使用设备,应遵守操作规程;以免造成事故和伤亡,在力所能及的情况下,自己维修保养设备用具,并防止丢失和损坏。

(3)倒班时应做好交接班手续工作。下班前应逐项、细致、准确地填写好值班记录,如光照时间的变更、测鸡体重、接种疫苗、投药情况、鸡群健康状况等,都应详细填写,交接班时,除交代鸡群状态、设备损坏、病鸡治疗作其主要办的事项外,交班人员还应该把当日岗位责任制的落实情况,饲养操作规程的执行情况等在值班记录上签名,以示负责。

五、蛋鸡人工强制换羽

施行人工强制换羽的鸡群必须健康良好,有较高的潜在产蛋水平。及早淘汰病、弱、残、瘦小的鸡只,并进行如新城疫等传染疾病的预防接种,进行一次驱虫和抗生素投药,尽量保证换羽期间的鸡群健康,减少死淘数量。

人工强制换羽的方法较多,有化学法、激素法和断饲法等,但较普遍采用、简单可行的是断饲法,它是通过对鸡群停喂饲料,限制饮水量并同时延长光照时间,直至体重减轻30%左右。

采用断饲法进行强制换羽时,首先称得母鸡的平均体重,认真记录鸡群群的产蛋量、死淘率、完全停产时间等,初始3天停水,或每天限制供水量,完全停止供料,控制每天光照8～10小时,有人按此法,对530日龄平均产蛋率为47.4%的迪卡褐蛋鸡进行大群强制换羽时,第10

天即完全停产，第18天体重减轻30%，该时间的死淘率为2.50%。然后，开始由少至多逐渐喂料，至120克/(只·天)，饲料的代谢能为11.72兆焦/千克，粗蛋白质18%，含钙2.4%，磷0.45‰，并每天延长光照，每周增加1小时，至14小时/天，光照强度为3.2～4瓦/米^2。第35天鸡群的产蛋率达15%，第49天，产蛋率达60%，高峰期产蛋率83%以上，70%以上的产蛋率可持续3个月之久。

实践证明，当用化学法，在饲料中添加2.5%的氧化锌(ZnO)，正常供水、供料时，连续7天，在第8天开始喂正常的产蛋期饲料时，也可获得与前述相似的强制换羽效果。

强制换羽较自然换羽的优点：

(1)可缩短换羽的时间，一般休产40～60天，再产蛋时，产蛋高峰来得早，且可以达到较高的产蛋高峰，最高产蛋率可达80%以上。

(2)可实现蛋鸡的同步换羽，换羽比较整齐，恢复产蛋小时间较早，产蛋量较高，蛋重较大。

(3)鸡蛋大小比较均匀，壳质量较好。

(4)节省饲料，降低了生产成本，提高了饲料报酬，其缺点：换羽期的死淘率增高。较正常产蛋期的产蛋率低，饲料转化率偏低。

进行蛋鸡人工强制换羽时应注意：

(1)炎热的夏季，不提倡停水或限制饮水，寒冷的冬季，应进行鸡舍保温，避免增加死淘率。

(2)脱羽后，开始供料时，应逐渐增加饲料量，避免自由采食，以防母鸡因饥饿暴食而造成消化不良，甚至死亡。所用日粮的粗蛋白质含量不宜太低，例如，迪卡褐等中型蛋鸡所用饲料的代谢能应为11.72～11.80兆焦/千克、粗白蛋质应为18%～19%，轻型蛋鸡所需的饲料代谢能应为11.51～11.74兆焦/千克、粗蛋白质应为16%～17%，当重新开产后，再将含钙量调整为3%～3.5%，才能满足强制换羽鸡的营养需要。

(3)在鸡群停料后，停产前，应增加捡蛋次数，避免鸡只因饿而啄蛋，造成不应有的经济损失，且影响换羽效果。

第四节　生态家禽养殖经营模式

生态养殖一定要有的放矢，以不破坏生态为原则。根据具体条件（如植被状况，地形特征，可放牧地范围，雨水情况及市场预测等），科学安排放苗时间、饲养量和饲养品种，做好市场调研，避免盲目跟进，盲目发展，而得不偿失。要制定好严格的防疫和饲养管理计划，科学设计布局，合理利用资源。建设既能保证家禽舒适，又能最大限度地获得经济利益的禽舍和设备。要备好抵御自然灾害和突发事件（如大风、暴雨、冰雹、烈性疫情等）的设施，避免造成重大损失。

一、林地、荒山（滩）、牧场放养

此类场地家禽可随时捕食到昆虫及其幼虫，觅食青草和草籽，腐殖质等，鸡粪肥林、肥滩地、肥牧场。养禽不仅能节省饲料，降低成本，而且可减少害虫对林木和牧草的伤害，有利于树木、牧草的生长。但要根据草场的茂密，林地、荒山（滩）的墒情等因素来定制饲养家禽的数量和种类。墒情差、牧草生长不良时，要少养或不养。数量过大或过度放牧会破坏植被，长期养殖基地可考虑人工种草和人工饲养蚯蚓、黄粉虫等，青贮饲料或黄贮秸秆等以补充天然饲料不足。

（一）经济林套养土蛋鸡

经济林套养土蛋鸡主要应在以下几方面下功夫：

1. 利用植被树灌调整局部小气候

经济林范围比较广，树的品种多，有宽叶林、针叶林、乔木、灌木；有幼龄、成龄；有常绿、有落叶的。经济林对于形成局部小气候起决定性的作用。因此，应根据不同季节的气候变化来安排蛋鸡的饲养场所。

蛋鸡的生活习性是夏怕热、冬怕冷，最适宜的温度是18～23℃，最低不应低于7℃，最高不应超过32℃。夏天宜安排在乔木林、宽叶林、常绿林、成龄树园中，如板栗、毛竹、油茶林、柑橘、胡柚、梨园、枣园、李园、葡萄园等；冬天则安排在落叶、幼龄果园为好，如板栗、桃园、李园、梨园、毛竹林以及刚刚栽下的1～3年的各种果园和经济林。这里主要是利用树木和阳光的关系，给蛋鸡创造一个比较适宜的生产环境来提高蛋鸡的产蛋率。

2. 及时补充青料

蛋鸡除了分小区轮牧外，还应在饲养场外种植青料，在放牧区后期饲养时给予补充。如果既不轮牧，又不定期补充青料，这样势必造成蛋鸡营养缺乏，特别是维生素类的缺乏，而影响产蛋。这里要特别强调指出：一要轮牧，二要在轮牧后期投喂青料，三要在没有条件轮牧的场所更要每天投放青料，青料最好是切碎拌料投喂。经济林套养土蛋鸡，在地面不见青的情况下，每天必须投喂50克以上的青菜、嫩草或人工牧草。

3. 谨防鸡的性骚扰

许多养鸡户习惯将公母混养，这样对母鸡生长、生产不利，应分群饲养。公母鸡性成熟后合群饲养，母鸡要受公鸡的性干扰，而影响产蛋率的提高，因此饲养土蛋鸡，不应把土肉鸡合在一起饲养。最好雏鸡阶段就分群，实在不行，开产后一定要将公母分群饲养。当然，每100只母鸡放2～3只公鸡是有好处的，一定的性刺激有利于提高产蛋的水平。

4. 蝇蛆养鸡产蛋多

蛋鸡不喂全价配合饲料，而是用谷物喂养，因而日粮中粗蛋白含量严重偏低，因此需要一种蛋白质含量高的食品给予补充，如蚯蚓、白蚁、蚕蛹和蝇蛹等。蝇蛹繁殖快，繁殖系数在3 000以上，方法简便，最简单的方法就是将猪粪、鸡粪堆放在那里，它自己就能繁殖出来；人工繁殖设备也很简单，一个培养收集苍蝇卵的铁纱（铝纱）箱，具体尺寸是0.4米×0.5米×0.5米，一侧放一个半径0.08米的接种投料孔，外面用一个口径一样大的纱布筒袋对接，筒袋长约 0.25 米，另外两套大小不同的培育盘。将成蛆或苍蝇放入铁纱箱内，喂饲奶制品等营养物质，调成糊状或用肉骨头、鸡鸭头以及其他一些下脚料，让苍蝇在箱中的食盘上吃料产卵，苍蝇开始产卵后，每天调盘一次，将营养料盘放入，将收集到的苍蝇卵移至第一期培养盘（小盘）上，培养基可以是麦麸 70%左右，豆腐渣、猪或鸡粪 30%；1 周左右幼蛆已将培养基分解，再将其转入大的培养盘里，此时培养基用麦麸和畜禽粪各 50%左右。从蛹到成蝇产卵约需 1 周，产卵 1 周后苍蝇自行死亡，从卵到蛆、蛹约 10 天，繁殖快，操作简便，各人可根据这样的繁育周期组织生产，32℃最为适宜繁育，28～35℃能正常生产，低于 28℃就要保温、加温。如果每天每只蛋鸡能补充 10 克左右的鲜蛆，产蛋率将会明显提高。

5. 及时醒抱抱窝母鸡

蛋鸡抱窝停产严重，影响产蛋，因此要因地制宜采取一些有效措施使母鸡缩短抱窝期。民间醒抱方法很多，但大体内容不外乎以下几种：一是用物理的方法使之不能安宁，千方百计使其活动，如在鸡脚上绑上响器、铃铛等；二是用药理方法，清凉解表药，如每天喂给 25 毫克盐酸麻黄碱片 1 片，3 天见效，成本低廉效果不错；三是用少量雌激素，补充、调节、维持体内雌激素的水平，使其缩短抱窝，早日恢复生产。

（二）山地养鸡

山地养鸡就是在山坡上搭棚建舍，将鸡放养于果林之中。山地养鸡有明显的优势：

（1）因放养于果林带下，觅食草虫，减少饲料投入，降低成本。

（2）空气清新，多晒太阳，运动充足，增强体质，提高抗病力。

（3）减少污染，使资源循环利用。

（4）鸡肉质结实，品质鲜美细嫩，带有土鸡风味，市场销路好。

从生产实践看，山地养鸡应掌握好如下几个环节：

1. 场地选择

（1）养鸡场应远离住宅区、主干道，选取环境僻静、安宁的山地，坡

度不宜太大，最好是丘陵山地，土质以沙壤为佳，有清洁的水源，无污染，无兽害。

(2)找地势高燥，背风向阳的平地，搭建坐北向南鸡舍。鸡舍搭建不能过于简陋，冬天可御寒，能保温，夏天能通风散热、挡风、不漏雨、不积水，既能保证鸡生长发育、栖息所需的空间，又便于饲养员的操作。

(3)备全饮水器、料槽、保温等设施和用具。

2.规模适度

养殖户应根据场地、人力和经济状况等条件考虑适度的饲养规模。放养规模一般以每群 1 500～2 000 只为宜，过大不易管理、不易放养，过小成本高、收益低。

3.鸡苗选购

健康鸡苗是培养健壮无病鸡群的基础，应从健康无病，尤其是无传染性疾病的种鸡场中购进鸡苗，切忌去那些不合乎孵化卫生管理要求的孵化场购进鸡苗，或贪图便宜购买不明来源的鸡苗。选择强壮活跃，叫声清脆，腹部收缩良好，脐环闭合无血迹，绒毛整洁光亮，足有力，头大，喙短而粗，眼有神，双翼紧贴身躯的鸡苗。选择适合当地饲养习惯和市场消毒需求的品种。

4.饲养管理

(1)育雏　育雏是养鸡生产中一项重要的基础工作，养鸡专业户是否有较好的经济效益，主要取决于育雏期的饲养管理，因为雏鸡抗逆性差，死亡率高，在管理上要求高。

①做好进雏前的准备工作。进雏前一周，要把育雏舍彻底打扫，铺好垫料，经严格的喷雾和福尔马林熏蒸消毒后，方可进雏。

②注意开食和饮水。雏鸡在长途运输后，极易脱水，进舍后应先饮水，水中加适量电解多维和红糖，以补充电解质和增强体质，两天后添喂抗菌药物，如在料中加入 0.01％的氟哌酸，0.02％的敌菌净，以防白痢杆菌病、球虫病等。

③注意育雏温度。育雏前 3 天为 35℃，第 4～7 天为 33℃，从第 2 周起每周降温 2～3℃。温度过高时易引起雏鸡上呼吸道疾病，饮水

多，消化不良，啄癖等；过低则造成雏鸡生长受阻，白痢杆菌病暴发，雏鸡扎堆压死。此外，要防贼风。

④要有灯光照明，利于晚间采食，防鼠害。

⑤随雏鸡长大，可在舍外用网圈围，扩大雏鸡活动范围，为放养打好基础。育雏期间，尽可能让鸡多采食，争取育雏最大体重。

(2)放养管理

①初训的2～3天，因脱温、放养等影响，可在饲料或饮水中加入一定量的维生素C或复合维生素等，以防应激。

②棚舍附近需放置若干饮水器，作为补充饮水。因鸡接触土壤，水易污染，应勤换水。

③坚持放养定人、喂料定时定点的日常管理。

④勤观察，注意鸡粪是否正常，及时发现行动落伍、独处一隅、精神委靡的病弱鸡，并隔离观察和治疗。

⑤刮风下雨天气停止放养，防止淋湿羽毛而受寒发病。

(3)饲料　采用全价配合饲料饲养。

5. 卫生防疫

山地养鸡因接触外界与土壤，鸡接触病原菌多，对鸡的弊病防治增加难度，必须认真按养鸡要求严格做好卫生消毒和防疫工作，不得有丝毫松懈。

(1)搞好环境卫生

①每天清除舍内外粪便。

②对鸡粪、污物、病死鸡等进行无害化处理。

③定期用2%～3%烧碱或20%石灰乳对鸡舍及场地周围进行彻底消毒(也可撒石灰粉)。除用消毒药外，还应用药灭蚊、灭蝇、灭鼠等。有些专业户卫生知识差，对疾病的发生认识不够，甚至少数养鸡户的鸡群发病后，死鸡尸体随处乱丢，过分依赖疫苗接种，认为接种疫苗就万无一失，而完全忽视搞好环境卫生的工作，这种观点是错误的。

(2)做好疫苗接种和疾病控制

①要按养鸡的正常免疫程序接种疫苗。

②要特别注意防治球虫病及消化道寄生虫病，经常检查，一旦发现，及时驱除。也可在饲料或饮水中添加地克珠利、马杜拉霉素等，预防和减少球虫病发生。

③严禁闲杂人员往来。

6. 全进全出

一批鸡全部出栏后，对场地和用具进行彻底消毒，能否"全进全出"是山地养鸡成败的关键。有条件的，每饲养两批鸡要变换场地，并对旧场地进行消毒，新旧场地距离不能太近。

二、果园、桑园、枸杞园等放牧

此类场地由于不缺水，地肥、草厚、虫多。适时合理放养家禽，不但家禽能赚到丰厚的利润，而且有许多好处：

(1)鸡既能除草，又能灭虫　鸡有取食青草和草籽的习性，对杂草有一定的防除和抑制作用。据试验，每亩果园放养 20 只鸡，杂草只有对照果园的 20%左右，鸡数增加，杂草更少。鸡在果园觅食，可把果园地面上和草丛中的绝大部分害虫吃掉，从而减轻害虫对果树的危害。

(2)提高果园中土壤的肥力，减少肥料投资　鸡粪含有氮、磷、钾等果树生长所需要的元素。据分析，1 只鸡 1 年拉的鸡粪含氮肥 900 克，磷肥 850 克，钾肥 450 克，如果按每亩果园养 20 只鸡计算，就相当于施入氮肥 18 千克，磷肥 17 千克，钾肥 9 千克，既提高了土壤的肥力，促进果树生长，节约了肥料，又减少了投资。

(3)增强鸡群体质，减少疾病发生　果园养鸡，环境舒适，有利于鸡只生长发育，减少疾病的发生，另外，果园养鸡离村屯舍较远，可避免和减少鸡病的互相传染。果园养鸡，一定要注重做好免疫工作，才能奏效。

在果园里如何养鸡的要点：

(1)雏鸡阶段需要在育雏室内饲养　这个时期(1 个多月)雏鸡需要保温，而且要接种多种疫苗。同时，其在外面的觅食能力和生存能力较差，需要使用配合饲料，在10天后可以添加一些青绿饲料。

(2)饲养方式　20天后，可以让雏鸡在无风的晴天到育雏室外活动，随着日龄的增长，在室外活动的时间可逐渐延长。45天后，只要不是下雨或大风天气都可以在室外活动。傍晚要将鸡赶回鸡舍。

(3)饲料　1个月之后，白天让鸡群在果园内采食青草、昆虫、草籽，傍晚补饲一些配合饲料，补饲多少应该以野生饲料资源的多少而定。夏秋季节可以在鸡舍前安装灯泡诱虫，让鸡采食。

(4)安全问题　一是防兽害，如老鼠、黄鼠狼、蛇等动物。人可以住在鸡舍附近，也可以养几只鹅。二是防中毒，如果果园喷洒农药，则应该把鸡群关在鸡舍内饲喂，从外面割草也要考虑其安全性。另外，还要搞好疫苗接种和药物防病。

思考题

1. 育雏期如何进行卫生消毒？
2. 育雏期光照的基本原则有哪几个方面？
3. 育雏期日常饲养要观察鸡群状况主要包括哪几个方面？
4. 育成鸡育成期的生长发育特点有哪些？
5. 限饲方法主要有哪几个方面？
6. 蛋鸡在转群时应注意哪几个方面？
7. 鸡舍横向式通风的技术要求有哪些？
8. 鸡舍纵向式通风的技术要求有哪些？
9. 强制换羽较自然换羽的优点有哪些？
10. 如何提高经济林套养土蛋鸡？
11. 山地养鸡关键环节有哪些？
12. 果园、桑园、枸杞园等放养家禽的好处有哪些？
13. 在果园里如何养鸡？

第六章

鸡场卫生与主要疾病防治

导　读　本章主要介绍常见蛋鸡的疾病防治和如何做好鸡场的卫生防疫工作。

第一节　蛋鸡场的防疫

一、蛋鸡场的防疫制度

(1)鸡场周围要设有围墙与外界隔离起来。围墙外最好设有防疫沟,宽 2 米左右,没有防疫沟要栽上防护林。如新建场,鸡场周围 3 千米内要无大型化工厂、矿厂或其他畜牧场等污染源;鸡场距离干线公路 1 千米以上。鸡场距离村、镇居民点至少 1 千米以上;鸡场不得建在饮用水源、食品厂上游。

(2)严禁参观者入场、入舍。工作人员进入生产区要洗澡,更衣和紫外线消毒。

(3)饲养员应定期进行健康检查,传染病患者不得从事养鸡工作。

(4)严格执行消毒程序。

对于鸡舍周围,每 2～3 周用 2%火碱液消毒或撒生石灰一次;场周围及场内污水池,排粪坑,下水道出口,每 1～2 个月用漂白粉消毒一次。

鸡场鸡舍进出口要设消毒池,每周更换一次消毒药,以保持经常有效的消毒作用。

鸡舍内要进行严格的消毒,定期进行带鸡消毒,(带鸡消毒正常情况下每周 1 次,有病情况下可每周 2 次,在免疫前、中、后这 3 天不进行带鸡消毒)。鸡舍腾空后要进行彻底清扫、洗刷、药液浸泡,熏蒸消毒。消毒后至少闲置 2 周以上才可进鸡。进鸡前 5 天再进行熏蒸消毒一次。常用于带鸡消毒的药物有 0.3%过氧乙酸、0.1%新洁尔灭、0.1%次氯酸钠等。

(5)鸡场内应分设净道和脏道。净道是专门运输饲料和产品(蛋、鸡等)的通道;脏道是专门运送鸡粪、死鸡和垃圾的通道。

(6)死鸡及时拖走焚烧或深埋,切忌出售,否则后患无穷。

(7)鸡粪及时运到指定地点。采用堆积生物热处理或干燥处理作为农业用肥,不得作为其他动物的饲料。

(8)定期对蛋箱、蛋盘、喂料器等用具进行消毒。可先用 0.1%新洁尔灭或 0.2%～0.5%过氧乙酸消毒,然后在密闭的室内用福尔马林熏蒸消毒 30 分钟以上。

(9)鸡舍应设置纱窗或安装铁丝网,防止鸟兽进入。

(10)要定期灭鼠。定期投放灭鼠药,控制啮齿类动物。投放鼠药要定时、定点,及时收集死鼠和残余鼠药,并进行无害化处理。

二、蛋鸡的免疫程序

免疫程序的制定必须根据该地区疫病流行情况和饲养管理水平,

疫病防治水平及母源抗体水平的高低来确定使用疫苗的种类、方法、免疫时间和次数等。有条件的鸡场可根据抗体监测水平进行免疫效果确定。参考免疫程序如表 6-1 所示。

表 6-1 商品蛋鸡主要疫病的免疫程序

日龄	防治疫病	疫苗	接种方法	备注
1	马立克氏病	HVT 或“841”或 HVT“841”二价苗	颈部皮下注射	在出雏室进行
7～10	新城疫传染性支气管炎病	新城疫和传染性支气管炎 H_{120} 二联苗	滴鼻、点眼	根据监测结果确定首免日龄
10～14	马立克二免	疫苗同1日龄	同1日龄	
	传染性法氏囊病	传染性法氏囊双价疫苗	饮水	用量加倍
20～24	鸡痘	鸡痘弱毒苗	翅下刺种	
	传染性喉气管炎	传染性喉气管炎弱毒菌	饮水与点眼	疫区使用
25～30	新城疫、传染性支气管炎	新城疫和传染性支气管炎 H_{52} 二联苗	饮水或肌肉皮下注射	
	传染性法氏囊病	传染性法氏囊双价疫苗	饮水	用量加倍
50～60	传染性喉气管炎	传染性喉气管炎弱毒菌	饮水	疫区使用
70～90	新城疫	克隆 30 或Ⅳ系	喷雾或饮水	若抗体水平不低可省去此免
110～120	新城疫	新城疫油苗	肌肉或皮下注射	
	传染性支气管炎	传染性支气管炎 H_{52}	饮水	
	减蛋综合征	减蛋综合征油苗	肌肉或皮下注射	
	鸡痘	鸡痘弱毒苗	翅下刺种	

三、带鸡消毒方法及注意事项

带鸡消毒即在鸡舍有鸡的情况下，进行喷雾消毒的一种方法。

1. 带鸡消毒优点

(1)直接降低了鸡舍内空气和鸡体表周围有害微生物数量，降低了病原微生物对鸡群健康的危害。

(2)带鸡消毒制度的实施，提高育雏率、育成率、母鸡的产蛋率和存活率，确保鸡群健康。

(3)夏季喷雾消毒的同时也起到防暑降温的作用。

2. 消毒药物选择

(1)对病原菌、病毒、芽孢及霉形体等均有确切的杀死效果。

(2)对人和鸡的皮肤及黏膜没有或仅有一过性轻微刺激。

(3)喷在水和饲料中后食入鸡体内无害，并且不在体内蓄积。

(4)长期使用对鸡舍及内部设备无腐蚀和损害作用。常用带鸡消毒药物有：过氧乙酸、正碘双杀、次氯酸钠、百毒杀等。

3. 带鸡消毒方法及注意事项

(1)采用喷雾方式，药液雾滴在50～80微米。

(2)喷洒时，应由里至外，由上至下，全面喷到，不留死角。顺序为天棚、墙壁、鸡体、鸡笼、地面、贮料间及饲养员休息室等全面消毒。

(3)消毒间隔，鸡不论日龄大小，正常情况下每周1次，有疫情时可每周2次，视鸡群情况灵活掌握。

(4)带鸡消毒制度从雏鸡开始建立，第一周不要将药液喷到鸡身上。

(5)活苗接种前、中、后3天内不要进行带鸡消毒。

(6)每场要准备2～3种消毒药交替使用，避免病原微生物产生耐药性、降低消毒效果。

四、鸡病防治过程中常见的用药误区

1.盲目超剂量用药

多数养鸡专业户以为用药剂量越大治疗效果较好，盲目加大用药量。盲目的加大用药量，当时可能起到一定的效果，但对鸡体却造成很大危害，同时也加大了用药成本。其危害有：

(1)重者造成急性中毒死亡，轻者造成慢性药物蓄积中毒，损坏肝、肾功能。肝、肾功能受损，鸡体自身解毒功能下降，给防治疾病用药带来困难。

(2)杀灭了肠道内有益菌，破坏了肠道内正常菌群的平衡，造成鸡体代谢紊乱，长期腹泻，生长停滞。

(3)细菌易产生抗药性。有些药物刚投放市场时药效很好，但使用一段时间后发现没当初那么灵了，究其原因与长期大剂量使用该药造成耐药菌株产生有关。

2.不按规定用药

使用抗菌药物一般疗程为3～5天，在整个疗程中必须连续给予足够的剂量，以保证药物在体内达到有效血药浓度。临诊常见一些专业户将一种药物用了1～2天，自认为效果不理想而立即更换另一种药物，这样做往往达不到应有的药物疗效，疾病难以控制。另一种情况是使用某种药物1～2天后，疗效很好，病情刚有所好转就立即停药，造成疾病复发而治疗失败。

3.不注意药物配伍

合理的药物配伍可起到药物间协同作用，但如盲目配伍则会造成危害，轻则造成用药无效，重则造成鸡体中毒死亡。如青霉素不与土霉素、红霉素、万古霉素、卡那霉素、多粘菌素、放线菌素D、庆大霉素配合使用，而且青霉素不要与小苏打、维生素C、阿托品混合使用，主要是因为酸、碱、氧化剂、重金属盐可以使其失效。

4.忽视药物的预防作用

许多养鸡专业户预防用药意识差，多在鸡发病时才使用药物治疗，违背了“防重于治”的原则，其后果是疾病发展至中后期才得到治疗，严重影响了治疗效果，且增大了用药成本，经济效益大幅下降。正确的用药方法应是：要清楚地了解本地的常发病、多发病，制定一套切实可行的预防用药程序，将疾病消灭在萌芽状态，防患于未然。

5. 迷信新药、洋药，轻视国产常规药

有些养鸡专业户对刚上市的“新药”情有独钟，认为“新药”质量好，见效快，不存在抗药性。不可否认，有的新药确实效果不错，安全可靠，但也有一部分所谓的新药，只是改变名称而已。还有一些养鸡专业户迷信进口药，认为进口的比国产的好，不管成分如何，价格高低都用进口药。实际上有的进口药的成分和国产药完全一样，只是商品名不同而已，其价格却是国产药的几倍甚至几十倍。况且有些国产常规药虽经多年应用，但至今效果还是不错的。

6. 对药品的安全性重视不够

有些药品的安全范围很窄，治疗量和中毒量较接近，如莫能霉素、土霉素等。养鸡专业户在使用中往往认识不够，造成在使用过程中因与饲料混合不匀或浓度偏高而中毒的现象发生，应引起广大养鸡专业户足够的重视。

可见正确的选择药品、科学的使用药品在鸡病防治过程中是至关重要的，因此，广大养鸡专业户必须科学地、规范地使用药品，保护养鸡业的健康发展。

第二节　鸡病防治方法

一、鸡传染病的发生过程

凡是由病原微生物引起，具有一定的潜伏期和临床症状，并具有传

染性的疾病称为传染病。传染病具有以下流行特点：

1. 流行形式

在家禽传染病的流行过程中，根据在一定时间内发病率的高低，可区分为 4 种流行形式：

散发型，发病数目不多，在一个较长的时间内以零星病例的形式出现。

地方流行性，发病数目较多，但传染范围不广，常局限于一定地区内。

流行性，发病数目较多，并且在较短的时间内传播到较广大的范围。

大流行性，发病数目很多，蔓延地广泛，可传播到几个国家。

2. 季节性

某些家禽的传染病在一定的季节发病，如鸡痘、鸡传染性气管炎等。

各种传染病的发生，虽然各具特点，但也有共性规律，均包括传播、感染、发病 3 个阶段。

(1)传染病的传播鸡传染病的传播扩散，必须具备传染源、传染途径和易感鸡群 3 个基本环节，如果打破、切断和消除这 3 个环节中的任何一个环节，这些传染病就会停止流行。

①传染源：即病原微生物的来源。主要传染源是病鸡和带菌(毒)的鸡。病鸡不仅体内有病原微生物繁殖，而且通过各种排泄物将病原微生物排出体外，传播扩散，使健康鸡群感染发病。带菌(毒)的隐性感染鸡，由于缺乏病症，不被人们注意，往往会被认为是健康鸡，这样危险就更大，容易造成大面积的传染。另外，患传染病鸡的尸体如处理不当和带菌(毒)的鸟、鼠等，也是散播病原微生物的重要传染源。

②传染途径：鸡传染病的病原微生物，由传染源向外传播的途径有 3 种，即垂直传播、孵化器内传播和水平传播。

垂直传播也叫经蛋传递，是种鸡感染了(包括隐性感染)某些传染病时，体内的病菌或病毒能侵入种蛋内部，传播给下一代雏鸡。能垂直传播的鸡病有沙门氏菌病(白痢、伤寒、副伤寒)、霉形体病(败血霉形体病、传染性滑膜炎)、脑脊髓炎、大肠杆菌病、白血病等。

孵化器内传播。孵化器内的温度、湿度非常适宜于细菌繁殖。蛋壳上的气孔比一般细菌大数倍,所以有鞭毛、能运动的细菌,特别是鸡副伤寒病菌、大肠杆菌等,当其存在于蛋壳表面时,在孵化期间即侵入蛋内,使胚胎感染。另外,一些存在于蛋壳表面的病毒和病菌,虽然一般不进入蛋内,但雏鸡刚一出壳时,即由呼吸道等门户入侵,马立克氏病就常以这种方式传染。在出雏器内,带病出壳的雏鸡与健康雏鸡接触,也会造成传染,白痢和脑脊髓炎等病除垂直传播外,还可在出雏器内进一步扩散。

水平传播也叫横向传播,是指病原微生物通过各种媒介在同群鸡之间和地区之间的传播。这种传播方式面广量大,媒介物也很多。同群鸡之间的传播媒介主要是饲料、饮水、空气中的飞沫与灰尘等,远距离传播的媒介通常是鸡舍内清除出去的垫料和粪便、运鸡运蛋的器具和车辆、在各鸡场之间周转的饲料包装袋及工作人员的衣物等。

③鸡的易感性:病原微生物仅是引起传染病的外因,它通过一定的传播途径侵入鸡体后,是否导致发病,还要取决于鸡的内因,也就是鸡的易感性和抵抗力。鸡由于品种、日龄、免疫状况及体质强弱等情况不同,对各种传染病的易感性有很大差别。例如,在日龄方面,雏鸡对白痢、脑脊髓炎等病易感性高,成年鸡则对禽霍乱易感性高;在免疫状况方面,鸡群接种过某种传染病的疫苗或菌苗后,产生了对该病的免疫力,易感性即大大降低。当鸡群对某种传染病处于易感状态时,如果体质健壮,也有一定的抵抗力。

(2)传染病的感染某种病原微生物侵入鸡体后,必然引起鸡体防卫系统的抵抗,其结果必然出现以下 3 种情况:一是病原微生物被消灭,没有形成感染;二是病原微生物在鸡体内的某些部位定居并大量繁殖,引起病理变化和症状,也就是引起发病,称为显性感染;三是病原微生物与鸡体防卫力量处于相对平衡状态,病原微生物能够在鸡体某些部位定居,进行少量繁殖,有时也引起比较轻微的病理变化,但没有引起

症状，也就是没有引起发病，称为隐性感染。有些隐性感染的鸡是健康带菌、带毒者，会较长期地排出病菌、病毒，成为易被忽视的传染源。

(3)传染病的发病过程显性感染的过程，可分为以下4个阶段。

①潜伏期，病原微生物侵入鸡体后，必须繁殖到一定数量才能引起症状，这段时间称为潜伏期。潜伏期的长短，与入侵的病原微生物的毒力、数量及鸡体抵抗力强弱等因素有关。例如，鸡新城疫的潜伏期一般为3～5天，其最大范围为2～15天。

②前驱期，是发病的征兆期，表现出精神不振，食欲减退，体温升高等一般症状，尚未表现出该病特征性症状。前驱期一股只有数小时至1天多。某些最急性的传染病，如最急性的禽霍乱等，没有前驱期。

③明显期，此时病情发展到高峰阶段，表现出该病的特征性症状。前驱期与明显期合称为病程。急性传染病的病程一般为数天至2周左右，慢性传染病可达数月。

④转归期，即疾病发展到结局阶段，病鸡有的死亡，有的恢复健康。康复鸡在一定时期内对该病具有免疫力，但体内仍残存并向外排放该病的病原微生物，成为健康带菌或带毒鸡。

二、鸡病的诊断

诊断的目的是为了尽早地认识疾病，以便采取及时而有效的防治措施。只有及时正确的诊断，防治工作才能有的放矢，使鸡群病情得以控制，免受更大的经济损失。鸡病的诊断主要从以下几个方面着手。

1.流行病学调查

有许多鸡病的临床表现非常相似，甚至雷同，但各种病的发病时机、季节、传播速度、发展过程、易感日龄、鸡的品种、性别及对各种药物的反应等方面各有差异，这些差异对鉴别诊断有非常重要的意义。一般进行过某些预防接种的，在接种免疫期内可排除相关的疫病。因此，在发生疫情时要进行流行病学调查，以便结合临床症状和化验结果，确定最后诊断。

(1)发病时间　了解发病时间,借以推测疾病是急性还是慢性。

(2)病鸡年龄　若各年龄阶段的鸡发病后的临床症状相同,而且发病率和死亡率都比较高,可怀疑为鸡新城疫、禽流感。若1月龄内的雏鸡大批发病死亡,而且是排的白色稀便,主要应怀疑为鸡白痢;单纯拉白色便,自啄肛门,死亡率不高,这是鸡传染性法氏囊病的表现。若成年鸡临床上仅表现呼吸困难,死亡率不高,产畸形蛋,产蛋率下降,可怀疑为鸡传染性支气管炎;单纯出现呼吸困难而引起大批死亡,则怀疑为鸡曲霉菌病;有神经症状,可怀疑为鸡脑脊髓炎和脑软化症。此外,30～50日龄的雏鸡多发生鸡马立克氏病、球虫病、包涵体肝炎、锰缺乏症和维生素 B_2 缺乏症。

(3)病史及病情　了解鸡场的鸡群过去发生过什么重大疫情,有无类似疾病发生,借此分析本次发病与过去疾病的关系。如过去发生过禽霍乱、鸡传染性喉气管炎,而又未对鸡舍进行彻底消毒,鸡群也未进行预防注射,可怀疑为旧病复发。

了解附近养禽场、户的疫情情况。如果有些场、户的家禽有气源性传染病,如鸡新城疫、鸡马立克氏病、鸡传染性支气管炎、鸡痘等病流行时,可能迅速波及本场。

了解本场引进种蛋、种鸡地区流行病学情况。有许多疾病是经种蛋和种鸡传递的,如新引进带菌带病毒的种鸡与场内鸡群混养,常引起一些传染病的暴发。

了解本地区各种禽类的发病情况。当鸡群发病的同时,其他家禽是否发生类似疾病对诊断非常重要。如鸡、鸭、鹅同时出现急性死亡,可怀疑为禽霍乱;仅鸡发生急性传染病时可怀疑为鸡新城疫、传染性支气管炎、传染性喉气管炎等。

(4)饲养管理及卫生状况　鸡群饲养管理、卫生条件不佳,往往是引起鸡新城疫免疫失败的重要因素,此时常导致鸡群中不断出现非典型病例;饲养密度大,通风不良,常成为发生呼吸器官疾病和葡萄球菌的致病条件;饲料单一或饲粮中某些营养物质缺乏或不足,常引起代谢病的发生,进而导致鸡体抵抗力降低,容易发生继发性传染病和预防接

种后不能产生良好的免疫效果。喂发霉饲料,可引起拉稀便。

(5)生产性能　影响鸡群产蛋率的主要疾病有鸡新城疫、鸡传染性支气管炎、鸡传染性喉气管炎、鸡痘、鸡脑脊髓炎、败血霉形体病、传染性鼻炎和减蛋综合征等多种疾病。鉴别这些病时,应结合临床症状、病理解剖变化和化验综合判定。若不伴有其他明显症状,而仅表现产蛋率下降,可怀疑为鸡传染性支气管炎、鸡脑脊髓炎或减蛋综合征;鸡群产软壳蛋,常见于钙和维生素 D 的代谢障碍或分泌蛋壳机能失常。然而当鸡群产生应激时,也可能出现软壳蛋;鸡群产畸形蛋,常见于输卵管机能失常,造成蛋壳分泌不正常。当鸡群患传染性支气管炎时,除蛋壳外形变化外,蛋清也变得稀薄如水。

(6)疾病的传播速度　短期内在鸡群迅速传播的疾病有鸡新城疫、传染性支气管炎、传染性喉气管炎、传染性鼻炎等。鸡群中疾病散在发生时,可怀疑为慢性禽霍乱和淋巴性白血病。

(7)疫苗接种及用药情况　对鸡新城疫预防接种情况要进行细致的了解,如疫苗种类、接种时间和方法、疫苗来源、保存方法、抗体监测结果等,都可作为疾病分析和诊断的参考。对禽霍乱、鸡痘、鸡传染性法氏囊病、马立克氏病的预防接种情况也要了解。此外,还要了解鸡群发病后的投药情况,如发病后喂给抗生素及磺胺类药物后病鸡症状减轻或迅速停止死亡,可怀疑为细菌生性疾病,如禽霍乱、沙门氏菌病等。

2. 临床诊断

观察鸡群:站在鸡舍内一角运动场外,不惊扰鸡群,静静窥视鸡群的生活状态,寻求各种异常表现,为进一步诊断提供线索。观察鸡群主要包括以下几个方面:

综合观察:即观察鸡群对外界的反应及吃食、饮水状况和步态等。健康鸡听觉灵敏,白天视力敏锐,周围环境稍有惊扰便迅速反应。两翅紧贴腰背,不松弛下垂,食欲良好,神态安详,生长发育良好。冠、髯红润,肛门四周及腹下羽毛整洁,无粪便沾污。公鸡鸣声响亮,羽毛丰满、光洁,腿趾骨粗壮,表皮细嫩而有光泽。

如果发现鸡冠苍白或发绀，羽毛松弛，尾羽下垂；食欲减退或拒食，两眼紧闭，精神委靡；早晨不离栖架或蹲伏在舍内一角，或伏卧在产蛋箱内，或呼吸有声响；张口伸颈，口腔内积有大量黏液，嗉囊内充满气体和液体；下腹硬肿，极度消瘦，肛门附近脏污，粪便稀薄呈黄白色、黄绿色或带血等现象，表明鸡群患某些疾病，需要诊治。如果鸡突然打蔫，不吃食，全身衰弱，步态不稳，这是急性传染病和中毒疾病的表现，如果表现长期食欲不佳，精神不振，则提示为慢性经过的疾病。

被皮观察：鸡患病后，其被皮颜色及状态出现异常变化，临床上可根据这些变化作为疾病诊断的依据。

冠发白，多见于内脏器官、大血管出血，或受到某些寄生虫（如蛔虫、绦虫、羽虱等）的侵袭，也见于某些慢性病（如结核、淋巴性白血病等）和营养缺乏症。

冠发绀，常见于急性热性疾病，如鸡新城疫、鸡伤寒、急性禽霍乱和螺旋体病，也见于呼吸系统的传染病（如鸡传染性喉气管炎、霉形体病、慢性禽霍乱等）和中毒性疾病。

冠黄染，常见于鸡红细胞性白血病、螺旋体病和某些原虫病。

冠萎缩，常见于一些慢性疾病。如鸡初产时期冠突然萎缩，可提示为鸡患淋巴性白血病（大肝病）。

肉髯肿胀，常见于禽霍乱和鸡传染性鼻炎。慢性禽霍乱常发生一侧或两侧肉髯肿大，传染性鼻炎一般两侧肉髯同时肿大。

冠有水疱、脓疱、结痂，常见于鸡痘。

头肿大，常见于鸡传染性鼻炎。

皮肤结痂，常见于体表寄生虫病（如羽虱、螨虫）和营养缺乏症。

皮肤脓肿，多因创伤后被葡萄球菌、大肠杆菌等感染所致，一般多发生于胸骨的前部。

皮肤肿瘤，多见于鸡马立克氏病。鸡患马立克氏病时，可在毛囊处发生大小不同的肿瘤，切面呈白色，强力指压可破碎。

皮下气肿，常发生于鸡的头部、颈部和身体前部。目前病因不明，往往不治而愈。

皮下水肿，多见于雏鸡硒-维生素 E 缺乏症。雏鸡患硒-维生素 E 缺乏症时，常在胸腹部和两腿的皮下出现水肿，水肿部位的皮肤呈蓝紫色或蓝绿色，病雏行走困难。

羽毛观察：成年健康鸡的羽毛整洁、光滑、发亮，排列匀称，刚出壳的雏鸡被毛为稍黄的纤细绒毛。当鸡发生急性传染病、慢性消耗性疾病或营养不良时，鸡的羽毛无光、蓬乱、逆立，提前或推迟换毛。

脱毛，常见于鸡换羽期正常脱毛、密集舍饲或羽虱侵扰的鸡群自身啄毛、笼养鸡的颈胸部羽毛被铁网摩擦掉。

延迟生毛，多见于雏鸡患病或缺乏泛酸、生物素、叶酸、锌、硒等营养物质。

雏鸡羽毛异常，多见于先天性胚胎疾病或营养不良等，如种蛋中缺乏核黄素时，可引起雏鸡的绒毛蜷曲。

粪便观察：鸡粪便的异常变化往往是疾病的预兆。刚出壳尚未采食的幼雏，排出的胎粪为白色和深绿色稀薄液体，其主要成分是肠液、胆汁和尿液，有时也混有少量从卵黄囊吸收的蛋黄。成年鸡正常粪便呈圆柱形，条状，多为棕绿色，粪便表面附有白色的尿酸盐。一般在早晨单独排出来自盲肠的黄棕色糊状粪便，有时也混有尿酸。若饲粮中蛋白质含量过多，粪便表面附有白色尿酸盐的量多；若饲粮中碳水化合物含量过多，粪便呈棕红色；若鸡处于饥饿状态，饮水量多，排出的全是水样的白色便，其主要是尿液，但配料、喂料趋于合理后，粪便又恢复正常。

鸡患急性传染病时，如鸡新城疫、禽霍乱、鸡伤寒等，由于食欲减退或拒食，而饮水量增加，加之肠黏膜发炎，肠蠕动加快，分泌液增加，因而排出黄白色、黄绿色的恶臭稀便，常附有黏液，有时甚至混有血液。这些粪便主要由炎性渗出物、胆汁和尿组成。

雏鸡患白痢时，肠黏膜分泌大量黏液，同时尿液中尿酸盐成分增加，因而病雏排出白色糊状石灰样的稀便，黏在肛门周围的羽毛上，有时结成团块，把肛门口紧紧堵塞。这种情况主要发生在 3 周龄以内的雏鸡，可造成大批雏鸡死亡。

鸡感染球虫时，可引起肠炎，出现血便。雏鸡多感染盲肠球虫，排棕红色稀便，甚至纯粹血便。2.5～7 月龄的鸡主要感染小肠球虫，排褐色稀便。感染球虫的鸡，通过粪便检查可找到虫卵。

雏鸡患传染性法氏囊病时，排出水样含有大量尿酸盐的稀便，患马立克氏病、淋巴性白血病、曲霉菌病时，也常出现下痢症状。

鸡有蛔虫、绦虫等肠道寄生虫时，不但出现下痢，有时还有带血黏液，在粪便中可找到排出的虫体和节片。

鸡患副伤寒、大肠杆菌病时，出现下痢，肛门周围常黏有糊状粪便。喂劣质饲料及中毒时，也可出现下痢。

体态观察：鸡的两腿变形，关节肿大，胸骨呈“C”状，胸廓左右不对称等，是钙、磷代谢障碍的结果。

雏鸡爪趾卷曲，站立不稳，常见于维生素 B_2（核黄素）缺乏症。

鸡的一腿伸向前，另一腿伸向后，形成劈叉姿势，常是神经型马立克氏病的特征。

行为观察：鸡扭头曲颈，或伴有站立不稳及返转滚动的动作，可见于维生素 B;缺乏症、呋喃类药物中毒或鸡新城疫后遗症；雏鸡头、颈和腿部震颤，伏地打滚，为鸡脑脊髓炎的特征；走路呈醉酒样，是雏鸡脑软化症的特征；耷拉脖（软脖病），是鸡肉毒梭菌中毒的特征；瘸腿常见于关节炎。

鸡群发生互啄和自啄，主要是因饲养管理条件不良而引起的，常见的啄癖有啄肛、啄羽、啄头、啄蛋等。笼养、网养条件下，鸡群啄癖发生率比较高，造成的损失也比较严重。

呼吸观察：在正常情况下，鸡每分钟呼吸 10～30 次。计算鸡的呼吸次数，主要观察其泄殖腔下侧的下腹部。这是因为鸡无横膈膜，呼吸动作主要由腹肌运动而完成。

观察鸡呼吸时，要特别注意鸡群有无咳嗽、喷嚏、张嘴出气等现象。如鸡张嘴伸脖呼吸，多见于鸡痘（黏膜型）、传染性支气管炎、传染性喉气管炎、传染性鼻炎、败血霉形体病、鸡新城疫（非典型）、热射病等。

病鸡个体检查：对鸡群进行观察之后，再挑选出各种不同类型的病

鸡进行个体检查。

体温测定：鸡的正常体温是40.5～42.0℃。天气过热和患感冒、急性传染病时，体温会降低。

头部检查：健康鸡上下喙交合良好，有的鸡上下喙呈交叉状，多由遗传因素引起。幼鸡患软骨病时喙发软，容易弯曲而出现交叉喙。

鼻有分泌物是鼻道疾病明显的症状。鼻分泌物一般病初为透明水样，后来变成黏性混浊鼻液。鼻分泌物增多见于传染性鼻炎、禽霍乱、禽流感、败血性霉形体病等。此外，鸡患新城疫、传染性支气管炎、传染性喉气管炎、维生素A缺乏症等，也由鼻孔流出少量分泌物。

鸡患病后，病初眶下窦内有黏液性渗出物，多数病愈后自行消失。不过有些病例渗出物变为干酪样，造成眶下窦持久性肿胀，窦壁变厚发炎。鸡败血性霉形体病可见一侧或两侧窦肿胀。许多呼吸道疾病，都伴有不同程度的窦炎。

检查鸡眼睛时，注意观察结膜的色泽、出血点和水肿，角膜的完整性和透明度。眼结膜发炎、水肿以及角膜、虹膜等炎症，多见于鸡传染性结膜炎、眼型传染性喉气管炎、鸡痘、曲霉菌病、慢性副伤寒、大肠杆菌病、脑脊髓炎等。鸡患马立克氏病时，虹膜色素消失，瞳孔边缘不整齐。鸡患维生素A缺乏症时，角膜干燥、混浊或软化。

检查鸡口腔时，注意观察舌、硬腭的完整性、颜色及黏膜状态。口腔黏膜过多，常见于许多呼吸道疾病和急性败血症；液体多而带有食物，多见于患嗉囊嵌塞或垂嗉病例；在口腔特别是在咽的后部，如发现白喉样病变，是鸡痘症状；口腔上皮细胞角质化，常见于鸡维生素A缺乏症。

视诊鸡喉头时，若喉头水肿、黏膜有出血点、分泌出黏稠的分泌物等，是鸡新城疫症状；喉头有显著的炎性充血、水肿，甚至形成干酪样栓子，是鸡传染性喉气管炎症状；鸡痘也偶尔在喉头部见到白喉样的干酪样栓子；喉头干燥、贫血、有白色伪膜，且易撕掉，多见于各种维生素缺乏症。

气管检查：嗉囊位于食道颈段和胸段交界处，在锁骨前形成一个膨大盲囊，呈球形，弹性很强。若鸡表现为“软嗉”，即嗉囊体积膨大，触诊有波动，如将鸡的头部倒垂，同时按压嗉囊，可由口腔流出液体，并有酸败味，则提示鸡患某些传染病或中毒性疾病；若鸡表现为“硬嗉”，即按压嗉囊时呈面团状，则说明鸡运动和饮水不足，或喂单一干饲料所致；若鸡表现为“垂嗉”，即嗉囊膨大下垂，总不空虚，内容物发酵有酸味，常因饲喂大量粗饲料所致。

胸部检查：注意检查胸骨的完整性和胸肌状况，有时要检查胸廓是否疼痛和肋骨有无突起。检查营养状态时，可触摸胸骨两侧肌肉的发达程度。

肉鸡常发生胸部囊肿，这是由于龙骨部位表皮受到刺激或压迫而出现的囊状组织，其中含有黏稠澄清的渗出物，颜色随症状的加剧而加深变黑。笼养鸡胸部囊肿发病率高，公鸡比母鸡发病多。发病原因与饲养管理和遗传因素有关，如笼底材料粗糙或结构不合理、垫料板结潮湿，肉鸡胸部长期伏卧地面受刺激而发炎、饲粮中缺乏钙和维生素D等，均可形成胸部囊肿。

腹部检查：检查腹部，常用视诊和触诊方法。腹围增大，常见于腹水、坠蛋性腹膜炎、肝脏疾病和淋巴性白血病。

泄殖腔检查：检查时用拇指和食指翻开泄殖腔，观察黏膜色泽、完整性及其状态。泄殖腔检查一般仅在怀疑有肿瘤、囊肿、排卵障碍时进行。

腿和关节检查：主要检查腿的完整性、韧带和关节的连接状态及骨骼的形态等。

趾关节、附关节、肋关节发生关节囊炎时，关节部位肿胀，具有波动感，有的还含有脓汁。滑膜霉形体、金黄色葡萄球菌、沙门氏菌属病原体感染时常出现这些病变。

腿腱肿胀、断裂，多见于鸡呼肠弧病毒感染；趾爪前端逐渐变黑、干燥，有时脱落，多由葡萄球菌和产气荚膜杆菌感染引起；脚鳞变紫，发生于禽流感；腿鳞逆立，多见于鸡的疥螨病。

3.病理解剖检查

鸡体受到外界不利因素侵害后，其体内各器官发生的病理变化是

不尽相同的。通过解剖，找出病变的部位，观察其形状、色泽、性质等特征，结合生前诊断，确定疾病的性质和死亡的原因，这是十分必要的。凡是病死的鸡均应进行剖检。有时以诊断为目的，需要捕杀一些病鸡，进行剖检。生前诊断比较肯定的鸡只，可只对所怀疑的器官做局部剖检，如果所怀疑器官找不出怀疑的病变或致死原因时，再进一步对全身做系统周密的检查。在鸡群生长发育和生产性能正常的情况下，突然有个别死亡时，必须进行系统的全身剖检，以便随时发现传染病，找出病因，及时采取有效措施。

皮肤、肌肉检查：检查皮肤、肌肉有无创伤、结痂、出血、渗出等，如皮下脂肪有小出血点，可见于败血症；股内侧肌肉出血，可见于鸡传染性法氏囊病；皮肤上有肿瘤，可见于鸡皮肤型马立克氏病。

胸腹腔检查：检查胸腹膜的颜色是否正常，有无炎症、出血，胸膜腔内有无肿瘤、异物等。如胸膜有出血点，可见于败血症；腹腔内有坠蛋时（常见于高产、好飞和栖高架的母鸡），会发生腹膜炎；卵黄性腹膜炎与鸡沙门氏菌病、禽霍乱、鸡葡萄球菌病有关；雏鸡腹腔内有大量黄绿色渗出脓，常见于硒-维生素 E 缺乏症。

口腔、食管、嗉囊检查：检查鼻腔黏膜是否肿胀、出血，腔内有无分泌物；喉头、气管内有无黏液，是否被黄色干酪样物堵塞，黏膜是否出血、溃疡等。如鼻腔内渗出物增多，常见于鸡传染性鼻炎、败血性霉形体病，也可见于禽霍乱和禽流感；气管内有伪膜，提示为黏膜鸡痘；喉头、气管内有多量奶油样或干酪样渗出物，可见于鸡传染性喉气管炎和鸡新城疫；气管管壁肥厚，黏液增多，可见于鸡新城疫、传染性支气管炎、传染性鼻炎、败血性霉形体病。

胸腺检查：检查胸腺是否肿胀、出血、萎缩等。

心脏检查：注意心包液是否增多、混浊等。检查心脏时要注意心外膜是否光滑，有无出血斑点，是否松弛、柔软。剪开心房及心室后要注意内膜是否出血，心肌的色泽及性状有无变化。如心冠脂肪有出血点（斑），可见于禽霍乱、禽流感、鸡新城疫、鸡伤寒等急性传染病（磺胺类药物中毒也可见此症状）；心肌有坏死灶，可见于雏鸡白痢、弧菌性肝炎等；心肌肿瘤，可见于鸡马立克氏病；心包有混浊渗出物，可见于鸡白痢、鸡大肠杆菌病、败血性霉形体病等。

肺及气囊检查：观察其形状、色泽，用手触摸并细心感觉它的质度以了解有无实变及结节，气囊是否增厚，有无渗出物积于气囊中以及渗出物的性状等。如雏鸡肺有黄色小结节，可见于曲霉菌性肺炎；雏鸡患白痢死亡时，肺上有1～3毫米的白色病灶；禽霍乱，可见到两侧性肺炎；肺呈灰红色，表面有纤维素，常见于鸡大肠杆菌病；气囊壁肥厚并有干酪样渗出物，可见于鸡传染性鼻炎、传染性喉气管炎、传染性支气管炎、新城疫和败血性霉形体病；气囊壁附有纤维素性渗出物，常见于鸡大肠杆菌病；气囊有卵黄样渗出物，为鸡传染性鼻炎的特征。

腺胃和肌胃检查：剪开腺胃和肌胃后，检查腺胃黏膜，特别是腺胃乳头、腺胃和肌胃以及腺胃与食管的交界处有无出血，腺胃是否增厚，肌胃的质膜层是否有糜烂或溃疡、角质层下是否有出血等。如胃壁肿胀，黏膜出血，尤其与肌胃和食管交界处的黏膜乳头呈带状出血，多见于鸡新城疫、传染性法氏囊病和禽流感；腺胃壁有肿瘤，可见于鸡马立克氏病；肌胃角质层表面溃疡，成鸡多见于饲料中鱼粉和铜含量太高，雏鸡常见于营养不良；肌胃萎缩，发生于慢性疾病或日粮中缺乏粗饲料。

肠道检查：检查肠道内是否有寄生虫，肠内容物是否混有血液，肠黏膜有无出血、渗出、溃疡及脱落等。要特别注意肠壁是否有球虫裂殖体形成的白色小斑点，盲肠是否有出血性变化等。另外，还应检查盲肠扁桃体的变化。如小肠黏膜出血，见于鸡球虫病、新城疫、禽流感、禽霍乱和中毒性疾病；卡他性肠炎，见于鸡大肠杆菌病、伤寒和绦虫、蛔虫感染；小肠坏死性肠炎，见于鸡球虫病、厌气性菌感染；肠浆膜肉芽肿，常见于鸡马立克氏病、大肠杆菌病等；雏鸡盲肠溃疡或干酪样栓塞，见于雏鸡白痢恢复期和组织滴虫病；盲肠有血样内容物，见于球虫病；盲肠扁桃体肿胀、坏死和出血，盲肠与直肠黏膜坏死，可提示为鸡新城疫。

肝、脾、胆检查：注意观察肝、脾的形态、色泽、质度是否正常，有无肿大，表面及切面有无出血点、坏死灶及结节；胆囊是否肿胀，胆汁的色

泽、浓稠度是否正常等。如肝显著肿大，可见于鸡急性马立克氏病和淋巴性白血病、组织滴虫病和结核；肝表面有散在点状灰白色坏死灶，见于鸡包涵体肝炎、鸡白痢、禽霍乱和结核等；肝包膜肥厚并有渗出物附着，可见于肝硬化、大肠杆菌病和组织滴虫病等；脾表面有散在的微细白点，见于鸡急性马立克氏病、白痢、淋巴性白血病和结核；脾包膜肥厚伴有渗出物，且腹腔内有炎症和肿瘤，见于鸡坠蛋性腹膜炎和马立克氏病。

肾及输尿管检查：观察肾的大小、色泽、质度、表面及切面的变化，输尿管是否扩张，有无尿酸盐沉积等；肾内有白色微细结晶沉着，输尿管膨大，出现白色结石，多由于中毒、上行性肾炎、维生素 A 缺乏症、痛风等疾病所致。

睾丸、卵巢及输卵管检查：检查睾丸、卵巢发育是否正常，有无肿瘤，卵泡有无出血、坏死、变性，输卵管黏膜有无充血、出血等。如睾丸萎缩，有小脓肿，常见于鸡白痢；产蛋鸡感染沙门氏菌后，卵巢发炎、变形成滤泡萎缩；卵巢水泡样肿大，可见于鸡急性马立克氏病和淋巴性白血病；输卵管内充满腐败的渗出物，常见于鸡的沙门氏菌感染和大肠杆菌病；输卵管内充塞半圆状蛋块，是由于肌肉麻痹或局部扭转引起；输卵管萎缩，可见于鸡传染性支气管炎和鸡减蛋综合征。

胰腺检查：检查胰腺的色泽、硬度如何，有无出血、坏死、肿瘤等。如雏鸡胰腺坏死，多发生于硒-维生素 E 缺乏症。

法氏囊检查：检查法氏囊的大小、色泽情况，有无分泌物、出血，是否肿胀、萎缩，皱褶是否明显，有无肿瘤等。如法氏囊肿大并出血和水肿，多发生于鸡传染性法氏囊病的初期，然后发生萎缩；鸡患淋巴性白血病时，法氏囊常有稀疏直径 2～3 毫米的肿瘤。

脑及神经检查：脑组织的变化一般靠组织学检查。观察脑时主要注意脑膜是否充血、出血，切面及表面有无软化灶。检查周围神经时注意左右侧的神经是否粗细相等，色泽如何，横纹是否清晰，有无肿瘤，是否水肿等。如小脑出血、软化，多发生于幼雏的维生素 E 缺乏症；外周神经肿胀、水肿、出血，两侧坐骨神经粗细不等，见于鸡马立克氏病。

4.实验室诊断

在诊断鸡病的过程中，对其中的有些疾病特别是某些传染病，必须配合实验室检查才能确诊。当然，有了实验室检查结果，还必须结合流行病学调查、临床症状和病理剖检所见再进行综合分析，切不可单靠化验结果就盲目作出结论。

三、病鸡剖检的方法

鸡体患病后，其体内各器官将发生相应的病理变化。因此，通过解剖，找出病变的部位，观察其形状、色泽等特征，结合生前诊断，从而可确定疾病的性质和死亡的原因。

1.杀死病鸡的方法

病理剖检的对象是病鸡和病死鸡。临床上杀死病鸡的方法很多，常用的有以下几种：

(1)断头　就是用锐利的剪刀在颈部前端剪下头部。这种方法适用于幼雏。

(2)拉断颈椎　用左手提起鸡的双翅，右手食指和中指夹住鸡的头颈相连处，拉直颈部，用拇指将鸡的下颌向上抬起，同时食指猛然下压，这样使脊髓在寰椎和枕骨大孔连接处折断。折断后应抓住鸡的双翅以防止扑打，直到挣扎停止。这种方法适用于大雏或青年鸡。

(3)颈静脉放血　拔除颈部前端的羽毛，一只手将鸡的双翅和头部保定好，另一只手用剪刀在颈部左下侧或右下侧剪断颈静脉，使血液流出，直到病鸡因失血过多而死亡。这种方法适用于成年鸡。

此外，口腔放血法、脑部注射空气法都可杀死病鸡。

2.剖检前的准备

剖检室应设在远离鸡舍、孵化室和料库的地方。剖检前准备好必要的器械，如解剖剪、手术剪、手术刀、解剖刀、镊子、乳胶手套等。若要进行病原分离，上述器械要经过严格的消毒处理，一般采用高压灭菌方法。剖检过程也要尽可能在无菌的条件下进行，同时要准备好经过灭

菌处理的培养基和其他必要的器械、试剂以及鸡胚或培养中的细胞等，若要采集病料进行组织学检查，还要准备好固定液和标本缸等。

3.体腔剖开

将鸡的尸体用水浸湿，仰卧于剖检台或剖检盘内，在两侧的大腿和腹部之间切开皮肤，用力下压两大腿并向外折，使股骨头和髋臼脱离，这样使两腿外展，防止尸体在剖检时翻转。

开始剥皮，由口角沿腹正中线经气管、胸骨脊至泄殖腔切开皮肤，然后向左右侧剥开皮肤。剥皮时，应特别注意勿伤及嗉囊。

胸腔的剖开是自胸骨的后内突（后胸骨）后缘纵切腹壁至泄殖腔，再于胸骨后内突后缘向左右侧各切一与纵切线垂直切线。然后将胸骨上的肌肉切下，沿胸骨两侧用解剖剪向前剪断肋骨、乌喙骨和锁骨。左手握住胸骨，用力拉向前上方，剪断连接的软组织，取下胸骨放于一侧，这时内脏全部露出。

将结肠在与泄殖腔交界处结扎剪断，再于腺胃前剪断食管，摘出腺胃、肌胃及肠。将手术刀柄伸入肋骨间窝剥离出肺脏，于支气管分支口剪断气管，然后用镊子提持下剥离各部连接组织，将心、肝、肺和脾一起取出。将手术剪伸入口腔，从喙角开始剪开口腔、食管、嗉囊及气管。

用剪刀将鼻孔上面的皮肤和上颌骨横向切开。鸡脑的摘出，是先除去颅部肌肉，用解剖剪或手术剪剪开颅盖，切线为前经眼角、后经枕骨大孔的环状切线，取下颅盖后，即可取出脑。

器官的检查，一般多在颈部、胸腔及腹腔器官取出后一起检查，也可在各部器官摘出后立即分别进行检查。

四、常见的投药方法

在养鸡生产中，为了促进鸡群生长、预防和治疗某些疾病，经常需要进行投药。鸡的投药方法有多种，大体上可分为 3 类，即全群投药法、个体给药法和种蛋给药法。

1.全群投药法

(1)混水给药　混水给药就是将药物溶解于水中,让鸡自由饮用。此法常用预防和治疗鸡病,尤其适用于已患病,采食量明显减少而饮水状况较好的鸡群。投喂的药物应该是较易溶于水的药片、药粉和药液,如葡萄糖、高锰酸钾、四环素、卡那霉素、北里霉素、磺胺二甲基嘧啶、亚硒酸钠等。应用混水给药时还应注意以下几个问题:

①对油剂(如鱼肝油等)及难溶于水的药物(如红霉素等),不能采取此法给药。

②对微溶于水且又易引起中毒的药物片剂,不仅要充分研细,而且还要进行适当处理。

③对其水溶液稳定性较差的药物,如青霉素、土霉素等,要现用现配,一次配用时间不宜超过 8 小时。为了保证药效,最好在用药前停止给鸡群供水 1～2 小时,然后再喂给药液,以便鸡群在较短时间内将药液饮完。

④要准确掌握药物的浓度。用药混水时,应根据毫克/千克或%首先计算出全群鸡所需的药量,并严格按比例配制符合浓度的药液。毫克/千克是代表百万分率,例如,125 毫克/千克就是百万分之一百二十五,等于每吨水中加入 125 克药物。如果将毫克/千克换算成%(百分数),把小数点向左移 4 位即可,例如 500 毫克/千克=0.05%。

⑤应根据鸡的可能饮水量来计算药液量。鸡的饮水量多少与其品种、饲养方法、饲料种类、季节及气候等因素紧密相关,生产中要给予考虑。如冬天饮水量一般减少,配给药液就不宜过多;而夏天饮水量增加,配给药液必须充足,否则就会造成部分鸡只缺乏,影响药效。

(2)混料给药　混料给药就是将药物均匀混入饲料中,让鸡吃料时能同时吃进药物。此法简便易行,确实可靠,适用于长期投药,是养鸡中最常用的投药方式。适用于混料的药物比较多,尤其对一些不溶于水而且适口性差的药物,采用此法投药更为恰当,如土霉素、多种维生素、鱼肝油等。应用混料给药时应注意以下几个问题。药物与饲料的混合必须均匀,尤其对一些易产生不良反应的药物,及某些抗寄生虫药

物等，更要特别注意。常用的混合方法是将药物均匀混入少量饲料中，然后将含有全部药量的部分饲料与大量饲料混合。大批量饲料混药，还需多次逐步递增混合才能达到混合均匀的目的。这样才能保证饲喂时每只鸡都能服入大致等量的药物。

要注意掌握饲料中药物的浓度。混料的浓度与混水的浓度虽然都用毫克/千克或%表示，但饲料中的药物浓度不能当作溶液中的药物浓度，因为混水比混料的药物浓度往往要高。例如北里霉素，混饲浓度为110～330毫克/千克，而混水的浓度却为250～500毫克/千克。但对鸡易产生毒性的药物（如地克珠利），其混水量往往比混料量低。药物与饲料混合时，应注意饲料中添加剂与药物的关系。如长期应用磺胺类药物则应补给维生素 B_1 和维生素K，应用氨丙啉时则应减少维生素 B_1 的投放量。

（3）气雾给药　气雾给药是指让鸡只通过呼吸道吸入或作用于皮肤黏膜的一种给药法。这里介绍通过呼吸道吸入方式。由于鸡肺泡面积很大，并具有丰富的毛细血管，因而应用此法给药时，药物吸收快，作用出现迅速，不仅能起到局部作用，也能经肺部吸收后出现全身作用。采用气雾给药时应注意以下几个问题：

①要选择适用于气雾给药的药物。要求使用的药物对鸡的呼吸道无刺激性，而且又能溶解于其分泌物中，否则不能吸收。对呼吸系统如有刺激性，则易造成炎症。

②要控制气雾微粒的细度。气雾微粒愈小，进入肺部就愈深，但在肺部的保留率愈差，大多易从呼气排出，影响药效。若气雾微粒较大，则大部分落在上呼吸道的黏膜表面，未能进入肺部，因而吸收较慢。一般来说，进入肺部的气雾微粒的直径以0.5～5微米为宜。

③要掌握药物的吸湿性。要使气雾微粒到达肺的深部，应选择吸湿性慢的药物；要使气雾微粒分布在呼吸系统的上部，应选择吸湿性大的药物，因为具有吸湿性的药物粒子在通过湿度很高的呼吸道时，其直径能逐渐增大，影响增大，影响药物到达肺泡。

④要掌握气雾剂的剂量。同一种药物，其气雾剂的剂量与其他剂

型的剂量未必相同，不能随意套用。

(4)外用给药　此法多用于鸡的体表，以杀灭体外寄生虫或微生物，也常用于消毒鸡舍、周围环境和用具等。采取外用给药时应注意以下几个问题。

①要根据应用的目的选择不同的外用给药法。如对体外寄生虫可采用喷雾法，将药液喷雾到鸡体、产蛋箱和栖架上；杀灭体外微生物则常采用熏蒸法。

②要注意药物浓度。抗寄生虫药和消毒药物对寄生虫或微生物具有杀灭作用，但也往往对机体有一定的毒性，如应用不当、浓度过高，易引起中毒。因此，在应用易引起毒性反应的药物时，不仅要严格掌握浓度，还要事先备好解毒药物。

③用熏蒸法杀灭鸡体外微生物时，要注意熏蒸时间。用药后要及时通风，避免对鸡体造成过度刺激，尤其对雏鸡更要特别注意。

2.个体给药法

(1)口服法　若是水剂，可将定量药液吸入滴管滴入喙内，让鸡自由咽下。其方法是助手将鸡抱住，稍抬头，术者用左手拇指和食指抓住鸡冠，使喙张开，用右手把滴管药液滴入，让鸡咽下；若是片剂，将药片分成数等份，开喙塞进即可；若是粉剂，可溶于水的药物按水剂服给，不溶于水的药物滴入，让鸡咽下，也可用黏合剂制成丸，塞进喙内。口服法的优点是给药剂量准确，并能让每只鸡都服入药物。但是，此法花费人工较多，而且较注射给药吸收慢。

(2)肌肉注射法　此法的优点是药物吸收速度较快，药物作用的出现也比较稳定。肌肉注射的部位有翼根内侧肌肉、胸部肌肉和腿部外侧肌肉。

胸肌注射：术者左手抓住鸡两翼根部，使鸡体翻转，腹面朝上，头朝术者左前方。右手持注射器，由鸡后方向前，并与鸡腹面保持45度角，插入鸡胸部偏左侧或偏右侧的肌肉1～2厘米(深度依鸡龄大小而定)，即可注射。胸肌注射法要注意针头应斜刺肌肉内，不得垂直深刺，否则

会损伤肝脏造成出血死亡。

翼肌注射：右为大鸡，则将其一侧翅向外移动，即露出翼根内侧肌肉。如为幼雏，可将鸡体用左手握住，一侧翅翼夹在食指与中指中间，并用拇指将其头部轻压，右手握注射器即可将药物注入该部肌肉。

腿肌注射：一般需有人保定或术者呈坐姿。左脚将鸡两翅踩住，左手食、中、拇指固定鸡的小腿（中指托，拇、食指压），右手握注射器即可行肌肉注射。

(3)嗉囊注射　要求药量准确的药物（如抗体内寄生虫药物），或对口咽有刺激性的药物（如四氯化碳），或对有暂时性吞咽障碍的病鸡，多采用此法。其操作方法是：术者站立，左手提起鸡的两翅，使其身体下垂，头朝向术者前方。右手握注射器将针头由上向下刺入鸡的颈部右侧、离左翅基部1厘米处的嗉囊内，即可注射。最好在嗉囊内有一些食物的情况下注射，否则较难操作。

3.种蛋及鸡胚给药法

此种给药法常用于种蛋的消毒和预防各种疾病，也可治疗胚胎病。

(1)熏蒸法　将经过洗涤或喷雾消毒的种蛋放入罩内、室内或孵化器内，并内置药物（药物的用量根据每立方米体积计算），然后关闭室内门窗或孵化器的进出气孔和鼓风机，熏蒸半小时后方可进行孵化。

(2)浸泡法　将种蛋置于一定浓度的药液中浸泡3～5分钟，以便杀灭种蛋表面的微生物。用于种蛋浸泡消毒的药物主要有高锰酸钾、碘溶液等。

(3)注射法　可将药物通过种蛋的气室注入蛋白内，如注射庆大霉素。也可直接注入卵黄囊内，如注射泰乐菌素。还可将药物注入或滴入蛋壳膜的内层，如注射或滴入维生素 B_1。

五、鸡场常用药物

鸡场常用药物及使用方法如表6-2所示。

表 6-2　鸡场常用药物及使用方法

名称	用法用量
青霉素 G	口服：饮水，雏鸡每只每次 2 000～3 000 国际单位，连用 3 天； 肌肉注射：每千克体重 3 万～5 万国际单位，每日 2 次。 青霉素 G 在鸡病防治中常与链霉素合用
氨苄青霉素	口服：饮水或拌料，每千克体重 20 毫克，每天 1～2 次
先锋霉素	口服：每千克体重 12～25 毫克，每天 2 次； 肌肉注射：每千克体重 20 毫克，每天 1 次
链霉素	口服：每千克体重 50 毫克，每天 1～2 次； 肌肉注射：每千克体重 5 万～10 万单位，每天 2 次
庆大霉素	口服：每千克体重 10～15 毫克，每天 1～2 次； 肌肉注射：每千克体重 1 万单位，每天 1～2 次
卡那霉素	口服：饮水，每升水加 60～120 毫克； 肌肉注射：每千克体重 0.5 万～1 万单位，每天 1 次
红霉素	口服：饮水浓度为 0.01%，拌料浓度为 0.01%～0.025%，连用 3～5 天； 肌肉注射：每千克体重 25 毫克
新霉素	口服：饮水浓度为 0.003 5%～0.007%，拌料浓度为 0.007%～0.014%，连用 3～5 天
泰乐霉素	口服：饮水浓度为 0.003%～0.005%，拌料浓度为 0.005%～0.01%，连用 5 天
北里霉素	口服：饮水浓度为 0.035%～0.05%，拌料浓度为 0.05%，连用 5 天
利高霉素	口服：每天每千克体重 150 毫克，连用 3 天； 肌肉注射：每千克体重 30 毫克，连用 3 天
土霉素	口服：拌料，浓度为 0.1%
金霉素	口服：拌料，浓度为 0.05%～0.08%
四环素	口服：拌料，浓度为 0.05%～0.08%
强力霉素（多西环素）	口服：饮水浓度为 0.005%～0.01%，拌料浓度为 0.01%～0.02%，连用 5 天
氟甲砜霉素	口服：拌料，浓度为 0.1%，连用 5 天； 肌肉注射：每千克体重 0.5～1 毫升（5%浓度的氟甲砜霉素）

续表 6-2

名称	用法用量
磺胺嘧啶	口服:拌料,浓度为 0.1%～0.2%,连用 3 天
复方新诺明	口服:拌料,浓度为 0.1%～0.2%,连用 3～4 天
莫能霉素	口服:拌料浓度为 0.0125%,预防球虫病。种鸡限制使用
盐霉素	口服:拌料浓度为 0.006%～0.007%,预防球虫病。种鸡限制使用
马杜拉霉素	口服:拌料浓度为 0.0005%,预防球虫病。种鸡限制使用
氨丙啉	口服:拌料浓度为 0.0125%～0.025%。预防球虫病
氟哌酸	口服:饮水或拌料浓度为 0.01%～0.015%
恩诺沙星	口服:饮水浓度为 0.005%,拌料浓度为 0.01%
替米考星	口服:拌料浓度为 0.01%
泰妙菌素	口服:拌料浓度为 0.01%

六、鸡场常用消毒药物

鸡场常用消毒药物如表 6-3 所示。

表 6-3　鸡场常用消毒药物

药物名称	规　格	作用及用途
甲醛溶液（福尔马林）	含 40%甲醛	甲醛能使蛋白质变性,有强大的杀菌力和刺激作用,5%～10%溶液用于鸡舍,用具消毒,熏蒸消毒,每立方米甲醛 14 毫升,高锰酸钾 7 克,密封容器 4 小时以上,鸡舍 24 小时,也用于孵化器消毒
氢氧化钠（火碱）	市售火碱含 94%氢氧化钠	杀菌,杀病毒作用较强,有腐蚀性,2%～5%水溶液用于鸡舍,运输车辆环境消毒
生石灰	干粉或混悬液	生石灰加水制成 10%～20%乳剂用于鸡舍墙壁,运动场地面消毒,也可用于干粉地面覆盖或脚踏消毒
漂白粉	干粉或混悬液	5%的漂白粉液用于鸡舍地面,排泄物消毒,临用时配制,不能用于金属用具消毒

续表 6-3

药物名称	规格	作用及用途
过氧乙酸	溶液	为强氧化剂，有强烈的杀菌作用，0.1%～0.5%溶液用于畜禽体、鸡舍地面、用具消毒，也可用于密闭鸡舍，孵化器和种蛋的熏蒸消毒，每立方米空间用1克
季铵碘	溶液	为碘制剂，无刺激性，1∶900稀释，用于金属器具、车辆、环境、鸡喷雾等消毒。广泛用于细菌及病毒的消毒
含氯制剂	溶液	用于舍内器具、食槽、水槽消毒，也用于饮水消毒及带鸡喷雾消毒，剂量按说明使用
双链季铵盐类消毒剂	溶液	广泛用于皮肤、鸡舍用具、水槽、食槽以及饮水消毒、带鸡喷雾消毒
高锰酸钾	溶液	常用0.05%～0.1%溶液供鸡饮水消毒
乙醇(酒精)	70%	用于皮肤与器械消毒
碘酊	2%	常用于皮肤消毒

第三节 蛋鸡常见病及其防治方法

一、传染病

1.马立克氏病

(1)流行情况 本病是由马立克氏病毒引起的鸡的常见的淋巴组织增生性传染病。其特征是侵害外周神经，表现腿麻痹，在各种脏器、性腺、肌肉、皮肤虹膜形成肿瘤。本病菌世界各地均有流行，危害极大，使蛋鸡育成率降低，推迟开产，达不到产蛋高峰，产蛋下降，一旦感染给养鸡业造成重大经济损失。

本病以鸡最易感染，1日龄的雏鸡比10日龄的雏鸡易感性高几十

倍到几百倍。感染日龄越早,发病率越高,且母鸡较公鸡易感。因此1日龄做好马立克氏病的免疫及防护十分必要。本病可通过空气传播,也可经污染的饮水及人员和昆虫媒介传播。有传染性法氏囊病与球虫病的鸡群,马立克氏病的发病率增高。

(2)临床症状及剖检病变　根据病变发生的主要部位和症状,可分为神经型、内脏型、眼型和皮肤型。

神经型:多见病鸡步态不稳,运动失调,一侧或双侧瘫痪。如翅膀下垂,腿不能站立,一腿向前,一腿向后劈叉姿势。剖检见腰荐神经、坐骨神经、臂神经粗肿2～3倍,横纹消失。

内脏型:临床表现食欲减退、精神沉郁、肉垂苍白,腹泻,腹部往往膨大,直至死亡。剖检见卵巢、肝、脾、心、肾、肺、腺胃、肠、胰腺等内脏器官形成肿瘤。似猪脂样。

眼型:虹膜褪色,瞳孔边缘不规则(呈锯齿状),瞳孔变小。病菌后期眼睛失明。

皮肤型:常在皮肤和肌肉形成大小不等的肿瘤,质地硬。

(3)防治措施　由于雏鸡该病毒的感染率远比大龄鸡高,保护雏鸡是预防该病的关键措施。

接种疫苗:

①用火鸡疱疹病毒疫苗(HVT),CV1998液氮苗,或为防止超强毒感染可用联苗(马立克氏病毒苗与HVT联合使用)作主动免疫。

②1日龄即接种免疫。

③稀释的疫苗必须在1～2小时内用完,否则废弃。

④每只鸡接种剂量为2头份。

⑤可在稀释液中加4%犊牛血清,以保护疫苗效价。

加强卫生措施:孵化室育雏室要远离大鸡舍,应在上风头,对房舍、用具等到一切接触雏鸡应换鞋、更衣、洗手,禁止非工作售货员入内,3周龄内应严格隔离饲养。

2.新城疫

鸡新城疫主要感染鸡、火鸡、珠鸡、野鸡、鹌鹑和鸽,而鸭、鹅及麻雀等禽类可成为本病的带毒者而不发病。本病主要传播途径是呼吸道和消化道。新城疫病毒不能经卵垂直传播，病母鸡所产的卵，在孵化的前4～5天内，胚胎因感染而死亡。本病一年四季均可发生，各种日龄的鸡均能感染。雏鸡常带有母源抗体，在1～2周龄内有一定的抵抗力。以后母源抗体逐渐减弱，若此时感染了新城疫强毒，即可暴发本病。

（1）症状　典型新城疫病鸡体温升高，精神沉郁，减食或拒食，渴欲增加，排出绿色或黄白色稀粪。口、鼻内有多量黏液，嗉囊充满气体或液体，张口呼吸。发病后期出现脚、翅瘫痪和扭颈等神经症状。

（2）诊断　根据本病流行特点、症状及剖检变化，典型新城疫一般可作出诊断。非典型新城疫可取病死鸡的脑、肺、脾等病料接种鸡胚作病毒分离，用血凝和血凝抑制试验鉴定病毒，确诊本病。在诊断本病时应注意与禽霍乱和禽流感相鉴别。与禽霍乱的鉴别要点：禽霍乱鸡、鸭、鹅均可感染。患病多为成年鸡。急性病例病程短，常突然死亡。慢性病例肌胃肿胀，关节发炎，无神经症状。药物治疗有效。剖检突出病变为肝脏有灰白色小坏死灶和小肠出血性卡他性肠炎。肝触片染色镜检可见到两极染色的巴氏杆菌。与禽流感的鉴别要点：禽流感的潜伏期和病程比新城疫短，没有明显的呼吸困难和神经症状。剖检常见有皮下水肿和黄色胶样浸润，肠腔、心包等有黄色透明渗出液和纤维蛋白性渗出物，黏膜、浆膜等处出血较新城疫严重，肠道黏膜一般不形成溃疡。有条件可进行病毒分离和血清学试验来确诊。在实际生产中，可直接采鸡的血，经离心后分离血清，检查鸡新城疫抗体水平。方法：用4个单位的新城疫病毒做抗原，待检血清在微量反应板上倍比稀释，而后加入同量的0.05毫升的4个单位抗原，振荡混匀后放置5分钟，而后加入1%的公鸡红细胞0.05毫升，再次振荡混匀后放置在30℃环境下15分钟后观察结果。如果抗体在2^5以上，则鸡群用苗后免疫效果好，且鸡没有患新城疫；如果抗体在2^4以下，结合临床症状与解剖症状和流行病学，可以做出正确诊断。

（3）防治措施　做好平时卫生防疫工作。鸡场要坚持全进全出饲养制度和定期消毒制度。新购进的种鸡做好检疫工作，并隔离饲养观

察。为了杜绝野毒侵入，饲养人员吃住在场，谢绝参观。工作人员、饲养用具等进出鸡场必须严格消毒。

做好定期免疫接种工作。首先要制定出适合本地、本场实际情况的免疫程序。现提供以下两种免疫程序供参考。弱毒苗与油乳剂灭活苗共同接种的免疫程序：适合于规模较大、新城疫不安全的鸡场。首免于5～7日龄用Ⅱ系或Ⅳ系弱毒苗滴眼、滴鼻，同时用新城疫油乳剂灭活苗注射，每只0.25毫升。二免于8周龄用Ⅳ系或Ⅰ系苗免疫1次。三免于开产前用Ⅰ系苗肌肉注射1只份，同时再皮下注射新城疫油乳剂灭活苗，每只0.5毫升。弱毒苗的免疫程序：适合于饲养规模较小的养鸡专业户及新城疫较安全的地区。首免于5～7日龄用H系或Ⅳ系苗滴鼻、点眼或饮水。二免于25～30日龄用H系或Ⅳ系苗滴鼻、点眼或饮水。三免于55～60日龄时用Ⅳ系或Ⅰ系苗接种。四免在开产前用Ⅰ系苗肌肉注射接种。以后可根据抗体监测水平选择适宜的时机进行免疫接种。

鸡场发生本病的紧急措施。当鸡场发生新城疫时，应严格隔离病鸡，处理好死鸡，彻底消毒。对未发病成年鸡群普遍用新城疫Ⅰ系苗，对1月龄以内的雏鸡用Ⅳ系苗，按常规剂量2～4倍进行紧急接种，同时注射新城疫油乳剂灭活苗1只份。对于早期病鸡和可疑病鸡，可用新城疫高免血清或卵黄抗体进行防治。

3.传染性法氏囊病

鸡传染性法氏囊病又名腔上囊炎、传染性囊病，是由病毒引起的雏鸡的一种急性高度接触性传染病，临床上以法氏囊肿大、肾脏损害为特征。目前本病作为危害养禽业的三大主要疫病之一，呈世界性分布。该病引起雏鸡的免疫抑制，使病鸡对大肠杆菌、腺病毒、沙门氏菌、鸡球虫等病原更易感，对马立克疫苗、新城疫疫苗等接种的反应能力下降，因此该病对养鸡业造成了巨大的危害。

(1)病原　病毒属于双核糖核酸病毒。病毒抵抗力强，能耐受乙醚、氯仿、高温及胰酶的处理，对紫外线有抵抗力，56℃5小时、60℃30分钟均不能使其失活，耐酸(pH 2)但不耐碱(pH 12)。1%石炭酸、甲醇、福尔马林或70%酒精处理1小时可杀死病毒，3%石炭酸、甲酚或0.1%汞溶液处理30分钟也可灭活病毒，0.5%氯化铵作用10分钟能杀死病毒。

（2）流行病学　病主要发生于鸡，其中以3～6周龄鸡最易感染发病。一年四季均有流行，但以4～6月间为本病发病季节。本病主要通过被病鸡排泄物污染的饲料、饮水和垫料经消化道感染，也可经呼吸道传播本病。

（3）临床症状　在易感鸡群中，本病往往突然发生，潜伏期短，感染后2～3天出现临床症状，早期症状之一是鸡啄自己的泄殖腔现象。发病后，病鸡下痢，排黄白色稀粪，腹泻物中常含有尿酸盐，肛门周围的羽毛被粪污染或沾污泥土。随着病程的发展，饮、食欲减退，并逐渐消瘦、畏寒，颈部躯干震颤，步态不稳，行走摇摆，精神委顿，头下垂眼睑闭合，羽毛无光泽，蓬松脱水，眼窝凹陷，脚爪干枯，最后极度衰竭而死。5～7天死亡达到高峰，以后开始下降。病程一般为5～7天，长的可达21天。本病明显的发病特点是突然发生，感染率高，尖峰死亡曲线，迅速康复。但一度流行后常呈隐性感染，在鸡群中长期存在。

（4）病理变化　死于感染的鸡呈现脱水、胸肌发暗，股部和胸肌常有出血斑、点，肠道内黏液增加，肾脏肿大、苍白，小叶灰白色，有尿酸盐沉积。法氏囊是病毒的主要靶器官，感染后4～6天法氏囊出现肿大，有时出血带有淡黄色的胶冻样渗出液，感染后7～10天发生法氏囊萎缩。变异毒株引进的法氏囊的最初肿大和胶冻样黄色渗出液不明显，只引起法氏囊萎缩。超强毒株引起法氏囊严重的出血、瘀血，呈“紫葡萄样外观”。受感染的法氏囊常有坏死灶，有时在黏膜表面有点状出血或淤血性出血，偶尔见弥漫性出血。脾脏可能轻度肿大，表面有弥散性灰白的小点坏死灶。偶尔在前胃和肌胃的结合部黏膜有出血点。本病在雏鸡阶段与新城疫容易混淆，注意区别。新城疫病程稍长，陆续发生，排绿色稀粪，有呼吸和神经症状。新城疫没有肾脏和法氏囊特征性病理变化。

（5）诊断　根据该病的流行病学、临床特征（迅速发病、高发病率、

有明显的尖峰死亡曲线和迅速康复)和肉眼病理变化可作出初步诊断，确诊仍需进行实验室检验。

(6)防制

①加强环境卫生消毒工作。鸡法氏囊病病毒对各种理化因素有较强的抵抗力，患病鸡舍病毒可较长时间存在，因此必须做好彻底地消毒，保证鸡场各环节的卫生。消毒卫生工作，必须贯穿种蛋、孵化全过程和育雏等阶段中。所用消毒药以次氯酸钠、福尔马林和含碘制剂效果较好。

②免疫接种。免疫接种是控制鸡传染性法氏囊病的主要方法，特别是种鸡群的免疫，将其母源抗体传给子代使雏鸡免受法氏囊病病毒的早期感染。

疫苗种类：目前使用的疫苗主要有灭活苗和活苗两类。灭活苗一般用于活苗免疫后的加强免疫，具有不受母源抗体干扰，无免疫抑制危险，能大幅度提高基础免疫的效果等优点，常用的为鸡胚成纤维细胞毒或鸡胚毒油佐剂灭活苗对已接种活苗的鸡效果较好。活苗常分为三种类型：第一种是温和型或低毒型的活苗，如D78、PBG98、LKT、LZD228等，这类活苗对法氏囊没有任何损害，但接种雏鸡后抗体产生较迟，抗体效价也较低，免疫保护效果不高；第二种是中毒力型活苗，如德国的鸡胚毒Cum1、BJ836、Lukert细胞毒、IBDB2苗等，此类疫苗接种雏鸡后，对法氏囊有轻度可逆性损伤，雏鸡首免后5天产生中和抗体，7天达到较高水平，经二次免疫后，对Ⅰ型强毒的攻击接种鸡的保护率在85%～95%；第三种是高毒力型的活疫苗，如初代次的2512毒株、J1株等，此类疫苗对雏鸡有一定的致病力和免疫抑制力，通常不使用。近年来，又出现了多种联苗(灭活苗或活苗)，如传染性法氏囊病-马立克氏病二联弱毒苗，鸡传染性支气管炎、新城疫、传染性法氏囊病三联活苗或灭活苗，传染性法氏囊病、传染性支气管炎、新城疫、产蛋下降综合征四联灭活苗等，联苗相互干扰小，安全有效，一次接种就能预防多种疾病。

法氏囊病疫苗有注射、滴鼻、点眼、饮水、气雾以及胚胎接种等多种方法，常根据疫苗的种类、性质、鸡龄、饲养管理等情况具体选择。

免疫程序的制订：制订免疫程序时，应根据当地本病的疫情状况、饲养管理条件、疫苗毒株的特点、鸡群母源抗体水平等来决定，以便选择适当的免疫时间，有效地发挥疫苗的保护作用。现仅提供几种免疫程序，供参考。

①对于母源抗体水平正常的种鸡群，一般多采用2周龄弱毒苗免疫1次，5周龄弱毒苗加强免疫1次，产蛋前(20周龄时)和38周龄时各注射油佐剂灭活苗1次，一般可维持较高的母源抗体水平。肉用雏鸡或蛋鸡视抗体水平多在10～14天和21～24天进行两次弱毒苗免疫。

②在低或无母源抗体时，用弱毒力苗(如D78)或1/2～1/3剂量的中毒力苗尽早免疫，在1～3日龄时第一次免疫，10～14日龄第二次免疫；在有高母源抗体时，在18日龄左右第一免，28～35日龄第二免；如母源抗体参差不齐时，在1～3日龄首免，16～22日龄第二免；若用中毒力疫苗时，则于14～18日龄作一次免疫。

③苏威公司的免疫方案，对肉用仔鸡，用法氏囊病2号苗于5～7日龄、10～14日龄、15～20日龄进行三次免疫，或于5日龄用灭活苗免疫，接着10日龄和15日龄用法氏囊病2号苗免疫，在整个生长周期中能提供较好的保护效果。对产蛋鸡或种鸡，7、14、21、28日龄用法氏囊病2号苗免疫4次，种鸡再在8～10周龄用法氏囊病2号苗、18周龄用灭活疫苗免疫，具有较好的免疫效果，能产生较高的母源抗体提供给子代。

免疫失败的原因：

一是变异毒株(血清亚型)或超强毒株的存在使目前的商品疫苗对变异株不能提供足够的保护，其保护率仅达10%～70%。超强毒株的毒力是标准病毒株的两倍以上，使鸡的发病率和死亡率明显上升，年龄较大的鸡甚至18周龄以上的后备母鸡也能致病。抗原变异毒力增强可能是引起免疫失败的重要原因之一。

二是母源抗体水平不一致所孵出的雏鸡对疫苗接种的反应也就不

同，特别是当种鸡在幼龄时患过法氏囊病，开产前接种灭活苗后所产生的抗体滴度就低。若接种时机不当（过早或过迟），母源抗体水平高或现场法氏囊病病毒的侵袭均影响免疫的效果。

三是商品疫苗株的选择不当、免疫操作的失误以及免疫程序不合适等也可造成免疫失败。

四是在其他应激因素如鸡新城疫Ⅰ系苗和喉气管炎疫苗的接种、天气变冷、迁栏、饲养密度过大等，或者在免疫抑制因素如马立克氏病病毒、鸡贫血因子、黄曲霉毒素等的影响下，常使法氏囊疫苗接种得不到应有的效果。

（7）治疗措施　鸡场一旦暴发本病，要隔离病鸡，用福尔马林、强碱或酚类制剂等消毒药进行彻底消毒。给鸡群充足的饮水，饮水中加糖、0.1%的盐和适量的抗生素，适当降低饲料中的蛋白含量（降到15%左右），投服对症的抗生素或磺胺药物防止疾病传播蔓延。对发病初期的病鸡和假定健康的鸡，全部使用法氏囊病高免血清，每只鸡肌肉注射0.4～0.6毫升或者注射1～2毫升高免卵黄液进行治疗。治疗后10天用两倍量的中等毒力活疫苗进行接种。

中草药方剂：

・党参、黄芪、金银花、板蓝根、大青叶各30克，蒲公英40克，甘草（去皮）10克，蟾蜍1只（100克以上）。先将蟾蜍置于沙罐中，加水15千克，煎沸后，入其他7味药，文火煎沸，放冷取汁，供100只中雏1天3次用，药液可饮用或拌料，若制成粉末拌料，用量可酌减至1/2或1/3。治疗法氏囊病病鸡效果满意。

・板蓝根、紫草、茜草、甘草各50克，绿豆500克，水煎，取煎汁拌料喂服；或一煎拌饲料，二煎作饮服用；对重症鸡灌服，连用3天。

・金银花100克，连翘、茵陈、党参各50克，地丁、黄柏、黄芩、甘草各30克，艾叶40克，雄黄、黄连、黄药子、白药子、茯苓各20克，共为细末，混匀，按6%～8%拌入鸡饲料中，任其自由采食，少数病重不能采食者，可水煎取汁灌服，每次5～10毫升；每天2次。一般用药后2～3天病鸡采食饮水恢复，停止死亡，渐而痊愈。

·穿心莲、甘草、吴茱萸、苦参、白芷、板蓝根、大黄共粉成细末，混匀。按0.75%混料，连喂3～5天，或将药物制成片剂，每千克体重2片(0.6克)，维生素B_1 10毫克，每天2次，连用3～5天。

·黄芪、党参、金银花、冰片等，各药适量配制成散剂。治疗按每千克体重每天2克，拌料。病鸡不能采食者，用开水冲调成10%的浓度，再加5%葡萄糖，每次喂服4～6毫升。每天2～3次，治疗3～4天。

使用双价(指含有新城疫抗体达2^8，法氏囊抗体2^8以上)卵黄抗体，注射发病鸡群，只要血清型符合就可达治愈的目的。在注射后6小时全群鸡精神、食欲就可大有好转。

鸡的法氏囊病卵黄抗体的制作：无菌采取发病鸡的法氏囊组织，经组织捣碎机捣碎，后用胶体磨磨碎后，反复冻融2～3次，冰冻温度-20℃以下。加入1%福尔马林液(分析纯)摇匀后放入37℃培养箱中，每隔6小时摇匀一次，取出后按1∶3比例加入白油混合液(含10#白油、吐温-85、司本-85)乳化而成法氏囊组织油苗，注射产蛋鸡，每只注射2毫升，分2次注射，20天后检查鸡蛋卵黄中的抗体滴度，当法氏囊抗体在2^8以上时，即可按1∶2的比例加PBS缓冲液做成卵黄抗体。

4.传染性支气管炎

(1)流行情况　传染性支气管炎(IB)是鸡的一种急性、高度接触性传染性的呼吸道和泌尿生殖道疾病，世界各地都有发生，给养殖业造成极大危害。该病的病原为传染性支气管炎病毒(IBV)，血清型多样性是本病毒的特征之一。可能引起呼吸道排出病毒经空气、飞沫传给易感鸡、传染性极强，48小时内波及全群，此外被污染的蛋饲料、饮水、用具也可经消化道使鸡感染。本病四季均可发生，但以冬季最为严重。

(2)临床症状及剖检变化

支气管型：雏鸡突然出现呼吸道症状，很快波及全群，病鸡精神沉郁、怕冷、喘息、咳嗽、打喷嚏、气管啰音、流鼻汁，成鸡产蛋率下降，产软壳蛋、畸形蛋、粗壳蛋，蛋白稀薄如水，发病高，如无继发感染，雏鸡7～15天可恢复，死亡率不高，大鸡、产蛋鸡少见死亡。剖检见气管内有大

量黏液，严重时堵塞气管、支气管。

肾型：主要侵害雏鸡，初表现呼吸道症状。继而出现典型症状、尿酸盐粪便，病鸡消瘦，死亡率高，严重造成全群覆灭，损失惨重。剖检见法氏囊充、出血，内有黏液与栓子，主要表现肾小管高度肿胀，条索状，花斑样，输尿管高度肿胀，内充满大量白色尿酸盐，直肠内大量尿酸盐沉积，肠卡它性炎症，严重者内脏、关节、肌肉皆有白色尿酸盐沉积。

腺胃型：轻微呼吸道症状，主要表现生长障碍，病鸡瘦小，羽毛逆立，无光泽，30 日龄鸡头颈部羽毛仍保持 10 日龄左右的绒毛。剖检见腺胃高度肿胀呈现球形，壁肿胀，黏膜乳头出血、溃疡，凹凸不平，肌胃萎缩，十二指肠相对膨大，其他肠道瘦小，胰腺萎缩。

4/91 型：此型主要侵害成鸡。

侵害胸肌表现白色条纹状，侵害输卵管表现育成鸡输卵管萎缩，发育迟缓甚不发育，产蛋鸡产蛋量下降，产软壳蛋、薄壳蛋、沙壳蛋及畸形蛋，蛋白水样。

(3)防治措施

①加强种鸡、商品鸡的免疫，受威胁区注射呼吸型、肾型、腺胃型三联苗，种鸡在育成期注射 4/91 苗。

②无论何型传支发生，都要搞好消毒工作，加强隔离，减少人员物品流动。场、舍门前设消毒池，内加 2%～5%火碱每天更换一次，加强病鸡消毒，一天 2 次，采用碘制剂(喷雾灵、碘酊)以 1∶900 稀释，带鸡喷雾，可明显缩短病程，尽快终止流行。

③发病鸡群要注意保温，较正常舍温提高 2～3℃，适当通风，保证舍内空气新鲜，水中加倍投服电解多维，对肾型传支必须饮用肾肿灵，以促进尿酸盐的排泄，同时料中加倍拌饲维生素 AD_3 粉。

④发病鸡群最好送有关部门分离病毒。制苗进行免疫，因血清型有针对性，免疫效果更好。

5. 传染性喉气管炎

鸡传染性喉气管炎是由鸡传染性喉气管炎病毒引起的鸡的一种传播快速的急性接触性上部呼吸道传染病。以呼吸困难、气喘、咳出血样渗出物为特征。

(1)病原　鸡传染性喉气管炎病毒,该病毒呈现高度的宿主特异性,只能在鸡胚(包括野鸡胚)及其细胞培养物内良好增殖,还可在鸡胚肾、鸡胚肝以及鸡肾培养物和禽的免疫系统细胞培养物中增殖。

(2)流行病学　各种年龄和品种的鸡都易感,野鸡偶见感染,火鸡只能人工感染,一年四季均可发生,幼鸡在温暖季节发病时,病情常比较缓和,死亡率较冬季成年的鸡感染低。本病最多发生于12月龄以下12日龄以上的鸡。潜伏期随流行病毒的毒力而有所差别,通常为2～6天。

(3)症状　急性经过病鸡首先出现流泪和眼分泌物增多,继之发生结膜炎。眼分泌物变黏稠后,可使上下眼睑粘在一起,鼻黏膜发炎 流出分泌物。病鸡呈痉挛性咳嗽,并从口腔排出带血的黏液。呼吸时能听到湿性啰音。呼吸严重困难时,病鸡伸颈举头,呈喘息状呼吸,尤其吸气时更加吃力,并发出呼哧的声音,往往因窒息而死。最急性病例可于24小时左右死亡,但多数可持续5～7天。病鸡食欲减退,精神沉郁,迅速消瘦,鸡冠黑紫,有时排出绿色稀便,并逐渐衰竭死亡。

毒力较弱的病毒只引起缓和局限性流行。病鸡主要是结膜炎症状,有时伴发眼下窦肿胀和长时间流鼻液。营养不良,产蛋减少。某些病例则只限于轻度的鼻卡他症状,病程持续期较长,最短1周,长的可达1个月,另一显著特点是传染性差,受感染鸡群发病率一般不超过5%,死亡率低,病鸡一般都可耐过。

(4)病理剖解　本病初期的病变以气管及喉部组织为主,在感染后36～42小时出现喉头、气管和支气管发炎,黏膜表面覆盖多量黏液。急性病例可见肺充血、出血和支气管炎变化,黏膜表层黏液带血。后期喉头和气管表面形成伪膜性炎症。可于少数病死鸡发现喉头或气管被干酪样或脱落的伪膜堵塞。组织学检查时,感染初期可见上皮细胞水肿和纤毛消失。随后发生黏膜和黏膜下层细胞浸润和小血管出血,甚至发生两分离现象。

(5)实验室诊断　采用包涵体的检查,动物接种,荧光抗体法检测

病毒抗原，采用中和试验和免疫扩散试验检测特异性抗体，采用核酸探针和 PCR 检测病毒 DNA。

（6）防治措施

①对典型病鸡每只紧急肌肉注射盐酸吗啉双胍 1 毫升＋链霉素 0.2 克，同时灌服中成药喉症丸 2 粒；对个别严重呼吸困难，喉头有黄白色干酪样物堵塞的窒息鸡，用镊子轻轻剥离掉，涂以碘酊，以缓解其危症。

②选用中草药板蓝根、大青叶、蒲公英、双花、黄芩、黄连、苍术、桔梗、苍耳子、木香、大黄、薄荷、甘草等适量组方，水煎 2 次，合并后让鸡自饮，重者灌服 1～2 毫升，用量为 1 克/（只・天），存渣拌料，连用 3 天。

③用 ILT 卵黄抗体（1∶128 以上）肌肉注射 2 毫升/只，对减少死亡有一定作用，尤其在发病早期。

④用 ILT 油乳剂苗，0.3 毫升/只，皮下注射；或 ILT 组织灭活油乳疫苗，肌肉注射，0.5 毫升/只，可起到免疫保护作用。

⑤必须采用点眼或滴鼻的方式对 15～17 日龄的雏鸡进行免疫。3～4 天可产生部分保护，6～8 天能完全保护，免疫期至少半年。

⑥接种疫苗后的鸡和病愈鸡都带毒者，因此千万不要将未接种的鸡和不接种的鸡以及一些来历不明的鸡混养，严格执行生物安全措施，防止疫苗病毒向附近其他鸡群扩散。

⑦严格控制人员、车辆、用具的活动和搬动，加强消毒和卫生工作。

⑧病鸡数量不大时，隔离饲养，可用氢化可的松、土霉素各 1 片溶于 12 毫升冷开水中，用不带针头的注射器注入鸡喉部，每只鸡注 2 毫升，每天 2 次，连用 2～3 天，同时在饲料中添加 0.1%鱼肝油、0.3%土霉素，有得于保护气管黏膜的完整性，防止细菌继发感染，提高抵抗力。

⑨用“喉炎散”内服，一般用药 3～4 天后均能有效缓解症状，减少死亡。

6. 沙门氏菌病

流行情况：由各型沙门氏菌引起的鸡白痢、伤寒、副伤寒细菌性传染病。本病发生不分年龄、季节。主要有垂直传播与水平传播。病原菌污染的饲料、饮水、垫料，通过消化道及呼吸道（粉尘绒毛吸入）而感染。

(1)症状及剖检病变

鸡白痢：雏鸡蛋黄吸收不好，肛门周围羽毛污染白色粪便而硬结、排便困难，发出尖叫声，病雏羽毛蓬松翅下垂，无神，白色下痢，糊状，怕冷，侵害肺出现呼吸困难，剖检见肝有灰白色结节，盲肠有灰白色干酪样栓子，成鸡卵泡皱缩，呈黄色或褐色，无光泽，内容物浓稠，呈油脂状，有的卵泡变得坚实，或破裂入腹腔引起腹膜炎，种鸡睾丸实质灰白色坏死灶，性欲减低。

鸡伤寒：肝古铜色，其他同鸡白痢。

副伤寒：肝脾淤血肿大，有针头大坏死灶，肾充血，纤维素性心包炎。

(2)防治措施

①对后备鸡群利用平板凝集与琼扩试验加强检疫，淘汰阳性鸡。

②加强种鸡及孵化过程中的消毒工作。及时捡蛋、消毒。严禁与被粪便污染的种蛋及非清净场种蛋同时上孵。

③加强环境消毒及带鸡喷雾消毒。加强育雏期饲养管理，发现病雏及时烧掉。

④药物防治：未病鸡群进行预防、净化、发病群积极治疗。可选用下列药物：

土霉素 1～2 克/千克拌料连用 7 天。

金霉素 1～2 克/千克拌料连用 7 天。

喹诺酮类（恩诺沙星、环丙沙星、氟哌酸、氧氟沙星）100～200 毫克/升拌料或饮水。

此外硫酸粘杆菌素、新霉素、庆大霉素、卡那霉素、氨苄青霉素，硫胺类等对本病都有较好防治效果。有条件的鸡场可分离沙门氏菌进行药敏试验，选择敏感药。产蛋鸡禁用硫胺。

7. 大肠杆菌病

(1)流行情况 由大肠杆菌引起的鸡的原发性与继发性条件性传染病。一年四季均可发生,有养鸡的地方就有本病的发生,侵害各种年龄的鸡,本菌对多数抗生素敏感。但由于极易产生抗药性,在有些鸡场场遇到无药可施的地步。而蒙受巨大的经济损失。本病可通过以下途径传播:

①经卵感染:腹膜炎及输管炎可使卵巢污染而引起卵内感染,卵壳被带菌粪便污染,可引起初生雏大肠杆菌败血症。

②经呼吸道感染:经呼吸道吸入被大肠杆菌污染的绒毛粉尘而引起气囊炎及败血症。

③经口感染:较少,但产生内毒素的大肠杆菌可经口感染而引起了出血性肠炎。

④饲养环境不良(圈舍潮湿、寒冷、拥挤、氨气浓度大、水源及饮水器被污染)和疾病是本病诱因(如法氏囊病及慢性呼吸道病、球虫病的存在)。

(2)主要症状及病理变化 由于大肠杆菌血清型及感染途径不同引起症状、病变不同可分如下类型:

大肠杆菌型败血症:侵入种蛋内的大肠杆菌在孵化过程中繁殖,可致死鸡胚增多,即使孵出了雏也不健康,可见白色、黄绿色或泥土样粪便,腹部增大。出壳后 2～3 天死亡。3 周龄以后发病和死亡减少,幸存下来的也成为发育迟缓的雏鸡。死胚和死亡的幼雏,表现脐炎,卵黄易碎,内容物为黄褐色泥土样的较大残留卵黄,中雏以后表现肝周炎、腹膜炎、胸肌瘀血。

呼吸器官感染症(气囊炎):出现呼吸困难,剖检气囊浑浊、肥厚,肝肿、脆,肝包膜发炎,肺充血并与胸腔粘连。

大肠杆菌性肉芽肿:消瘦、小肠、盲肠及消化道浆膜面多发白色隆起的肉芽性结节,有时肝亦见肉芽肿与坏死灶。

出血性肠炎:主要鼻腔、口腔出血,剖检以消化道黏膜出血溃疡为特征,此型发生较少。

关节滑膜炎与全眼球炎：腿关节肿胀、跛行、关节液浑浊，量增大，并见有干酪样物，此外全眼球炎表现失明：角膜浑浊、眼球缩小、凹陷、网膜崩溃，全部失明。

输卵管炎症：大肠杆菌从肛门上行侵入引起慢性输卵管炎，病鸡的卵白等分泌物在输卵管内长期呈层状凝结，因而被堵塞，妨碍产卵，排出的卵泡落入腹腔内引起坠卵性腹膜炎（卵黄性腹炎）。

(3)防治措施

①搞好环境卫生消毒，饮水中加入含氯消毒剂，经常清洗、消毒饮水器，搞好带鸡喷雾消毒，及时清理粪便与垫料。

②加强饲养管理，注意透风与保温。

③发病严重场可从本场分离大肠杆菌，制备自家灭活苗进行免疫。

④药物防治。大肠杆菌对多数抗生素、喹诺酮类等药物敏感。但易产生抗药性。受大肠杆菌威胁严重的鸡场，最好分离大肠杆菌，通过药敏试验选择敏感药。无条件进行药敏试验的鸡场，可选用下列药物防治：

· 硫酸粘杆菌素 200～400 毫克/千克饮水或拌料。

· 硫酸新霉素 200～400 毫克/千克饮水或拌料。

· 喹诺酮类（恩诺沙星、环丙沙星、诺氟沙星、氟哌酸）100～400 毫克/千克饮水或拌料。

此外庆大霉素、金霉素、卡那霉素、氨苄青霉素皆有防治效果。

8. 禽霍乱

(1)流行情况　本病有多杀性巴氏杆菌引起的鸡、火鸡、鸭、鹅等的一种急性白血性传染疾病。本病的发生有一定的季节性，即高温高湿的夏季及气候急剧变化的春秋两季有多发趋势。世界各地皆有流行。病禽、带菌禽、野鸡的排泄物和分泌物内含有多量病菌可以污染饲料、饮水、环境用具等通过呼吸道、消化道传播本病。

(2)临床症状与剖检变化　本病的特征是突然发病，高热，下痢，发病率与致死率都很高，急性禽霍乱发病急，死亡快，往往看不到症状即死亡，有的死于产蛋窝内或在楼架上死后坠地，有的在死前数小时才出

现症状。

病鸡无神、缩颈闭眼、羽毛松乱、发热、厌食，离群孤立，口腔内有黏液流出挂于嘴下，腹泻、排出黄白或绿色稀便，死前鸡肌肉脱水、干暗红，冠或肉髯变青紫色、肿胀，剖检见产蛋鸡输卵管内有未产出蛋，胸腔喷水状出血点，心冠脂肪密集针尖大出血点；肝大，有针尖大、粟粒大灰白色坏死灶；十二指肠有出血点。慢性禽霍乱表现关节、肉髯肿大，出现干酪样坏死。卵泡充血、出血、变形，或出现由于卵泡破裂引起的卵黄性腹膜炎。

(3)防治措施

①疫苗免疫：在流行区可注射菌苗(以禽霍乱蜂胶苗为好)，种鸡及产蛋鸡在产前接种。

②鸡场不随便引进鸡苗，必须引进需隔离饲养，观察无病后方可合群。

③加强环境卫生消毒。

④发病鸡群采用药物治疗。

金霉素、土霉素(1‰拌料)连用7天。

强力霉素0.5‰拌料或饮水，连用7天。

青霉素肌肉注射5万～10万单位/只，每天2次，连用2～3天。大群饮水5 000～10 000单位/只，1～2小时内饮完。

喹诺酮类(恩诺沙星、氧氟沙星、环丙沙星、氟哌酸等)100～200毫克/千克拌料、饮水，连用7天。

9.鸡霉形体病

(1)流行情况　由霉形体(支原体)引起鸡的一种慢性呼吸道性、消耗性传染病。本病感染率高，几乎所有的鸡群皆有不同程度的感染，一年四季均可发生，但主要以冬春季节较为严重，特别是环境条件差时，如鸡舍通风不良，氨气浓度过高，鸡群密度过大，潮湿拥挤，疫苗免疫应激，营养缺乏，气候突变，其他疾病继发，都是引起发病与流行的因数。若有大肠杆菌病并发，死亡较多，造成严重的经济损失。

主要症状：幼鸡感染后症状明显，流浆性或黏性鼻汁，眼内有泡沫、咳嗽。因鼻孔堵塞而张口呼吸。气管啰音特别是在夜间呼噜声更明显。病鸡食少，无神闭眼，严重时眼内有干酪物，生长慢，大鸡甩头，眼睑肿胀，产蛋鸡产蛋量下降，剖检见鼻腔、气管、肺中充满黏性渗出物，严重的气管中有坏死性的渗出物。

(2)防治措施

①种鸡进行血清学检测，淘汰阳性鸡。

②孵化场、孵化器、出雏器要彻底消毒，种蛋可采取变温法、抗生素(泰乐菌素、链霉素)浸蛋法杀灭种蛋内霉形体。

③饲料或饮水中投服抗生素防治。

泰乐菌素 100～200 毫克/千克拌料。

红霉素 130～250 毫克/千克饮水。

土霉素 200～1 000 毫克/千克拌料。

金霉素 100～400 毫克/千克拌料。

强力霉素 50～100 毫克/千克拌料。

也可采用链霉素饮水 2 000 单位/只鸡或滴鼻点眼肌肉注射喷雾。

④解决舍内温度与通风的关系，防忽冷忽热和贼风，及时清除粪便，减少舍内氨气浓度，严防饮水器水漏到垫料上。

⑤免疫前后水中加电解多维及抗生素防止继发霉形体病。

10. 球虫病

鸡球虫病是由单细胞生物引起的鸡盲肠和小肠出血、坏死为特征的寄生性原虫病。主要感染 2 周龄以上的雏鸡及育成鸡，特别是阴雨潮湿季节及圈舍拥挤、卫生差，蛋鸡育成期限饲阶段引起本病，多因鸡采食被球虫卵囊污染的粪便、垫料后经消化道感染。

(1)主要症状及剖检变化

盲肠球虫：病鸡表现无神、拥挤在一起翅膀下垂、羽毛松乱、闭眼昏睡、便血、鸡冠苍白，剖检贫血、肌肉苍白，盲肠肿大，内充满大量血液或血凝块。

小肠球虫：病程长、病鸡表现消瘦、贫血、苍白，食少、消瘦、羽毛蓬松、粪便带水，消化不良或棕色粪便，两脚无力，瘫倒不起，脖颈震颤。

衰竭而死。剖检小肠肿、黏膜增厚或溃疡，出现针尖大密集出血点或坏死灶。严重者小肠内充满血液。

(2)防治措施

①加强卫生与饲养管理，保持鸡舍透风，干燥，避免鸡群拥挤，及时更新垫料。

②种鸡可试用球虫苗进行免疫。

③药物防治在选用球虫药防治时，要结合清粪，补充维生素A及维生素K，常能缩短病程。

常用抗球虫药物有：马杜拉霉素5毫克/千克拌料，超量中毒。

地克珠利1毫克/千克拌料。

盐霉素60～70毫克/千克拌料，超量中毒。

莫能霉素60～100毫克/千克拌料，产蛋鸡禁用。

海南霉素(鸡球素)5毫克/千克拌料。

11. 鸡组织滴虫病(盲肠肝炎)

组织滴虫病又称传染性盲肠肝炎或黑头病，是鸡的一种急性原虫病。主要特征是病鸡便血、贫血，肝脏坏死和盲肠溃疡。

(1)病原　病原为组织滴虫属的大鸡组织滴虫，也称盲肠肝炎单胞虫。组织滴虫有强毒株、弱毒株和无毒株之分。强毒株感染时在盲肠和肝脏形成病变，可引起鸡的死亡，弱毒株只在盲肠形成病变无毒株感染，不形成病灶。

组织滴虫的形状有两种：一种是寄生在细胞内的，呈圆形；另一种是寄生在盲肠腔内，呈不规则形，有一根鞭毛。组织滴虫以二分裂的方式繁殖，一部分虫体随时粪便排出，被鸡采食后而感染，但这种情况很少，因为虫体在外界存活时间不长，大多数在宿主体外数分钟即可死亡。其最主要的感染途径是组织滴虫侵入寄生在盲肠中的异刺线虫的卵内，随粪便排出体外，由于有卵壳的保护，在外界能存活较长的时间，被鸡吃进后，组织滴虫和异刺线虫又一同寄生在盲肠内。

(2)流行特点　本病主要通过消化道感染，病鸡排出的粪便中含有大量原虫，但大多数组织滴虫很快死亡。虽然存在着鸡因食入被污染的饲料、饮水和土壤中活的组织滴虫而直接感染的可能性，但这种感染方式常常难以发生。组织滴虫在体外较长时间存活是与鸡异刺线虫和养鸡场土壤中普遍存在的几种蚯蚓密切相关的。蚯蚓起到一种自养鸡场周围环境中收集和集中异刺线虫卵的作用。蚯蚓、蚱蜢、蝇类、蟋蟀等由于吞食了这些昆虫后，组织滴虫即逸出，使鸡发生感染。

本病多发在春末至初秋的暖热季节，鸡、火鸡、鹧鸪、孔雀、珍珠鸡和雏鸡均可被感染。本病是由于组织滴虫钻入盲肠壁繁殖，进入血流和寄生于肝脏引起的。2 周龄至 4 月龄的鸡易感性很高，潜伏期 7～12 天，成年鸡也会发生，但呈隐性感染，并成为带虫者。鸡群的管理条件不良、鸡舍潮湿、过度拥挤、通风不良、光线不足、饲料质量差、营养不全等，都可成为本病的诱因，促使本病的流行和加重本病的病情。

(3)临床症状　病初病鸡表现食欲不振，羽毛松乱，两翅下垂，嗜眠，怕冷扎堆。消瘦，贫血，下痢，粪便淡黄色或绿色，含有血液，严重时排出大量的鲜血。有些病鸡头部皮肤淤血，呈蓝紫色，有“黑头病”之称。

(4)病理特征　组织滴虫病的主要病变在盲肠和肝脏。大约在感染后第 8 天，盲肠最先出现病变。盲肠壁变厚和充血，从黏膜渗出的浆液性和出血性渗出物充满盲肠腔，使肠壁扩张，渗出物发生干酪化，形成由脱落上皮、纤维素、红细胞和白细胞以及盲肠内容物共同组成的干酪样肠芯，似香肠样，肠芯最初形状不定，略带红色，后发展为连续一层层渗出物浓缩而成的一种分层、较硬、淡黄的物体，中心为黑色的凝固血块。盲肠壁的溃疡可导致盲肠穿孔，引起全身性腹膜炎。

肝脏的病变常出现在感染后第 10 天，肝脏肿大，表面形成圆形或不规则形状下陷的坏死灶，中心为淡黄色或黄绿色，外周边缘为隆起的灰色，成年鸡肝脏坏死灶可融合成片，康复鸡肝脏、盲肠壁形成疤痕组织。病程 1～3 周，死亡率可达 30％以上，及时治疗的死亡率不高，但病后数周生长缓慢。病愈康复鸡的粪便中仍带有原虫，带虫时间数周或数月。

(5)实验室诊断　从刚捕杀的鸡取新鲜盲肠内容物用温生理盐水

稀释，做成悬滴标本，进行镜检（最好用相差显微镜），如见到钟摆状运动的活动原虫（8～12 微米，高倍镜可见到鞭毛），即可确诊。

(6)防治措施

①加强饲养管理、避免潮湿拥挤、卫生不良等因素。

②定期驱除鸡体内的异刺线虫。

③对发病鸡，可将地克珠利混于饲料中饲喂，连用 7 天可治愈。

12. 脑脊髓炎

禽脑脊髓炎又称流行性震颤，是一种主要侵害雏鸡的病毒性传染病，其特征是运动失调和头颈震颤，成年鸡产蛋量下降。

该病毒属微核糖核酸病毒科肠道病毒属，对氯仿、酸、胰酶、胃酶和去氧核酸酶有抵抗力。病毒能在无免疫性母鸡所产的卵鸡胚脑部和卵黄囊中增殖，也可在神经胶质细胞、鸡胚肾细胞、鸡胚成纤维细胞和鸡胚胰细胞等细胞培养物上生长繁殖。

(1)流行特点　各种年龄的鸡都可被感染，但出现明显症状的多见于 3 周龄以下的雏鸡。病禽通过粪便排出病原，污染饲料、饮水、用具、人员，发生水平传播。病原在外界环境中存活时间较长。另一重要的传播方式是垂直传播，感染后的产蛋母鸡，大多数在为期 3 周内所产的蛋中含有病毒，用这些带毒种蛋孵化时，有些鸡胚在孵化中死亡，有些鸡胚可孵出，出壳雏鸡可在 1～20 日龄之间发病和死亡，造成本病的流行，引起较大的损失。本病一年四季均可发生，无明显的季节性。

(2)症状　经鸡胚感染的雏鸡潜伏期为 1～7 天，经接触经口感染的潜伏期为 10～30 天，通常是在 1～3 周龄发病。病初雏鸡精神稍差，眼神呆钝不愿走动，驱动时行走不协调、摇晃，逐渐运动共济失调，以跗关节或胫部行走。后见雏鸡精神沉郁，运动严重失调逐渐麻痹和衰竭，头颈震颤，手扶时更明显。由于共济失调不能走动，摄食、饮水不足最后衰竭死亡。部分病雏可见一侧或两侧眼睛的晶状体混浊，变成蓝色而失明。雏鸡群可迅速全部感染，但发病率通常为 4%～50%，有时可达 60%。死亡率受各种因素的影响，在 10%～70%，平均 25%。成年鸡感染无明显的临床症状，可出现短时间（1～2 周）产蛋下降，下降幅度在 5%～15%，其后可逐渐恢复。

（3）病理变化　无特征性肉眼病理变化，仔细检查仅可在胃的肌层中出现灰白色区。

（4）诊断　根据流行病学和临床特征可作出初步诊断，确诊需进行病毒的分离和血清学试验。

（5）防治措施

①本病尚无药物治疗，主要是做好预防工作，不到发病鸡场引进种蛋或种鸡，平时做好消毒及环境卫生工作。

②进行免疫接种，弱毒苗可饮水、滴鼻或点眼，在 8～10 周龄及产前 4 周进行接种；灭活油乳剂苗在开产前 1 个月肌肉注射，也可在10～12 周龄接种弱毒苗，在开产前 1 个月再接种灭活苗，均具有很好的防治效果。

13. 巴氏杆菌病

本病是由多杀性巴氏杆菌病引起的细菌性传染病，又称为禽霍乱、禽出血性败血病，是危害养鸡业的主要传染病之一。

（1）流行特点　各种家禽包括鸡、鸭、鹅和火鸡均易感染发病。鸡群多散发，产蛋鸡最易感；3 月龄以内的鸡有较强的抵抗力。本病一年四季均可发生，以夏、秋季多发。

（2）临床特征

最急性型：多见于流行初期，以肥壮、高产鸡多见。通常发现鸡突然死亡，死亡前也无症状，也有的鸡突然倒地、挣扎、拍翅抽搐，1 分钟内迅速死亡。

急性型：发病鸡主要表现精神沉郁，呆立或蹲伏一隅，作瞌睡状，食欲消失，口渴增加，呼吸急促，口鼻有黏液流出，常有腹泻，粪便呈黄色、灰白色以至绿色，经 1～3 天死亡。

慢性型：见于流行后期。主要表现肺、呼吸道、胃肠道的慢性炎症。食欲不振。经常腹泻，引起消瘦，衰弱，贫血症状，病程长，死亡率低。

（3）实验室诊断　取新鲜病料（肝、脾、心血、渗出液等）制成触片或

涂片，瑞氏染色，镜检两极染色的球杆菌。用血液琼脂培养基进行分离培养，进行细菌学及动物接种试验。

(4)防治措施

预防：选用蜂胶灭活苗或弱毒苗进行免疫接种，主要用于2个月以内的鸡，免疫期可达半年。加强饲养管理，搞好卫生消毒，防止病原浸入。

治疗：先进行药敏试验，选用疗效最佳的药物，但应防止长期重复使用某一种药物。常用的药物有：

①土霉素、金霉素0.1%浓度拌料，连喂3～5天。强力霉素0.01%浓度饮水，连用3～5天。庆大霉素2万～4万单位/升，连用3～5天。

②氟哌酸、盐酸环丙沙星、恩诺沙星等0.005%～0.01%浓度拌料，连用3～5天。

14. 传染性鼻炎

鸡传染性鼻炎是由副鸡嗜血杆菌引起的鸡的一种急性呼吸道传染病，以鼻腔和窦发炎，喷嚏和脸部肿胀为主要特征。本病呈世界性分布，可在育成鸡和产蛋鸡群中发生，由于淘汰鸡数的增多和产蛋的明显减少而引起巨大经济损失。

副鸡嗜血杆菌是一种革兰氏阴性、两极浓染、没有运动性、容易形成丝状的小杆菌。分离培养需用鲜血琼脂培养基或巧克力琼脂培养基。该菌相当脆弱，在宿主体外会很快死亡，排泄物中的病原菌在自来水中仅能存活4小时，生理盐水中22℃仅24小时内有感染性，本菌培养物在45～55℃的环境下2～10分钟内死亡，该菌一般分为3个血清型，各型之间交叉免疫保护性差。

(1)流行特点　鸡是副鸡嗜血杆菌的主要宿主，各种年龄的鸡均可感染，但4周龄以上的鸡易感性增强。育成鸡、产蛋鸡最易感，本病多发生在成年鸡。慢性病鸡和康复后的带菌鸡是主要的传染来源，本病主要通过被污染的饲料和饮水经消化道而感染。鸡舍通风不良，氨气浓度过高，鸡舍密度过大，营养水平不良以及气候的突然变化等均可增加本病的严重程度。与其他禽病如霉形体病传染性支气管炎、传染性喉气管炎等混合感染可加重病程，增加死亡率，不同日龄的鸡群混养也常导致本病的暴发。本病在寒冷季节多发，一般秋末和冬季可发生流行，具有来势猛，传播快，发病率高，死亡率低的特点。

(2)症状　潜伏期短，通常为1～3天。病鸡较明显的症状是颜面肿胀，鼻腔和鼻窦内有浆液性黏液性分泌物，结膜炎，一侧眼眶周围组织肿胀，严重的造成失明，肉髯明显水肿，上呼吸道炎症蔓延到气管和肺部时，呈现呼吸困难和杂音。成年鸡病初厌食，闭目似睡，不愿走动，流浆性鼻液，而后眼睑和面部出现一侧性或两侧性水肿，鼻腔内有脓性分泌物。育成鸡主要表现开产延迟，幼龄鸡生长发育受阻。产蛋鸡群在发病后5～6天，产蛋量明显下降，处在产蛋高峰期的鸡群产蛋量下降更加明显，可由70%降至20%～30%，一般平均下降25%左右。在本病的发生早期鸡只很少死亡，但当全群精神状态好转，产蛋量开始回升时，鸡群死淘率增加。病程一般为4～18天，死亡率约为20%，并发其他病时，死亡率增加。

(3)病理变化　主要病理变化是鼻腔和窦发生急性卡他性炎症，黏膜充血肿胀，表面有大量黏液及炎性渗出物凝块。严重时气管黏膜也有同样的炎症，偶尔发生肺炎和气囊炎。眼结膜充血发炎。面部和肉髯的皮下组织水肿。病程较长的病鸡，可见鼻窦、眶下窦和眼结膜囊内蓄积干酪样物质，蓄积过多时常使病鸡的眼显著肿胀和向外突出，严重的引起巩膜穿孔和眼球萎缩破损，眼睛失明。

(4)诊断　根据病鸡的流行病学特点和临床病理特征，可作出初步诊断，确诊须作实验室检验。

(5)治疗

抗菌药物治疗：选择合适的抗菌药物进行治疗，磺胺类药物是治疗本病的首选药物，一般用复方新诺明或磺胺增效剂与其他磺胺类药物合用，或用2～3种磺胺类药物组成的联磺制剂。但投药时要注意时间不宜过长，一般不超过5天。且考虑鸡群的采食情况，当食欲变化不明

显时，可选用口服易吸收的磺胺类药物，采食明显减少时，口服给药治疗效果差可考虑注射给药。链霉素（成鸡每只15万～20万单位）、庆大霉素（每只鸡2 000～3 000单位）等，连用3天，可明显减轻症状。发病初期使用药物防治的同时，尽早地接种油乳剂灭活苗能有效地控制疫病的流行。经治愈的康复鸡仍能排菌，因此有条件的鸡场应该对患过本病的康复鸡进行淘汰，严禁在鸡群中挑选尚能下蛋的鸡并入其他鸡群。

中草药方剂治疗：白芷、防风、益母草、乌梅、猪苓、诃子、泽泻各100克，辛夷、桔梗、黄芩、半夏、生姜、葶苈子、甘草各80克，粉碎过筛，混匀，为100只鸡3天的药量，即平均每鸡每天42克，拌料喂食，连用9天。治疗鸡传染性鼻炎有较好的效果。

(6)防制

①加强饲养管理。加强饲养管理改善鸡舍通风条件，降低环境中氨气含量，执行全进全出的饲养制度，空舍后彻底消毒并间隔一段时间才可进新鸡群，搞好鸡舍内外的兽医卫生消毒工作，这些措施在防治本病上有重要意义。

②接种疫苗。目前国内使用的疫苗有A型油乳剂灭活苗和AC型二价油乳剂灭活苗，25～40日龄进行首免，每只鸡注射0.3毫升，二免在110～120日龄进行，每只注射0.5毫升，可以保护整个产蛋周期。疫区鸡群在注射免疫时使用抗生素5～7天，以防带菌鸡发病。也可用国外的单价或双价氢氧化铝灭活苗和新城疫、鼻炎二联苗。

15.败血霉形体病

本病是血败血霉形体感染引起的以呼吸困难为特征的慢性传染病。本病发展缓慢，病程长，所以又称为慢性呼吸道病。

(1)流行特点　本病一年四季均可发生，但以寒冷季节较重。易感动物主要是鸡和火鸡，各种年龄的鸡都易感，1～2月龄最易感。感染率可达20%～70%，鸡是否发病及病的严重程度，与环境条件、密度、通风、饲养管理、应激因素等诱因直接相关。

本病常与传染性支气管炎、传染性喉气管炎、新城疫、大肠杆菌病、传染性鼻炎等疾病继发感染或混合感染。

(2)临床特征　病鸡流鼻液,打喷嚏,甩鼻,咳嗽,气喘,呼吸啰音,流泪,眼睑红肿,眶下窦因炎性渗出物蓄积,眼部突出似金鱼眼。病鸡生长停滞,精神不振,逐渐消瘦。产蛋母鸡蛋率逐渐下降,并维持在较低水平上,孵化率降低,弱雏增加。

(3)病变特征　病鸡鼻腔、气管、支气管发生卡他性炎症,腔内有多量黏稠的分泌物,黏膜膜增厚、潮红。气囊早期轻度浑浊、水肿,并见乳白色小结节。后期囊腔内有干酪样渗出物,似炒鸡蛋样;气囊粘连。肺脏发炎、肿胀、实变,呈暗红色。本病与大肠杆菌混合感染时常伴有纤维素性心包膜炎、肝包膜炎。

(4)实验室诊断　病理组织学检查,气管黏膜固有层淋巴细胞灶状增生、黏液腺增生。气囊结节为淋巴细胞增生灶。.取炎性渗出物或病变组织进行细菌培养。取血清与诊断抗原做平板凝集试验。

(5)防治措施　种鸡群检疫净化,种蛋消毒。可用弱毒苗或灭活苗病鸡(尤其是内仔鸡)可选用下列药物治疗(应避免重复用药):

①恩诺沙星、氧氟沙星、环丙沙星、氟哌酸等喹诺酮类药物0.005%饮水或加倍拌料连用3～5天。

②强力霉素0.005%～0.01%饮水或加倍拌料,连用3～5天。

③硫氰酸红霉素0.006%～0.012%饮水或加倍拌料连用3～5天。

④泰乐菌素、北里霉素、链霉素、壮观霉素等抗生素均有一定疗效。

但药物治疗不能彻底治愈,停药后,若遇诱因会再度发病。

16.虱

鸡虱是寄生在鸡体羽毛中的一种永久性寄生虫。在冬季大量繁殖,严重侵袭后对鸡危害很大。咬食羽毛和皮屑,使羽毛脱落。

(1)主要症状　患鸡奇痒,不安,影响休息和采食,引起鸡消瘦贫血,生长发育不良,生产性能下降。

(2)防治措施　笼、舍要经常打扫,保持干净,防止潮湿,定期消毒。如发病可用以下药物:

①溴氰菊酯，2.5%，以1∶4 000稀释，鸡体喷雾或药浴，隔7～10天施用一次。

②蝇毒磷，配成0.25%水溶液，喷雾或药浴。

③沙浴法，在鸡运动场建一沙池，在每100千克细沙中加入4～5千克马拉硫磷粉或10千克硫黄粉，充分混匀，让鸡自行沙浴。

④烟草1份，水20份，煮1小时，待水凉后，刷洗禽体。

⑤将灭虱药研末撒在羽毛内，1～2次即可除去。

⑥用氟化钠5份、滑石粉95份混合，撒在羽毛上。

⑦用市售灭害灵喷雾禽体，隔7天再喷洒一次。

17. 蛔虫

本病是蛔虫卵侵害小鸡引起的，使鸡消瘦、贫血、拉痢。主要侵害2～4月龄的鸡。引起生长发育迟缓或停滞，甚至发生死亡。

(1)主要症状　病鸡羽毛松乱无光、贫血、拉痢、消瘦。成年鸡感染后严重下痢，产蛋率下降。

(2)病理剖检　可见肠黏膜出血发炎，肠壁上有颗粒状化脓结节。小肠内可见成虫，呈黄白色，体表有细横纹。

(3)防治措施　定期驱虫，雏鸡于2～3月龄驱虫一次。以后每年春秋两季各驱虫一次。用以下两种药物驱虫，安全可靠：驱虫净（四咪唑），按每千克体重口服40～50毫克；左旋咪唑片，按每千克体重口服20～25毫克，口服一次，如不驱除可隔30天再服一次。

二、普通病

1. 鸡痛风

痛风是由于蛋白质代谢障碍以及肾功能障碍引起尿酸盐排泄受阻的一种尿酸血症。其主要特征是脏器表面及关节、软骨等内沉积白色的尿酸盐。本病的发生与饲喂大量富含核蛋白和嘌呤碱的蛋白质饲料而同时伴有肾机能不全有关，肾机能障碍尿酸盐排泄受阻是本病的关键所在。造成肾机能障碍因素很多，如维生素A缺乏，长期使用磺胺类药物、霉菌毒素的作用，患过传染性支气管炎，缺水和高钙日粮等。

（1）主要症状　可表现为内脏痛风和关节痛风，或两种同时存在。关节痛风表现为跛行，腿、翅关节肿大明显。内脏型痛风一般无特征症状，仅表现食欲不振，贫血，冠苍白。粪便中有较多的白色尿酸盐，消瘦，脱水。

（2）病理剖检　肾肿大呈黄白色，输尿管扩大，内有白色沉淀物和条状结石充满输尿管、心、肝、肺、胸膜等组织表面覆盖一层白色粉末物质，关节囊内积有白色沉淀物。

（3）防治　本病多采取综合防治措施。严重病例治疗希望很小，主要在于预防。

①减少日粮中的蛋白质（特别是核蛋白）含量，增加富含维生素的饲料，如维生素A、维生素D粉，含硒的维生素E粉等。

②多饮水，同时内服一些利尿药等。

③可用肾肿灵或保肾康饮水3～5天，对缓解症状有益。

④可试用阿托方（苯基喹啉羟酸）0.2～0.5克口服，每天2次，能增强尿酸的排泄及减少体内尿酸的蓄积和减轻关节疼痛。

⑤可用中草药石苇、瞿麦、车前草、银花、小金钱草、甘草煎水。每天2次，连饮5～7天。

2. 钙、磷缺乏症

家畜饲料中钙、磷缺乏或比例失调是骨营养不良的主要原因，这不仅影响家禽骨骼的形成和成年母鸡蛋壳的形成，而且影响家禽的血液凝固，酸碱平衡，神经和肌肉等正常功能。本病除钙、磷缺乏及比例失调因素外，维生素D不足，日粮中蛋白质过高，或脂肪过多，植酸盐过多，以及环境温度过高，运动少，日照不足等管理不当，都可能成为致病因素。

（1）主要症状　佝偻病主要发生于2周龄以后的雏鸡，骨软化症及骨质疏松症主要发生于成鸡，尤其是产蛋鸡。临床表现为骨松软变形，关节粗大，骨易折，瘫痪不起、跛行、行动失调。蛋鸡产软壳、薄壳蛋，破损率高，产蛋少甚至停产。后期病鸡胸骨呈“S”状弯曲。雏鸡精神差，

生长发育不良,体重减轻,高钙尚可发生内脏痛风。

(2)防治 以防为主,首先要保证家禽日粮中钙、磷供应量,其次要调整好钙、磷比例。对笼养鸡,要使它得到足够的日光照射。一般日粮中补充骨粉或鱼粉(1%～2%),可防治本病,疗效较好。钙多磷少时要重点补磷,以磷酸氢钙、过磷酸钙等较为适宜。若磷多钙少,则主要补充钙,如碳酸钙或贝壳粉。另外,对病鸡加喂鱼肝油,或补充维生素 D_3。严重者可以肌肉注射维生素胶性钙注射液,每天 2 次,每次 0.2 毫升,连用 3 天。

3. 硒、维生素 E 缺乏症

本病多因地方性缺硒或维生素 E 补充不足,或被酸败脂肪、碱性物质和光照破坏等,造成硒和维生素 E 缺乏而发病。

(1)主要症状 表现形式可多种多样。脑软化症:最常见于 15～30 日龄的幼鸡。病鸡表现运动失调,头向后或向下弯曲,间歇性发作。剖检可见小脑软化,脑膜水肿,表面有小的出血点,有时可见有浑浊的坏死区。渗出性素质:常发生于幼鸡,青年鸡也有发生。幼鸡主要表现翅下,胸腹部发青,皮下积有黄绿色胶冻样液体。大鸡可见面部、肉垂发青肿胀,剖检可见肌肉有条纹状出血。肌营养不良:当维生素 E 缺乏而同时伴有含硫氨基酸缺乏时,雏鸡胸肌的肌纤维呈淡色条纹。肝坏死和不育症:鸡往往突然死亡,肝细胞坏死,生殖机能障碍,精子形成异常等。

(2)识别方法 渗出性素质不能与死后尸体腐败发青相混同。一定要注意对活的病例和刚死亡的病例的诊断。渗出性素质与葡萄球菌病的区别:前者皮肤多不破溃,而是皮下有胶冻样淡绿色液体;而葡萄球菌病以局部炎症、破溃或皮肤发紫为主。脑软化症与新城疫扭颈的区别:新城疫多在发病的后期出现扭颈等现象,且伴有呼吸困难,排绿便等症状,剖检病变也不同。

(3)防治 在低硒地区,应在饲料中添加亚硒酸钠,常用量为硒 0.1×10^{-6},对预防本病有明显效果。幼鸡渗出性素质或脑软化症时,可口服维生素 E 300 国际单位/只,1～2 次可见效;同时补充

0.000 005%～0.00 001%的亚硒酸钠。或大群按每 100 千克饲料中添加维生素 E 250 毫克。肌营养不良时，除补给维生素 E 和亚硒酸钠外，最好同时补充含硫氨基酸(蛋氨酸、胱氨酸、半胱氨酸)。

4. B 族维生素缺乏症

B 族维生素包括 10 多种维生素，主要参与鸡体内物质代谢，是各种生物酶的重要组成成分。各种维生素 B 之间的作用相互协调的，一旦缺乏某一种会引起另一种机能发生障碍，发病时常呈综合症状。B 族维生素缺乏症的共同症状是消化机能障碍，消瘦，毛乱无光，少毛，脱毛，皮炎，拐脚，有神经症状。运动机能失调，产蛋鸡产蛋率减少，雏鸡生长缓慢。因 B 族维生素在体内无贮存，主要依靠饲料中补给，如果补充不足可造成 B 族维生素缺乏症。临床上以维生素 B_1、维生素 B_2、维生素 B_3 缺乏症多见。

(1)维生素 B_1(硫胺素)缺乏症

主要症状：厌食或不食，多发性神经炎。本病特征是肌肉麻痹，不能站立，颈部肌肉痉挛，头向后弯曲，呈观星状姿势。

防治：发病后用硫胺素，按每千克饲料加 10～20 毫克，连用 1～2 周。重者肌肉注射，雏鸡 1 毫克，成鸡 5 毫克，每天 1～2 次，连用 5 天。饲料中提高多种维生素和麸皮比例。

(2)维生素 B_2(核黄素)缺乏症

主要症状：足趾蜷曲不能行走，生长不良，产蛋率低，羽毛发育不良。本病的临床特征是趾爪向内蜷缩，难以站立，强迫行走时，呈跪地姿势行走。

防治：补充维生素 B_2，雏鸡 2 毫克/只，育成鸡 5～6 毫克/只，成鸡 10 毫克/只。

(3)维生素 B_3(*D*-泛酸钙)缺乏症

主要症状：主要发生皮炎。雏鸡表现羽毛生长缓慢，眼有分泌物，口及肛门发炎，常有痂皮形成。头部羽毛易脱，头、趾、脚底皮肤发绀、角化，有的在球关节部有疣状物。成鸡产蛋率下降，孵化率降低，胚胎死亡率高，胚皮下出血、水肿。

防治：补泛酸钙 8 毫克/只。病鸡群用泛酸钙，按每千克饲料用 20～30 毫克，连用 2 周。

5. 维生素 A 缺乏症

维生素 A 是保持鸡正常生长、最佳视力和黏膜完整必不可少的物质。如果饲料中维生素 A 含量不足，就会发生维生素 A 缺乏症。

(1)主要症状　初生雏鸡因种鸡维生素 A 缺乏，出壳后出现眼炎或失明；2～3 周龄雏鸡出现症状；4～5 周龄雏鸡大批死亡。其主要表现为生长停滞，瘦弱，运动失调，喙和小腿部皮肤黄色消失。流泪，眼睑内有干酪样物蓄积。干眼病几乎是维生素 A 缺乏的固定症状。成年鸡缺乏时出现消瘦，衰弱，羽毛松乱，腿和喙黄色消失；鼻孔、眼有水样分泌物，并逐渐浓稠变为牛乳样，上下眼睑被分泌物粘连，产蛋率、孵化率降低，公鸡精液品质下降。

(2)剖检变化　口腔、咽、食道及嗉囊的黏膜表面有许多白色小结节，有时可融合成一层白色假膜。肾脏有多量尿酸盐沉积。

(3)防治　预防发生本病，主要注意饲料配合。饲料中应补充丰富的维生素 A 和胡萝卜素饲料，如鱼肝油、胡萝卜、黄玉米、南瓜、苜蓿等。治疗时可按每千克饲料补加维生素 A 1 万国际单位。为了防止维生素 A 氧化，还可在饲料中加入乙氧喹或维生素 E 等。

6. 锰缺乏症

(1)主要症状　生长停滞、骨短粗，胫跗关节增大，胫骨下端和跖骨上端弯曲扭转，腓肠肌腱从跗关节的骨槽中滑出而呈现“滑腱症”。病鸡腿部弯曲或扭曲，不能行动，直至饿死。其骨骼变短，管骨变形，骺肥厚。骨骼的硬度良好，相对重量未减少或有所增加。缺锰种鸡产蛋孵化的鸡胚呈现短肢性营养不良症，头呈圆球样，喙短弯呈“鹦鹉嘴”样特征。

(2)防治　可在饲料中按 100 千克添加 12～24 克硫酸锰；或用1：3 000 高锰酸钾溶液饮水，每天 2～3 次，连用 2 天，以后再用 2 天。糠麸富含锰，用此调整日粮也有良好的预防作用。

7. 鸡曲霉菌病

该病是由霉菌引起的，主要侵害鸡肺部，引起炎症和产生毒素。

以烟曲霉致病能力最强，发病率也最高；此外，还有黄曲霉、寄生曲霉等。急性病鸡常无特征性症状，只见委顿、喜卧、跛行、瘫痪、不食。病程稍长，则表现呼吸困难，伸颈张口呼吸，食欲减退，渴感增加，消瘦，离群，后期下痢症状。部分病鸡发生眼炎，常在一侧眼瞬膜下出现黄色干酪样小球，使眼睑鼓起，或在角膜中出现溃疡。眼、鼻有多量浆液性分泌物，鸡冠和肉髯呈暗紫色，并有皱褶。通常在出现症状后2～7天内死亡。病变一般在肺、气囊，有时出现于气管和口腔，在这些部位形成霉斑和结节。内含多核巨细胞和淋巴细胞，并很快呈干酪样变，所以肺部出现干酪样区，粟粒状或融合成较大结节。气囊壁增厚，有时含大量分生孢子而在气囊上布满绿色霉斑。有的病例，只在气囊上出现许多小的质地较硬的灰白色结节。少数病例在其他内脏出现霉斑结节。

防治：避免使用发霉的饲料、垫草和饲槽，保持鸡舍和育雏设施的清洁干燥，是预防本病的主要措施。鸡舍合理的通风换气，温度变化不要过大。污染过的鸡舍，可用福尔马林熏蒸或喷洒火碱(10%)、石炭酸(5%)进行彻底消毒和通风换气。

预防的药物有如下几种较好：

(1)制霉菌素　污染过的鸡场，进入阴雨潮湿季节，按每100只雏鸡有50万国际单位，拌在饲料饲喂，每天2次，连用3～4天，预防效果较好，治疗量加倍。

(2)硫酸铜　按1∶3 000的溶液比例作饮水用，连用3～4天，疗效较好。

(3)碘制剂　在每升饮水中加入碘化钾5～10克，连用3天，有预防作用。病鸡每次口服碘化钾3～8毫克，连用3天，效果较好。

8.食盐中毒

食盐是日粮配合不可缺少的成分之一，日粮中食盐含量一般为0.3%左右。如果饲料中含盐超过3%或饮水中超过0.9%。即可引起中毒，发现过晚，雏鸡死亡率可达100%。本病可能由于配合日粮中计算错误，称量不准或拌料不匀，某些地方饮水中含盐过高，特别是咸鱼

粉引起。

(1)主要症状和病理变化 病鸡食欲废绝,高度口渴,嗉囊膨大,喝水异常。口流黏液,腹泻,最后昏迷死亡。鸡的年龄越小对食盐越敏感,因此死亡率越高。剖检消化道充血出血,腹腔和心包积水,肺水肿。嗉囊中充满黏液。

(2)防治 急性病例很难治愈。发病后马上更换饲料,供给新鲜的饮水或5%的白糖水。但对食入食盐过多的家禽要间隔1～2小时限制供水,以免一次性饮水过量导致严重水肿(特别是脑水肿)。

9.肌胃糜烂

本病多为饲喂劣质鱼粉引起。

(1)主要症状 病鸡发育不良,鸡冠苍白,食欲减退,脱水,羽毛蓬乱,嗜眠。偶见病鸡从口腔中流出暗黑色液体。剖检以肌胃黏膜糜烂、溃疡和出血为特征。主要发生于3～6周龄的雏鸡,呈散发性,死亡率有时高达20%。

(2)防治 应控制鱼粉的用量或不用劣质鱼粉。发病后初期用0.1%高锰酸钾饮水。饲料中可加维生素K(5毫克/千克)或维生素C(50毫克/千克)或维生素B_6(5毫克/千克)。如在饲料中加入0.15%的磺胺二甲嘧啶,对本病具有较好的疗效。

思考题

1.蛋鸡场的防疫制度有哪些?

2.带鸡消毒方法及注意事项有哪些?

3.鸡病防治过程中常见的用药误区有哪些?

4.鸡病的临床诊断要点有哪些

5.病鸡剖检的方法有哪些

6.常见的投药方法有哪些?

7.新城疫的症状有哪些?

8.球虫病的防治措施有哪些?

9.食盐中毒的主要症状和病理变化有哪些?

第七章

鸡场设备与环境控制

导　读　本章主要介绍常用的鸡场生产设备和鸡舍环境控制技术。

第一节　鸡场常用设备

一、饮水设备

饮水设备分为以下 5 种：乳头式、杯式、水槽式、吊塔式和真空式（图 7-1）。雏鸡开始阶段和散养鸡多用真空式、吊塔式和水槽式饮水设备，散养鸡现在趋向使用乳头饮水器。各种饮水系统性能及优缺点如表 7-1 所示。

a.乳头式饮水器

b.真空式饮水器

c.吊塔式饮水器

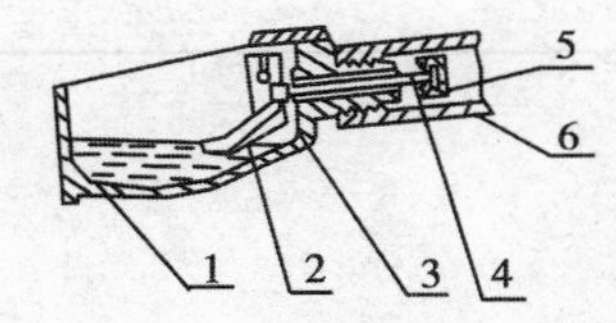

d.杯式饮水器

1.杯体 2.杯舌 3.销轴 4.顶杆 5.密封帽 6.支管

e.常流水式饮水槽

图 7-1　各种形式的饮水设备

表 7-1　各饮水系统的主要部件及性能

名称	主要部件及性能	优缺点
水槽	长流水式由进水龙头、水槽、溢流水塞和下水管组成。当供水超过溢流水塞时，水即由下水管流进下水道 控制水面式由水槽、水箱和浮阀等组成。适用短鸡舍的笼养和平养	结构简单，但耗水量大，疾病传播机会多，刷洗工作量大。安装要求精度大，长鸡舍很难水平，供水不匀，易溢水
真空饮水器	由聚乙烯塑料筒和水盘组成。筒倒装在盘上，水通过筒壁小孔流入饮水盘，当水将小孔盖住时即停止流出，保持一定水面。适用于雏鸡和平养鸡	自动供水，无溢水现象，供水均衡，使用方便 不适于饮水量较大时使用，每天清洗工作量大
吊塔式饮水器	由钟形体、滤网、大小弹簧、饮水盘、阀门体等组成。水从阀门体留出，通过钟形体上的水孔流入饮水盘，保持一定水面。适用于大群平养	灵敏度高，利于防疫、性能稳定、自动化程度高 洗刷费力

续表 7-1

名称	主要部件及性能	优缺点
乳头式饮水器	由饮水乳头、水管、减压阀或水箱组成,还可以配置加药器。乳头由阀体、阀芯和阀座等组成。阀座和阀芯是不锈钢制成,装在阀体中并保持一定间隙,利用毛细管作用使阀芯底端经常保持一个水滴,鸡啄水滴时即顶开阀座使水流出。平养和笼养都可以使用。雏鸡可配各种水杯	节省用水、清洁卫生,只需定期清洗过滤器和水箱,节省劳力。经久耐用,不需更换。对材料和制造精度要求较高 质量低劣的乳头饮水器容易漏水

二、环境控制设备

1. 光照设备

照明设备除了光源之外,主要是光照自动控制器,光照自动控制器的作用是能够按时开灯和关灯。它的特点是:

(1)开关时间可任意设定,控时准确。

(2)光照强度可以调整,光照时间内日光强度不足,自动启动补充光照系统。

(3)灯光渐亮和渐暗。

(4)停电程序不乱等。

2. 通风设备

通风设备的作用是将鸡舍内的污浊空气、湿气和多余的热量排出,同时补充新鲜空气。鸡舍内常用的通风设备是风机,一般采用大直径、低转速的轴流风机。目前国产纵向通风的轴流风机的主要技术参数是:流量 31 400 米^3/小时,风压 39.2 帕,叶片转速 352 转/分钟,电机功率 0.75 瓦,噪声不大于 74 分贝。国外生产的风机外形尺寸虽然小,但是通风量比国产风机不小。

3. 湿垫风机降温系统

湿垫风机降温系统的主要作用是夏季空气通过湿垫进入鸡舍,可

以降低进入鸡舍空气的温度，起到降温的效果。湿垫风机降温系统由纸质波纹多孔湿垫、湿垫冷风机、水循环系统及控制装置组成。在夏季，空气经过湿垫进入鸡舍可降低舍内温度5～8℃，尤其在我国华北干热地区湿垫降温系统的降温效果非常理想。

4. 热风炉供暖系统

热风炉供暖系统主要由热风炉、轴流风机、有孔通气管和调节风门等设备组成。它是以空气为介质，煤为燃料，为空间提供无污染的洁净热空气，用于鸡舍的加温。该设备结构简单、热效率高、送热快、成本低。

三、鸡笼设备

1. 层叠式电热育雏笼

电热育雏器是目前国内普遍使用的笼养育雏设备(图7-2)。电热育雏器由加热育雏笼、保温育雏笼和雏鸡运动场3部分组成，每一部分都是独立的整体，可以根据房舍结构和需要进行组合。电热育雏笼的规格一般为4层，每层高度330毫米，每笼面积为1 400毫米×700毫米，层与层之间是700毫米×700毫米的承粪盘，全笼总高度1 720毫米。通常每架笼采用1组加热笼，1组保温笼，4组运动场的组合方式，外形总尺寸为高1 720毫米，长4 340毫米，宽1 450毫米。

2. 全阶梯式鸡笼

全阶梯式鸡笼一般2～3层，各层之间无重叠或重叠很少。其优点是：

(1)各层笼敞开面积大，通风好，光照均匀。

(2)清粪作业比较简单。

(3)结构较简单，易维修。

(4)机器故障或停电时便于人工操作。其缺点是饲养密度较低，一般为10～12只/米^2。蛋鸡三层全阶梯鸡笼和种鸡两层全阶梯人工授

图 7-2　电热育雏器

精是我国目前采用最多的鸡笼组合形式。

3.半阶梯式鸡笼

半阶梯鸡笼上下层之间部分重叠,上下层重叠部分有挡粪板,挡粪板按一定角度安装,粪便滑入粪坑。其舍饲密度(15～17 只/米^2)较全阶梯高,但是比层叠式低。由于挡粪板的阻碍,通风效果比全阶梯稍差。

4.层叠式鸡笼

层叠式鸡笼上下层之间为全重叠,层与层之间有输送带将鸡粪清走。其优点是舍饲密度高,三层全重叠饲养密度约为 16～18 只/米^2,四层全重叠饲养密度为 18～20 只/米^2。层叠式鸡笼的层数可以达到 8 层以上,适合于机械化程度高的鸡场。

5.育雏育成一段式鸡笼

在蛋鸡饲养两段制的地区,普遍使用该鸡笼。该鸡笼的特点是鸡可以从 1 日龄一直饲养到产蛋前(100 日龄左右),减少转群对鸡的应急和劳动强度。鸡笼为一般为 3 层或 4 层,雏鸡阶段只使用中间一层,随着鸡的长大,逐渐分散到上下两层,每平方米可饲养育成鸡 25 只。

6.产蛋鸡笼

轻型蛋鸡笼一般由 4 格组成一个单笼,每格养鸡 4 只,单排笼长 1 875毫米,笼深 325 毫米,养鸡 16 只,平均每只鸡占笼底面积 381 厘米^2。中型蛋鸡笼由 5 格组成一个单笼,每格养鸡 3 只,单笼长1 950 毫米,笼深 370 毫米,养鸡 15 只,平均每只鸡占笼底面积 481 厘米^2。

四、喂料设备

机械喂料系统包括贮料塔、输料机、喂料机和饲槽 4 个部分。如图 7-3 所示。贮料塔大多用玻璃刚制成,输料机大多为弯曲绞龙。喂料机有行车式和挎斗式两种。

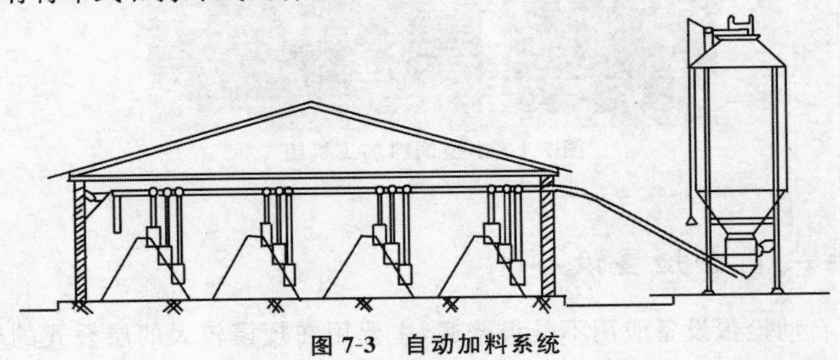

图 7-3　自动加料系统

五、清粪设备

鸡舍内的清粪方式有人工清粪和机械清粪两种。机械清粪常用设备有:刮板式清粪机、带式清粪机和抽屉式清粪机。刮粪板式清粪机多用于阶梯式笼养和网上平养;带式清粪机多用于叠层式笼养;抽屉式清粪板多用于小型叠层式鸡笼。

通常使用的刮板式清粪机分全行程式和步进式两种。它由牵引机(电动机、减速器、绳轮)、钢丝绳、转角滑轮、刮粪板及电控装置组成。

六、小型饲料加工设备

中小型饲料加工机组是适合中小型养殖场自配饲料使用的饲料加工设备(图 7-4)。

图 7-4　小型饲料加工机组

七、自动捡蛋设备

自动捡蛋设备应用不是很普遍，主要用在规模较大的层叠式的养殖模式中。

第二节 鸡舍环境控制

一、温度

1. 热量来源

鸡舍内的热量主要来自鸡自身的产热量。在夏季需要通过通风将鸡产生的过多热量排出鸡舍，以降低舍内温度；在天气寒冷时，鸡所产生的大部分热量必须保持在舍内以提高舍内温度。

2. 温度对鸡的影响

随温度的升高采食量减少、饮水量增加，产粪量减少而呼吸产出的水分增加，造成总的排出水量大幅度增加。排出过多的水分会增加鸡舍的湿度，鸡感觉更热。

3. 环境温度对鸡生产性能的影响

刚孵化出的雏鸡一般需要较高的环境温度，但是在高温和低湿度时也容易脱水。对生长鸡和产蛋鸡来讲，适宜温度范围（13～25℃）对其能够达到理想生产指标很重要。生长鸡在超出或低于这个温度范围时料转化率降低。蛋鸡的适宜温度范围更小，尤其在超过 30℃时，产蛋减少，而且每枚蛋的耗料量增加。在较高环境温度下，大约 25℃以上，蛋重降低。27℃时，产蛋数、蛋重、总蛋重降低而且蛋壳厚度迅速降低，同时死亡率增加。37.5℃时，产蛋量急剧下降。温度 43℃以上，超过 3 小时鸡就会死亡。

相对来讲冷应激对育成鸡和产蛋鸡的影响较少。但是雏鸡在最初几周因体温调节机制发育不健全，羽毛还未完全长出，保温性能差，10℃的温度就可致死。成年鸡可以抵抗 0℃以下的低温，但是也受换羽和羽毛多少的影响。各种鸡不同的饲养阶段有不同的环境温度要求,在饲养管理部分将做详细的叙述。

4.保温措施

(1)鸡舍结构　鸡舍的墙壁的隔热标准要求较高,尤其是屋顶的隔热性能要求较高。隔热性能受所用的隔热材料的影响。房舍的内外都要防潮,地面必须经过夯实。外墙和屋顶应当涂成白色或覆盖其他反射热量的物质。顶棚对开放式鸡舍很有用处,不仅能防雨,而且提供阴凉,开放鸡舍在我国非常普遍。

(2)通风　一定的风速可以降低鸡舍的温度。环境控制鸡舍必须安装机械通风,以提供鸡群适当的空气运动,并通过对流进行降温,风速达到152米/分钟时可降温5.6℃。

(3)蒸发降温　蒸发降温有几种方法:房舍外喷水;降低进入鸡舍空气的温度;使用风机进行负压通风使空气通过湿垫进入鸡舍;良好的鸡舍低压或高压喷雾系统形成均匀分布的水蒸气。开放式鸡舍可以在鸡舍的阳面悬挂湿布帘或湿麻袋包。

(4)鸡群密度和足够饮水器　减少单位面积的存栏数能降低环境温度,并且可以在某些时候应用。提供足够的饮水器和尽可能凉的饮水也是简单实用的方法。

二、相对湿度

鸡舍内湿度的来源主要是鸡呼吸产生的水蒸气、粪便带出的水分、大气中的水分。

湿度对鸡的影响只有在高温或低温情况下才明显,在适宜温度下无大的影响。高温时,鸡主要通过蒸发散热,如果湿度较大,会阻碍蒸发散热,造成高温应激。低温高湿环境下,鸡失热较多,采食量加大,饲料消耗增加,严寒时会降低生产性能。低湿容易引起雏鸡的脱水反应,羽毛生长不良。

鸡只适宜的相对湿度为60%～65%,但是只要环境温度不偏高或

偏低，在40%～72%范围内也能适应。

控制相对湿度的方法，主要是饮水器不漏水或滴水，适当控制鸡的饮水，加强通风把湿气排出鸡舍。如果鸡舍湿度过低，可以采取喷雾的方法，雏鸡舍可以在火炉上加热开水的方法。

三、空气质量

鸡舍内的有害气体包括粪尿分解产生的氨气和硫化氢、鸡呼吸或物体燃烧产生的二氧化碳以及垫料发酵产生的甲烷，另外用煤炉加热燃烧不完全还会产生一氧化碳。这些气体对鸡体的健康和生产性能均有负面影响，而且有害气体浓度的增加会相对降低氧气的含量。因此鸡舍内各种气体的浓度有一个允许范围值（表7-2）。当鸡舍内有害气体达到一定浓度时，就要加强通风换气。一般负压换气较彻底。

表7-2　鸡舍内各种气体的致死浓度和最大允许浓度　　%

气体	致死浓度	最大允许浓度
二氧化碳	＞30	＜1
甲烷	＞5	＜5
硫化氢	＞0.05	＜0.004
氨	＞0.05	＜0.0025
氧	＜6	

四、光照

1.光照的作用和机理

光照不仅使鸡看到饮水和饲料，促进鸡的生长发育，而且对鸡的繁殖有决定性的刺激作用，即对鸡的性成熟、排卵和产蛋均有影响。另外，红外线具有热源效应，而紫外灯具有灭菌消毒的作用。光照作用的机理一般认为禽类有两个光感受器，一个为视网膜感受器即眼睛，另一个位于下丘脑。下丘脑接受光照变化刺激后分泌促性腺释放激素，这种激素通过垂体门脉系统到达垂体前叶，引起卵泡刺激素和排卵激素的分泌促使卵泡的发育和排卵。对于高产蛋鸡来讲，只要每天的采食量能满足需要，光照时间并不是主要因素，每天12小时就能满足需要。

2.光照强度

光照太强不仅浪费电能，而且鸡显得神经质，易惊群，活动量大，消耗能量，易发生斗殴和啄癖。光照过弱，影响采食和饮水，起不到刺激作用，影响产蛋量。为了使照度均匀，一般光源间距为其高度的1～1.5倍，不同列灯泡采用梅花分布，注意鸡笼下层的光照强度是否满足鸡的要求。使用灯罩比无灯罩的光照强度增加约45%。由于鸡舍内的灰尘和小昆虫较多，灯泡和灯罩容易脏，需要经常擦拭干净，坏灯泡及时更换，以保持足够亮度。

3.光照管理程序的原则

(1)育雏期前一周或转群后几天可以保持较长时间的光照，以便鸡熟悉环境，及时喝水和吃料，然后光照时间逐渐减少到最低水平。

(2)育成期每天光照时间应保持恒定或逐渐减少，切勿增加，以免造成光照刺激使鸡早熟。

(3)产蛋期每天光照时间逐渐增加到一定小时数后保持恒定，切勿减少。

4.光照制度

(1)密闭鸡舍　环境控制鸡舍由于完全采用人工光照，光照程序比较简单。

(2)开放式鸡舍　开放式鸡舍的光照制度应根据当地实际日照情况确定。

五、通风换气

通风换气可以起到降温、除湿和净化空气的作用。鸡舍通风按通风的动力可分为自然通风、机械通风和混合通风3种，机械通风又分为

正压通风、负压通风和零压通风3种。根据鸡舍内气流组织方向，鸡舍通风分为横向通风和纵向通风。

1. 自然通风

依靠自然风的风压作用和鸡舍内外温差的热压作用，形成空气的自然流动，使舍内外的空气得以交换。开放式鸡舍采用是自然通风，空气通过通风带和窗户进行流通。

2. 机械通风

依靠机械动力强制进行舍内外空气的交换。一般使用轴流式通风机进行通风。

思考题

1. 环境温度对鸡生产性能的影响有哪些？

2. 光照管理程序的原则是什么？

参考文献

[1] 林伟.蛋鸡高效健康养殖关键技术.北京:化学工业出版社,2009.

[2] 张志新,杨洪民.现代养鸡疫病防治手册.北京:科学技术文献出版社,2011.

[3] 黄炎坤,赵云焕.养鸡实用新技术大全.北京:中国农业大学出版社,2012.

[4] 魏刚才.怎样科学办好中小型鸡场.北京:化学工业出版社,2009.

[5] 黄运茂,冯元璋,古飞霞.规模化养鸡技术.广州:广东科技出版社,2008.

[6] 周建强.科学养鸡大全.合肥:安徽科学技术出版社,2011.

[7] 臧素敏.养鸡与鸡病防治.北京:中国农业大学出版社,2011.